1.菠菜（张博伦）   2.叶甜菜（郭芳）

3.鸡冠花（佘小玲）   4.苋菜（张博伦）

5.冰菜（张博伦）   6.番杏（张博伦）

7.半支莲（王书娟）   8.旱莲花（王书娟）

9.抱子芥（郭进旺）

1

10.板蓝根（佘小玲）	11.大白菜（吴爱福）
12.花椰菜（郭进旺）	13.萝卜（郭进旺）
14.球茎甘蓝（郭进旺）	15.乌塌菜（吴爱福）
16.小白菜（郭进旺）	17.羽衣甘蓝 （吴爱福）
18.养心菜（齐俊峰）	

19.草莓（马欣）	20.菜豆（鲁利平）
21.刀豆（鲁利平）	22.荷兰豆（鲁利平）
23.豇豆（鲁利平）	24.油豆（鲁利平）
25.冬寒菜（佘小玲）	26.秋葵（佘小玲）
27.胡萝卜（时祥云）	

3

28.芹菜（刘建伟）	29.球茎茴香（郭芳）
30.莳萝（郭芳）	31.盆栽甘薯（佘小玲）
32.空心菜（佘小玲）	33.百里香（杨林）
34.薄荷（杨林）	36.罗勒（杨林）
35.迷迭香（杨林）	

37.牛至（杨林）	38.鼠尾草（杨林）
39.香蜂草（张博伦）	40.紫苏（时祥云）
41.番茄（王琼）	42.盆栽鸡蛋白茄 （刘建军）
43.盆栽普通辣椒 （刘建军）	
	44.马铃薯（佘小玲）
45.穿心莲（刘宇）	

46.金银花（刘宇）	47.佛手瓜（刘建军）
48.冬瓜（曾剑波）	49.葫芦与香炉瓜
50.蛇瓜（曾剑波）	搭配效果（曾剑波）
51.盆栽苦瓜（刘建军）	52.黄瓜（刘建军）
53.甜瓜（曾剑波）	54.盆栽丝瓜（刘建军）

55.西瓜（曾剑波）	56.桔梗（齐俊峰）
57.艾蒿（时祥云）	58.菊苣（郭芳）
59.苦菊（郭芳）	60.蒲公英（郭芳）
61.生菜（时祥云）	62.食用菊花（时祥云）
63.茼蒿（时祥云）	

64.莴苣——茎用莴苣（郭芳）	65.香茅（祁俊峰）	66.芋头（刘宇）
67.百合（齐合玉）		68.韭菜（祝宁）
69.大葱（冯瑞富）	70.大蒜（冯瑞富）	71.黄花菜（齐合玉）
72.芦笋（齐合玉）	73.洋葱（时祥云）	74.山药（刘宇）

Potted vegetables

盆栽蔬菜

刘 宇 祁俊锋 时祥云 主编

中国农业科学技术出版社

图书在版编目（CIP）数据

盆栽蔬菜／刘宇，祁俊锋，时祥云主编 . —北京：中国农业科学技术出版社，2019.6

ISBN 978-7-5116-4206-6

Ⅰ.①盆…　Ⅱ.①刘…②祁…③时…　Ⅲ.①盆栽-蔬菜园艺　Ⅳ.①S63

中国版本图书馆 CIP 数据核字（2019）第 095359 号

责任编辑　于建慧
责任校对　李向荣

出 版 者　中国农业科学技术出版社
　　　　　　北京市中关村南大街 12 号　邮编：100081
电　　话　（010）82109708（编辑室）　　（010）82109702（发行部）
　　　　　　（010）82109709（读者服务部）
传　　真　（010）82106650
网　　址　http://www.castp.cn
经 销 者　各地新华书店
印 刷 者　北京建宏印刷有限公司
开　　本　850mm×1 168mm　1/32
印　　张　11.75　　彩插　8 面
字　　数　353 千字
版　　次　2019 年 6 月第 1 版　2020 年 4 月第 2 次印刷
定　　价　39.80 元

作者队伍

主　编：刘　宇（北京绿富隆农业有限责任公司）
　　　　祁俊锋（北京绿富隆农业有限责任公司）
　　　　时祥云（北京市延庆区农业技术推广站）
顾　问：曹广才（中国农业科学院作物科学研究所）
副主编（按汉语拼音排序）：
　　　　郭进旺（北京市延庆区种子管理站）
　　　　鲁利平（北京市延庆区农业技术推广站）
　　　　吴爱福（北京市延庆区种子管理站）
　　　　佘小玲（北京市延庆区农业技术推广站）
编　委（按汉语拼音排序）：
　　　　曾剑波（北京市农业技术推广站）
　　　　冯瑞富（北京市延庆区农业科学研究所）
　　　　郭　芳（北京市农业技术推广站）
　　　　刘建军（北京市延庆区农业技术推广站）
　　　　刘建伟（北京市小汤山地区地热开发公司）
　　　　马　欣（北京市农业技术推广站）
　　　　齐合玉（北京市延庆区农业技术推广站）
　　　　王　琼（北京市农业技术推广站）
　　　　王书娟（北京市延庆区农业科学研究所）
　　　　杨　林（北京市农业技术推广站）
　　　　张博伦（北京市延庆区农业科学研究所）
　　　　祝　宁（北京市昌平区农业技术推广站）
统　稿：曹广才（中国农业科学院作物科学研究所）

前　言

　　随着社会的快速发展和人们生活水平的不断提高以及生活节奏的加快，"亲近自然""回归农村""绿色环保"等生活理念和生活方式越来越深入人心，"绿色家居""无公害蔬菜"逐渐被人们所青睐。于是，盆栽蔬菜应时而生。盆栽蔬菜，是指在花盆或其他容器内种植的蔬菜，它既可作为食材，又可供观赏。与常规蔬菜栽培相比，盆栽蔬菜具有以下五大特点：一是株态优美、外形奇特、色泽鲜艳，可用于室内外大小空间的美化；二是观赏时间长，通过技术处理及设施调控还可实现周年供应；三是资源丰富，许多蔬菜品种可就地取材，适应当地气候条件，管理简便；四是盆栽蔬菜全部在盆内培育，可保证蔬菜产品的绿色无公害生产；五是盆栽蔬菜可以帮助人们实现阳台菜园、家庭菜园的梦想，生活情趣和自然气息极强。

　　盆栽蔬菜一出现，就成为一个现代新兴产业开始迅猛发展，受到了广大消费者的热捧。盆栽蔬菜作为家庭观赏园艺之一，不但具有净化空气，美化环境的效果，还能够让忙碌一天的人们放松心情，愉悦身心，体验种植与收获的乐趣，因此逐步成为家养植物的首选。一些配有私家庭院的别墅与高档小区，蔬菜种植已成为绿化和美化的重要选材之一。盆栽蔬菜最大的特点是绿色、生态，相比大田蔬菜，由于其管理精细，病虫害控制高，化学药剂使用少甚至不使用，其产品具有较高的可靠性与安全性，人们食之放心。因此，在未来，盆栽蔬菜必将成为家庭营养食材的首选。盆栽蔬菜家居观赏和绿色使用价值高，种植面积小而附加值高，是高效农业的一个典范，已成为农业栽培技术和产业结构调整的一个新趋势，极具发展前景。

但盆栽蔬菜是传统蔬菜栽培与园林盆景艺术相结合的产物，其栽培技术含量较高，需要栽培者能够了解栽培植物不同生长阶段对光、肥、水的需求，以及栽培植物相对应的自然病虫害和禁忌环境，同时还必须具有一定的艺术审美观，学会合理种植、科学修剪盆栽植物，使之具有艺术性。为满足广大盆栽蔬菜种植者对栽培技术的迫切需求，北京绿富隆农业有限责任公司在多年盆栽蔬菜实践经验的基础上，邀请相关专家共同编写了《盆栽蔬菜》。

《盆栽蔬菜》共收集了 71 种常用盆栽蔬菜，分属于 23 个科。每种蔬菜均从形态特征、生活习性、常用品种、栽培技术、推广应用前景等四个方面进行了详细介绍。由于目前中国盆栽蔬菜尚在起步阶段，仍以营养土和固体培养基质为主要栽植方式，因此本书栽培技术只介绍了固体培养基质栽培方式。全书的科序编排依被子植物的恩格勒系统。对每种蔬菜的撰文与配图，为同一作者。

佘小玲

2019 年 1 月

作者分工

前言 ···················· 佘小玲（北京市延庆区农业技术推广站）
1 菠菜·················· 张博伦（北京市延庆区农业科学研究所）
2 叶用甜菜··············· 郭 芳（北京市农业技术推广站）
3 鸡冠花··············· 佘小玲（北京市延庆区农业技术推广站）
4 苋菜················· 张博伦（北京市延庆区农业科学研究所）
5 冰菜················· 张博伦（北京市延庆区农业科学研究所）
6 番杏················· 张博伦（北京市延庆区农业科学研究所）
7 半枝莲··············· 王书娟（北京市延庆区农业科学研究所）
8 金莲花··············· 王书娟（北京市延庆区农业科学研究所）
9 抱子芥··············· 郭进旺（北京市延庆区种子管理站）
10 板蓝根 ·············· 佘小玲（北京市延庆区农业技术推广站）
11 大白菜 ·············· 吴爱福（北京市延庆区种子管理站）
12 花椰菜 ·············· 郭进旺（北京市延庆区种子管理站）
13 萝卜 ··············· 郭进旺（北京市延庆区种子管理站）
14 球茎甘蓝 ············· 郭进旺（北京市延庆区种子管理站）
15 乌塌菜 ·············· 吴爱福（北京市延庆区种子管理站）
16 小白菜 ·············· 郭进旺（北京市延庆区种子管理站）
17 羽衣甘蓝 ············· 吴爱福（北京市延庆区种子管理站）
18 养心菜 ············· 祁俊锋（北京绿富隆农业有限责任公司）
19 草莓 ··············· 马 欣（北京市农业技术推广站）
20 菜豆 ··············· 鲁利平（北京市延庆区农业技术推广站）
21 刀豆 ··············· 鲁利平（北京市延庆区农业技术推广站）
22 荷兰豆 ·············· 鲁利平（北京市延庆区农业技术推广站）
23 豇豆 ··············· 鲁利平（北京市延庆区农业技术推广站）
24 油豆 ··············· 鲁利平（北京市延庆区农业技术推广站）
25 冬寒菜 ·············· 佘小玲（北京市延庆区农业技术推广站）
26 黄秋葵 ·············· 佘小玲（北京市延庆区农业技术推广站）
27 胡萝卜 ·············· 时祥云（北京市延庆区农业技术推广站）
28 芹菜 ············· 刘建伟（北京市小汤山地区地热开发公司）
29 球茎茴香 ············· 郭 芳（北京市农业技术推广站）
30 莳萝 ··············· 郭 芳（北京市农业技术推广站）
31 菜用甘薯 ············· 佘小玲（北京市延庆区农业技术推广站）

32 空心菜 …………… 佘小玲（北京市延庆区农业技术推广站）
33 百里香 …………… 杨　林（北京市农业技术推广站）
34 薄荷 …………… 杨　林（北京市农业技术推广站）
35 罗勒 …………… 杨　林（北京市农业技术推广站）
36 迷迭香 …………… 杨　林（北京市农业技术推广站）
37 牛至 …………… 杨　林（北京市农业技术推广站）
38 鼠尾草 …………… 杨　林（北京市农业技术推广站）
39 香蜂草 …………… 张博伦（北京市延庆区农业科学研究所）
40 紫苏 …………… 张博伦（北京市延庆区农业科学研究所）
41 番茄 …………… 王　琼（北京市农业技术推广站）
42 观赏茄 …………… 刘建军（北京市延庆区农业技术推广站）
43 辣椒 …………… 刘建军（北京市延庆区农业技术推广站）
44 马铃薯 …………… 佘小玲（北京市延庆区农业技术推广站）
45 穿心莲 …………… 刘　宇（北京绿富隆农业有限责任公司）
46 金银花 …………… 刘　宇（北京绿富隆农业有限责任公司）
47 佛手瓜 …………… 刘建军（北京市延庆区农业技术推广站）
48 葫芦、冬瓜、蛇瓜 ………… 曾剑波（北京市农业技术推广站）
49 黄瓜 …………… 刘建军（北京市延庆区农业技术推广站）
50 苦瓜 …………… 刘建军（北京市延庆区农业技术推广站）
51 丝瓜 …………… 刘建军（北京市延庆区农业技术推广站）
52 甜瓜 …………… 曾剑波（北京市农业技术推广站）
53 西瓜 …………… 曾剑波（北京市农业技术推广站）
54 桔梗 …………… 祁俊锋（北京绿富隆农业有限责任公司）
55 艾蒿 …………… 时祥云（北京市延庆区农业技术推广站）
56 菊苣 …………… 郭　芳（北京市农业技术推广站）
57 蒲公英 …………… 郭　芳（北京市农业技术推广站）
58 生菜 …………… 时祥云（北京市延庆区农业技术推广站）
59 食用菊 …………… 时祥云（北京市延庆区农业技术推广站）
60 茼蒿 …………… 时祥云（北京市延庆区农业技术推广站）
61 莴苣 …………… 郭　芳（北京市农业技术推广站）
62 香茅 …………… 祁俊锋（北京绿富隆农业有限责任公司）
63 芋头 …………… 刘　宇（北京绿富隆农业有限责任公司）
64 百合 …………… 齐合玉（北京市延庆区农业技术推广站）
65 韭菜 …………… 祝　宁（北京市昌平区农业技术推广站）
66 大葱 …………… 冯瑞富（北京市延庆区农业科学研究所）
67 大蒜 …………… 冯瑞富（北京市延庆区农业科学研究所）
68 黄花菜 …………… 齐合玉（北京市延庆区农业技术推广站）
69 芦笋 …………… 齐合玉（北京市延庆区农业技术推广站）
70 洋葱 …………… 时祥云（北京市延庆区农业技术推广站）
71 山药 …………… 刘　宇（北京绿富隆农业有限责任公司）

目　录

1. 菠菜 ……………………………………………………（1）
2. 叶用甜菜 ………………………………………………（6）
3. 鸡冠花 …………………………………………………（11）
4. 苋菜 ……………………………………………………（16）
5. 冰菜 ……………………………………………………（20）
6. 番杏 ……………………………………………………（23）
7. 半支莲 …………………………………………………（27）
8. 金莲花 …………………………………………………（31）
9. 抱子芥 …………………………………………………（35）
10. 板蓝根 ………………………………………………（42）
11. 大白菜 ………………………………………………（45）
12. 花椰菜 ………………………………………………（53）
13. 萝卜 …………………………………………………（63）
14. 球茎甘蓝 ……………………………………………（70）
15. 乌塌菜 ………………………………………………（79）
16. 小白菜 ………………………………………………（84）
17. 羽衣甘蓝 ……………………………………………（90）
18. 养心菜 ………………………………………………（99）
19. 草莓 …………………………………………………（103）
20. 菜豆 …………………………………………………（109）
21. 刀豆 …………………………………………………（115）
22. 荷兰豆 ………………………………………………（119）
23. 豇豆 …………………………………………………（124）
24. 油豆 …………………………………………………（130）
25. 冬寒菜 ………………………………………………（135）
26. 黄秋葵 ………………………………………………（139）
27. 胡萝卜 ………………………………………………（145）
28. 芹菜 …………………………………………………（150）
29. 球茎茴香 ……………………………………………（155）
30. 莳萝 …………………………………………………（159）
31. 菜用甘薯 ……………………………………………（162）
32. 空心菜 ………………………………………………（169）

33. 百里香 ································· （174）

34. 薄荷 ··································· （178）

35. 罗勒 ··································· （182）

36. 迷迭香 ································· （186）

37. 牛至 ··································· （191）

38. 鼠尾草 ································· （194）

39. 香蜂草 ································· （198）

40. 紫苏 ··································· （201）

41. 番茄 ··································· （205）

42. 观赏茄 ································· （209）

43. 辣椒 ··································· （214）

44. 马铃薯 ································· （220）

45. 穿心莲 ································· （226）

46. 金银花 ································· （230）

47. 佛手瓜 ································· （235）

48. 架瓜类 ································· （241）

49. 黄瓜 ··································· （247）

50. 苦瓜 ··································· （255）

51. 丝瓜 ··································· （260）

52. 甜瓜 ··································· （265）

53. 西瓜 ··································· （270）

54. 桔梗 ··································· （276）

55. 艾蒿 ··································· （281）

56. 菊苣 ··································· （285）

57. 蒲公英 ································· （289）

58. 生菜 ··································· （292）

59. 食用菊 ································· （296）

60. 茼蒿 ··································· （301）

61. 莴苣 ··································· （306）

62. 香茅 ··································· （312）

63. 芋头 ··································· （317）

64. 百合 ··································· （322）

65. 韭菜 ··································· （328）

66. 大葱 ··································· （333）

67. 大蒜 ··································· （339）

68. 黄花菜 ································· （345）

69. 芦笋 ··································· （351）

70. 洋葱 ··································· （357）

71. 山药 ··································· （362）

1. 菠 菜

菠菜（*Spinacia oleracea* L.），藜科菠菜属，两年生（秋播）或一年生（春播）草本植物。原产伊朗，唐代引入中国，目前种植广泛。

形态特征

菠菜圆锥状主根较发达，肉质、多红色，较少为白色。根群主要分布在25～30cm 的土壤表层。茎直立中空，不分枝或少分枝。叶簇生或互生，基部叶和茎下部叶较大，茎上部叶逐渐变小，叶戟形或三角状卵形，绿色，柔嫩多汁，全缘或有少数牙齿状裂片。花单性，雌雄异株，两性比约为 1∶1，少见雌雄同株。雄花集成球形团伞花序，于枝和茎的上部排列成有间断的穗状圆锥花序；花被片通常 4，花丝丝形，扁平，花药不具附属物；雌花团集于叶腋；子房球形，柱头 4 或 5，外伸。胞果卵形或近圆形，直径约 2.5mm，每果含 1 粒种子。果壳坚硬、革质，或有两个角刺。按果实外苞片的构造可分为有刺种和无刺种两种类型。果皮褐色。

常见品种

◎菠杂 19：植株生长整齐，株高 31.7～40.8cm。叶片箭形，先端钝尖，叶面平展，正面深绿色，背面灰绿色，有 1～2 瓣浅或中深缺裂。叶片长 13.8～16.8cm、宽 5.8～8.0cm，叶柄绿色，长 17.7～25.4cm、宽 0.7～0.9cm。抗霜霉病，对甜菜花叶病毒病有一定耐性。抗寒性强。

◎**鲜美 1 号**：从美国引进，属无刺变种。株高 30cm。叶片肥大，深绿色，广三角形，叶面平展，叶片长 30cm、宽 13～18cm。单株质量达 500g。品质好，春播时抽薹晚，但抗病毒病能力差。

◎**新世纪菠菜**：从韩国引进。株高 30cm，叶形较圆，叶片厚，深绿色，长 30～35cm、宽 16cm。品质好，产量高，抗病性好。

◎**春秋王菠菜**：植株直立生长，株高 30cm，叶片圆形至卵圆形，叶面光滑，叶片绿色，叶柄粗壮，叶片长 30cm、宽 15cm。抽薹晚，抗霜霉病。

◎**无穷花菠菜**：株高 30cm，叶柄短，叶片深绿色，叶肉厚，叶片长 30～35cm、宽 15～18cm。抽薹晚，耐热性强，适宜春夏季栽培。抗病性强，容易栽培。开展度中等，可进行密植丰产栽培。叶片肥大，特别适合加工速冻及外贸出口。

◎**甘科大圆叶菠菜**：植株生长势强，叶簇较直立，株高 30～36cm。全株 13～14 片叶，叶片肥厚、质嫩，椭圆形，尖端钝圆，基部戟形；叶面微皱，绿色；叶柄较短且粗。种子圆形无刺，抗病。日光温室越冬栽培不易受冻害，耐热性较强，不易抽薹，品质好。

◎**速生大叶菠菜**：长势强，生长快，整齐度高；株高 30～35cm，株形半直立。叶片尖圆形、宽大，叶色深绿，有光泽；叶面平展光滑，叶柄粗、壁厚，叶长大于叶柄长。根茎红色，主根肉质、粉红色，须根发达。适应性、耐寒性强，高抗霜霉病。

◎**京菠 9 号**：国家蔬菜工程技术研究中心选育的菠菜品种。长势强，生长整齐一致，株高 30～35cm。植株叶柄长，叶色深，株形直立，叶柄韧性好，易捆绑，商品性极好。

◎**菠杂 10 号**：国家蔬菜工程技术研究中心选育出的菠菜品种。耐寒性强，抗病、高产、稳定。

生活习性

◎**温度**：菠菜为耐寒性蔬菜，种子在 4℃时即可萌发，发芽最适温度为15~20℃，20℃以上时对发芽不利，营养生长适宜的温度15~20℃，25℃以上生长不良，地上部能耐-6~8℃的低温，2~4片真叶时可以耐受-6℃低温，4~6片时耐寒能力更强。

◎**水分**：菠菜叶面积大，组织柔嫩，对水分要求较高。水分充足，生长旺盛时肉厚，产量高，品质好。在土壤含水量为70%~80%的环境中生长旺盛，适宜的相对湿度为80%~90%。湿度过大容易得霜霉病，高温、长日照及干旱的条件下，营养生长受抑制，加速生殖生长，容易未熟抽薹。

◎**土壤**：菠菜对土壤适应能力强，但仍以保水、保肥力强的肥沃土壤为好，菠菜不耐酸，适宜的pH值为7.3~8.2。当土壤pH值小于6.5时，菠菜表现为叶柄变细，叶色淡，叶片薄；pH值小于4时，菠菜停止生长。菠菜为叶菜，需要较多的氮肥及适当的磷、钾肥。

◎**日照**：菠菜是长日照作物，在长日照条件下才能进行发芽分化，短日照条件会不断分化叶片，在高温长日照条件下植株易抽薹开花。

盆栽栽培技术

◎**育苗**

（1）营养土配制　宜选用疏松、透气、重量轻、易于搬动及有机质含量较高的基质，尽量少用泥土。通常选用草炭或充分腐熟的腐叶土，也可以用珍珠岩、蛭石与腐叶土、草炭土混合。将配制好的营养土分装至穴盘中，即可播种。

（2）播种　将种子点在穴盘内，覆1.0cm左右厚的营养土，喷足水，上覆薄膜即可。

（3）苗期管理　播种后保持5cm深的地温在22~25℃，气温保持在白天25~30℃，夜间12~15℃，3~4d即可出苗。60%幼苗出土后，要及时撤去薄膜，最好在傍晚进行。同时，要适当降低苗床气温，白天保持在20~25℃，夜间10~12℃，以免幼苗徒长。幼苗"破心"后要适当提高苗床气温，白天保持在25~28℃，夜间12~15℃，10cm深的地温以25℃为宜。苗床空气湿度以60%~70%为好，一般不干不浇水。浇水时应浅浇。苗期一般不施肥。若幼苗表现出缺肥症状，可结合浇水追肥1次。按2份硝酸铵+1份磷酸二氢钾配肥，浓度为0.1%~0.3%，每10m²用喷雾器喷洒2~3kg，喷洒后用清水冲洗叶面，以免烧叶。壮苗指标：苗龄20~25d，幼苗达三叶一心或四叶期，叶片大而有光泽，株高10cm左右，开展度12cm左右，根系发达，根粉红色而粗壮，形似鼠尾，无病虫害，幼苗整齐一致。

◎**盆栽菠菜基质和基肥的配置方法**

（1）基质　营养土按园土与腐熟有机肥为3∶1的比例配制，过筛后充分混匀待用。无土栽培盆栽基质建议配比草炭（75%）、蛭石（13%）、珍珠岩（12%）。

（2）基肥　选用腐熟的有机肥、氮磷钾复合肥和过磷酸钙、骨粉，在配制基质时施入并充分混合。

◎**盆栽菠菜养护方法**

（1）定植　将基质倒入选取好的花盆中，移栽菠菜苗，浇透水缓苗

（2）肥水管理　菠菜叶片幼嫩多汁，含水率可达95%，需水量大，在栽培后期多浇水，保持土壤含水率在70%~80%，夏季栽培时，还可以在中午喷水降温。菠菜生长后期需要适当追肥，每浇水3~4次，浇一次营养液，整个生长期共追肥2~3次。

◎**病虫害防治**

（1）蚜虫　用10%吡虫啉1 000倍液，或1.8%阿维菌素2 000倍液喷雾。

（2）霜霉病　用0.3%苦参碱500倍液喷雾。

（3）炭疽病　用50%甲基托布津500倍液，或50%多菌灵700倍液喷雾防治。

（4）潜叶蝇　用75%灭蝇胺可湿性粉剂3 000~5 000倍液喷雾。

◎**采收**：菠菜在播种50~60d后，可陆续采收，采收时，采大留小，小植株长大后再进行下一轮采收。

推广应用前景

盆栽菠菜可食可赏，兼具极高的营养价值和观赏价值。菠菜

有"营养模范生"之称，它富含类胡萝卜素、维生素 C、维生素 K、矿物质等多种营养素。促进生长发育，增强抗病能力，促进人体新陈代谢抵抗衰老，还有补血功效，糖尿病高血压患者均可食用。另外菠菜颜色鲜艳，养护简单，是做阳台景观、园艺景观、庭院景观布置的理想材料。

2. 叶用甜菜

叶用甜菜，学名：*Beta vulgaris* L. var. *cicla* L. ，别名叶恭菜、牛皮菜、厚皮菜、根达菜等，为藜科（Chenopodiaceae）甜菜属恭菜种的变种，二年生草本植物，以幼苗或叶片为食。含有丰富的还原糖、粗蛋白、纤维素及维生素等，可煮食、凉拌或炒食。叶甜菜适应性广，既耐寒又耐热，栽培管理容易，可多次剥叶采收。

形态特征

叶甜菜主根发达，呈细圆锥状。叶卵圆形或长卵圆形，叶片肥厚，表面有光泽，淡绿色、绿色或紫红色。叶柄发达，白色、淡绿色或紫红色。抽薹前茎短缩，抽薹后发生多数长穗状花序的侧花茎，构成复总状花序。每2~4朵花簇生于主侧花茎的叶腋中，主茎上一级侧枝的花先开，其他各枝上的花顺次开放。花两性，白色或淡绿略带红色，风媒花。种子成熟时外面包有由花被形成的木质化果皮。种子肾形，种皮棕红色富光泽，聚合果，内含2~3粒种子，千粒重为100~160g。

叶用甜菜的株高因品种而异，矮生种30~50cm，高生种60~110cm。依叶柄颜色不同可分为绿梗、白梗、黄梗、红梗等类型。

◎**绿梗叶甜菜**：中国品种较多，品种间形态有差异。叶柄较窄，有长有短，淡绿色。叶片大，长卵形，淡绿色、绿色，叶缘无缺刻，叶内厚，叶面光滑稍有皱褶。如四通根达菜，定州市四通蔬菜种子销售有限公司生产的常规种，叶片、叶柄均为绿色，直立，叶高 30~40cm，耐热耐寒，抗病能力较强。

◎**白梗叶甜菜**：叶柄宽而厚，白色。叶片短而大，有波状皱纹。柔嫩多汁，品质较好。

◎**黄梗叶甜菜**：欧洲引进品种，叶柄黄色。

常见品种

◎**金甜1号叶甜菜**：国家蔬菜工程技术研究中心育成，长势旺盛，生长整齐，叶片宽大，叶面有泡状凸起，叶柄、叶脉、根、茎为植物中少见的黄色，叶片绿色，叶柄宽、薄。耐热、耐寒、耐抽薹，抗病，高产。

◎**卓生金梗叶甜菜**：北京卓生农业科技有限公司育成，叶梗叶脉为鲜见的黄色，颜色鲜艳漂亮，叶片绿色，叶柄较长，株型紧凑，长势旺盛，植株生长整齐，耐热、耐寒，可作为特菜栽培，也可作为观赏性蔬菜栽培。

◎**红梗叶甜菜**：近年从荷兰引进并经多年筛选出的红梗绿叶观赏兼食用型新品种。

◎**叶甜一号叶甜菜**：国家蔬菜工程技术研究中心育成，为红梗甜菜，叶柄为鲜红色，尤其夺目，叶片绿色，叶脉红色，叶柄较长，宽度中等，株形紧凑。耐寒，耐热，食用品质好，高产。可作为特菜栽培，也可用于观赏种植。

◎**卓生红梗叶甜菜**：北京卓生农业科技有限公司育成，植株叶柄和叶片均为紫红色，具有纤维少，味道好，颜色鲜艳的特点，耐热，抗病虫性强，病虫害少。

◎**红根达菜**：河北省邢台兴达种业有限公司从国外引进，叶柄、叶脉为红色，叶片绿色，茎高 30~100cm。

◎**紫叶甜菜**：国家蔬菜工程技术研究中心育成，叶柄紫色，颜色漂亮，叶片绿色，叶柄较长，宽度中等，植株生长整齐，长势旺盛，株型紧凑，耐热、耐寒、春季种植、掰叶收获，可以一直收获至冬季，可作特菜栽培，也可作观光性蔬菜栽培。

生活习性

叶用甜菜属于二年生草本植物，第一年为营养生长期，第二年开花结实。一般春季播种夏季开始收获，或夏季播种，冬季、春季收获。属喜温类蔬菜，其发芽适温为 18～25℃，生长发育适温为 15～25℃，具有较强的耐暑性，耐寒性颇强，能忍受−10℃左右的短期低温。如果温度过低，则生长缓慢或停止。低温、长日照促进花芽分化。种子使用寿命可达 3～4 年。生长期需要充足的水分，但忌涝。对土壤无严格的要求，适应性较强。适宜中性或弱碱性、质地疏松的土壤，较耐肥，耐碱。收获时从基部采收叶片。

栽培技术

◎播种育苗

（1）播种　播种前应先将聚合果搓散，浸种 2h 左右，以利于种子萌发。将浸泡过的种子均匀播于盘内，深度为 1.0～1.5cm，盖上塑料薄膜，以便保温保湿。播后要加强管理，特别是温度要保持在 15～20℃。种子最适发芽温度 18～25℃。高温下播种因发芽较困难，可先在低温下进行催芽，然后播种。

（2）苗期管理　苗期白天保持 20～25℃，夜间保持 13～15℃。一般播种后 3～6d，小苗便可出土。由于苗期的耗水量较小，特别是幼苗生长在苗盘里，不能大水漫灌，只能用喷壶洒水。浇水要根据苗的生长状况和天气情况进行。一般晴天上午浇水，每次浇水要浇透，防止出现夹干层，苗期浇水次数不宜过多。幼苗出土和缓苗后，要降低湿度，除非特别干旱，不任意浇水。

（3）分苗　当小苗长出二叶一心时即可分苗，将苗分到 72 孔穴盘或 6cm×6cm 的营养钵中，分苗后为了促进早生根、早缓苗，温度要适当提高，缓苗后，还要通风，降低温度，以免幼苗脆弱。

◎移栽上盆

当小苗长出 5～6 片真叶时，选择 21cm 以上口径花盆进行移栽，株距 30～35cm。采用的基质除了购买的成品基质外，也可用菇渣、炉渣、蛭石和各种作物秸秆等配制成既便宜又环保的有机生态型无土栽培基质。具体基质配方有两种。一种是将草炭、玉米秸秆和炉渣按照 2∶6∶2 的比例进行混合；另一种是玉米秸秆、蛭石和菇渣按照 3：3：4 的比例进行混合。基质混合均匀后用 50%多菌灵可湿性粉剂 20g/m³、40%辛硫磷乳油 4g/m³ 的比例配成水溶液后喷洒基质，使药液与基质充分混匀，基质含水量达到 60%～70%。用塑料膜密封 3～5d 进行灭菌杀虫。

◎ 养护管理

（1）施肥量及定植密度　不同用途叶甜菜与其施肥量和密度有密切关系。只作为观赏则施肥量不宜过大，以免降低观赏性，造成经济损失；密度不宜过密，否则影响其个体的观赏性，且郁蔽严重。

（2）温度和肥水管理　保护地注意调整温度和通风换气，白天 20～25℃，夜间 10～12℃为宜，冬季保护地生产要保温防寒，夏季生产注意降温。要保持棚内温度 10～22℃，低温季节少浇水、少施肥、通风防湿，天气晴朗、温度较高时，加大肥水供应，促使植株生长。

定植后 15～20d 追肥氮、磷、钾三元复合肥一次。开始采收后每隔 20d 左右追肥一次，并叶面喷施磷、钾肥 3～4 次；一般盆栽基质见干见湿，注意不要浇水过大过多，以免影响根系生长。

◎ **病虫害防治**：叶用甜菜适应性强，病虫害较少。定植后注意防治猝倒病和软腐病，可选用 70%代森锰锌 500 倍或多菌灵 800 倍，于发病初期喷施，共喷 2～3 次；对斜纹夜蛾、蚜虫和潜叶蝇，应及时进行防治，以免传播病毒病。一般可用 2%的阿维菌素乳油 2 000 倍或 50%灭蝇胺 5 000 倍液喷雾防治。此外及时采收也能减少或避免蚜虫和潜叶蝇的危害。

◎ 采收

以幼苗供食的，播后 40～60d 即可采收。大株剥叶的可在 6～7 片大叶时采收外层 3 片左右的大叶，让内叶继续生长，一般每 10d 采收一次，在采收过程中始终保持 3～4 片大叶，以保证植株的正常光合作用。采收宜在露水干后进行，要轻摘、勤收，避免雨天采收。

推广应用前景

叶用甜菜是以叶片作为主要食材的二年生草本植物。其营养丰富，柔嫩多汁，适口性好，也可用作草药或作为蔬菜食用。具有很好的营养保健、药用价值和食用功能。据报道，红甜菜的根具有丰富的营养，每100g红甜菜根的提取液含有175.8kJ的热量、1.0g蛋白质、9.9g碳水化合物，含有丰富的维生素、植物素、铁和叶酸，具有预防治疗肿瘤、降血脂、降血压、抗疲劳、增强免疫力和治疗糖尿病的作用。彩叶品种具有食用、观赏等兼用的特性，有着广阔的开发利用前景。

3. 鸡冠花

鸡冠花（*Celosia cristata* L.），又名头状鸡冠、红鸡冠、鸡公花，属于苋科（Amaranthaceae）青葙属（*Celosia*），一年生草本植物。

形态特征

一年生草本，株高 40 ~ 100cm。茎直立粗壮，红色或青白色。叶互生，长卵形或卵状披针形，宽 2 ~ 6cm，有柄，有深红、翠绿、黄绿、红绿等多种颜色。肉穗状花序顶生，呈扇形、肾形、扁球形等，扁平而厚软，形似鸡冠，长 8 ~ 25cm，宽 5 ~ 20cm，最大直径 40cm。上缘宽，具皱褶，密生线状鳞片，下端渐窄，常残留扁平的茎，中部以下密生多数小花，每花宿存的苞片及花被片均呈膜质。花色丰富多彩，有紫色、橙黄、白色、红黄相杂等色。自然花期夏、秋至霜降。果实盖裂，种子扁圆肾形，黑色，有光泽。体轻，质柔韧。无臭，味淡。

生长习性

鸡冠花喜高温干燥气候，怕干旱，喜阳光，不耐涝，不耐寒、畏霜冻。鸡冠花生长适宜温度为 18 ~ 24℃，耐高温，不耐低温，若冬季温度低于 5℃ 时植株停止生长，逐渐枯萎死亡。鸡冠花为强阳性植物，喜阳光充足环境，若光线不足，茎叶易徒长，花朵小且花色暗。栽植要求肥沃疏松、排水良好的沙质壤土。

常用品种

◎**普通鸡冠**：一般株高 40~60cm；常见高型种株高 80~120cm；矮型种 15~30cm，很少有分枝。花扁平鸡冠状四环叠皱，花色有紫红、绯红、粉、淡黄、乳白或复色。矮型种花色多紫红或殷红色。

◎**子母鸡冠**：株高 30~50cm，多分枝而紧密向上生长，株姿呈广圆锥形。花序呈倒圆锥形叠皱密集，在主花序基部生出若干小花序，侧枝顶部也能着花，多为鲜橘红色，有时略带黄色。叶绿色，略带暗红色晕。

◎**圆绒鸡冠**：株高 40~60cm，具分枝，不开展。肉质花序卵圆形，表面流苏状或绒羽状，紫红或玫红色，具光泽。

◎**凤尾鸡冠**：又名芦花鸡冠或扫帚鸡冠。株高 60~150cm 或以上。全株多分枝而开展，各枝端着生疏松的火焰状花序，表面似芦花状细穗，花色富变化，有银白、乳黄、橙红、玫红至暗紫，单或复色，园林中常称火炬鸡冠。

◎**嵌合体鸡冠**：是一种特殊的鸡冠花类型，具有典型嵌合特征，叶、茎、花序和花朵中都可以看到红黄镶嵌的嵌合特征，植株从幼小时期到成熟阶段都可以显现嵌合特征。

盆栽技术

◎**育苗时间**：根据栽培地气候条件确定育苗时间。因鸡冠花属喜温喜光性植物，花期长，所以确定育苗时间时室外栽培以夜温不低于 15℃，保护地栽培以室外夜温不低于 10℃ 为界。

◎**苗床准备**：育苗在温室用育苗盘或作畦，搭小拱棚增温保湿。为便于管理，床宽 1.2m，长度以扣棚薄膜覆盖方便为宜。小拱棚高 40~60cm。床土用园土、蚯蚓粪按 1：1 比例，或园土、草炭、混土腐熟有机肥按 5：2：1 比例配比，混匀打碎过筛，装入育苗盘或畦床中，床土厚 10cm，并用细筛筛一些细土另放留作播种后覆盖土。用木板将床土整平，稍镇压后用清水喷透苗床，播种前用甲基托布津 1 000 倍液喷洒床土消毒，也可用地虫菌净或菌虫统杀与床土按 0.1%比例混拌密封 24h 消毒。

◎**播种**：干籽撒播。播种前用清水喷透苗床，待水渗后，将种子均匀撒在准备好的苗床上，播种后用筛好的覆盖土覆盖，覆土厚度 0.5cm，并立即搭小拱棚，以增温保湿。棚内温度控制在 35℃以下，夏季播种棚内气温较高时需搭遮阳网遮阴。

◎**苗床管理**

（1）温度管理　从播种到出苗小拱棚温度控制 20～35℃，鸡冠花在适温下 4～7d 出苗。出苗后棚内温度保持 20～30℃，超过 35℃及时进行通风降温，防止徒长。

（2）水分管理　鸡冠花播种后至出苗前床土不需浇水，苗出齐后视床土情况适当喷水。鸡冠花幼苗时易发生立枯病、茎腐病，需及时喷药防治。一般选用 70%甲基托布津可湿性粉剂或 50%多菌灵可湿性粉剂 1 000 倍液叶面喷雾防治。一般 15d1 次。真叶长出后，结合喷药对 0.2% KH_2PO_4 叶面肥，促进根系生长。

◎**移栽**：当鸡冠花 2～3 对真叶时即可移栽上盆。第 1 次移栽营养盆规格为 7cm×7cm。第 2 次移栽直接上观赏盆即可。

（1）盆栽培养土配制　按园土：蚯蚓粪＝1：3 或园土：草炭：混土腐熟有机肥＝5：3：2 比例配制，并根据花苗的实际生长需要添加一定量的磷、钾肥。使用配制好的培养土之前要对其进行消毒灭菌、杀虫的处理。具体的操作方式为使用 0.5%的高锰酸钾和 0.5%的辛硫磷混合液对培养土进行浇灌翻匀处理，之后盖上塑料布封严，密封 5d 之后揭开备用。

（2）容器准备　选用大小为直径 30cm 以上、高 30cm，底下有水孔，透气的塑料盆、瓦盆、紫砂盆、木桶等均可。

（3）移栽　夏季播种床苗上盆移栽需搭遮阳网，选择早晨或下午进行移栽以利缓苗。移栽时尽量带土，移栽上盆时填土不可过满，盆上沿留空隙以利浇水，装盆后立即浇透水。夏季移栽后中午光线强时搭遮阳网，早晚、阴天光线弱时撤掉遮阳网以利缓苗，1 周后小苗长出新根逐步撤掉遮阳网。其他季节移栽视天气情况而定。

◎**盆苗管理**

（1）水分管理　生长期浇水适当，盆土见干见湿，以利孕育花序。同时注意浇水时将水直接注入盆里，尽量不要让下部的叶片沾上泥土，叶片上有泥及时用喷壶喷水洗净。

（2）肥分管理　盆栽鸡冠花因根系营养空间小需追施肥料供给养分。施肥掌握"薄肥勤施"原则，为控制徒长，一般以有机肥为主。结合浇水每20d根部施1次10%腐熟有机肥。注意施肥时肥水不要沾上叶面以免叶片烧灼，影响观赏。生长期15~20d进行1次0.2%KH$_2$PO$_4$叶面肥喷施。

◎**抹芽**：鸡冠花从幼苗开始抽生侧蕾，所以要培育花大色艳的鸡冠花，从苗期开始摘除全部腋芽，一般7d摘1次，直至成形。

◎**病虫害防治**：主要的病害有叶斑病、褐斑病、病毒病等。针对叶斑病可以采用50%真菌丹500倍液或65%代森锌可湿性粉剂600倍液喷洒，若是种子可以在50%多菌灵液中浸泡4h可达到预防叶斑病的效果。褐斑病的预防可以用50%扑海因可湿性粉剂或25%丙环唑乳油3 500倍液进行喷雾。

病毒病主要由蚜虫引起，最常见的害虫是蚜虫和叶螨。蚜虫常常集中在嫩芽、嫩叶和嫩枝上，吸食花株的汁液，会造成植株受害部位萎缩变形，可以用40%氧化乐果2 000倍液进行喷洒，具有良好的灭除效果；叶螨常常集中在叶背刺吸叶汁，造成叶片变色卷曲，可用20%三氯杀螨醇1 000倍或1 500倍液喷洒杀除。

推广应用前景

鸡冠花不仅花序形状奇特，色彩丰富，花期长，植株又耐旱，绿化装饰效果强，为园林中著名的草本花卉之一。同时，鸡冠花是一种传统的药用植物，花序和种子都可入药。更重要的是，鸡冠花还是一种食品新资源，在印度、南美洲、非洲西部等地常作为蔬菜栽培，在中国民间也早已有食用的历史，明《救荒本草》载（鸡冠花）："救荒，采叶炸熟水浸淘净油盐调食"。中国研究者近年来对鸡冠花中营养素和食用素进行的多学科、多层次的研究，揭示出鸡冠花中含有十分丰富的营养素，有很高的营养价值，而且食用安全。随着阳台庭院园艺的新兴，鸡冠花因其集景观、药用、食用于一身，而且适应性强栽培管理容易，逐渐成为一种重要的盆栽植物。

4. 苋 菜

苋菜（*Amaranthus tricolor* L.），苋科苋属，一年生草本。苋菜以嫩茎叶为食，炒食或作汤。全株可入药。其品质鲜嫩、营养丰富，含有极高的钙、铁、维生素等元素，深受广大消费者青睐。

形态特征

苋菜根较发达，为直根系，分布深广。茎高 80 ~ 150cm，粗壮，绿色或红色，常分枝，幼时有毛或无毛，有分枝。叶互生，全缘，卵状椭圆形至披针形，平滑或皱缩，长 4 ~ 10cm，宽 2 ~ 7cm，有绿、黄绿、紫红或杂色。花单性或杂性，穗状花序花小，花被片膜质，3 片；雄蕊 3 枚，雌蕊柱头 2~3 个，胞果矩圆形，盖裂。种子圆形，紫黑色有光泽。主要类型如下。

绿苋：叶片绿色，耐热性强，质地较硬，如台湾白苋、广州的柳叶宽及小圆叶苋菜等。

红苋：叶片紫红色，耐热性中等，质地较软。其品种有重庆的大红袍、广州的红苋、昆明的红苋菜等。

彩苋：叶片边缘绿色，叶脉附近紫红色，耐热性较差，质地软。其品种有一点红苋菜、金沙圆叶红苋菜、大圆叶红苋菜等。

常见品种

◎**台湾白苋**：易栽培，生长速度快，病虫害少，耐热、耐湿性强，叶片呈倒心脏形，叶部绿色，幼叶淡绿，略呈乳黄。茎部大，腋芽发生晚，植株较高，品质极佳，产量高，煮后叶色鲜绿。

◎**柳叶苋**：该品种早熟，株植高 18cm，开展度 25cm。茎浅绿色披针形，长 18cm，宽 5cm，浅绿色，单株重 15g。耐肥，抗病，生长较快，茎叶柔嫩品质好。

◎**小圆叶苋菜**：栽培容易，耐热，耐寒，耐旱，耐湿，生长快速，产量高，株高 25cm。

◎**大红袍苋菜**：叶片卵圆形长 9~15cm，宽 5cm 左右。叶面微皱，红色，叶背紫红色，叶柄浅紫红色。耐旱力强，早熟。

◎**一点红苋菜**：株高 23cm 左右，叶长、宽约 9cm，叶片圆形，全缘；叶片中央鲜紫红色，边缘绿色；叶肉厚，叶柄绿色，从播种到采收 40d 左右。耐热，适应性广，质柔嫩，味鲜美，品质佳。

◎**金沙圆叶红苋**：叶面紫红色，边缘绿色，叶圆尾稍尖，叶柄绿色，株高 25cm 左右，生长快速，生长期 30~40d，耐热抗湿，抗病，适应性广，容易栽培，叶肉厚，品质优。

◎**大圆叶红苋菜**：耐热耐寒，耐抽薹，叶大圆形，中间呈红色，边青色，茎肉质。纤维少、不易老。品质鲜嫩，口感软糯，色泽鲜艳，是春夏、秋季的叶菜上品。

生活习性

◎**温度**：苋菜喜温暖，耐热不耐寒，10℃以下和38℃以上停止生长，发芽适温为 22~30℃；生长最适温度为 23~27℃，白天30℃，晚上 25℃生长最为旺盛。

◎**光照**：苋菜为高温短日照作物，在高温条件下 8~10h 持续光照会促进抽薹开花，因此在适宜温度，光照时间较长的季节栽培，品质好产量高。苋菜光合能力强，光补偿点较低，因此在弱光条件下，苋菜也可以生长。

◎**水分**：苋菜根系发达，由于根系集中于土壤表层，因此耐旱能力一般。苋菜喜湿润，在水分充足的条件下，叶片柔嫩品质好。过度潮湿或地面积水，均会影响生长，以致死亡。

◎**土壤**：苋菜为喜肥作物，通常苋菜喜土壤深厚，结构良好，有较好的透气性，较好的保肥能力的偏碱性土壤。结构不良的黏土和沙土，都不适宜其生长。

盆栽栽培技术

在生产中苋菜是直接播种的，盆栽栽培直接在容器中播种，不用移栽。

◎**容器选择**：苋菜不耐涝，因此要选择有漏水口的容器，以利用排灌。种植苋菜可以选择花盆、种植槽等。

◎**配置营养土**：营养土按园土与腐熟有机肥为 3：1 的比例配制，过筛后加入生物有机肥充分混匀，在阳光下晾晒几天，装入容器中。

◎**播种**：苋菜种子细小，在播种前，可进行浸种催芽，将种子浸入温水中 3~4h 后沥干水分。将种子放在湿布上 30℃左右避光催芽，每天用温水清洗种子，防止种子发霉腐烂。待种子露白时，即可播种。在容器中可使用条播或撒播，条播行距 15cm 为宜，播种后，保持土壤湿润。

◎**苗期管理**：早春或冬季播种 10d 后出苗，夏季最快 3d 即可出苗。出苗后，浇水轻缓、待真叶展开后，可适当间苗。栽培苋菜时，不用移栽，因此前期也可适当追肥。当苋菜苗有 2~3 片真叶时，可以开始追肥。在栽培后期，春季冬季要控制浇水，夏季则加大浇水量。在第一次追肥后两周可以再次追肥。

◎**病虫害防治**

（1）白锈病　苋菜的主要病害是白锈病。白锈病在高温高湿情况下容易发生，发生时，叶面呈黄色病斑，叶背聚集白色圆形孢子，可用甲霜灵进行防治。

（2）蚜虫　当出现蚜虫时，可用黄板诱杀。为害严重时，可用 50%抗蚜威可湿性粉剂 2 000~3 000 倍液，也可用吡虫啉进行防治。

◎**采收**：在播种 30d 后可以采收，当植株高度达到 10cm，出现 5~6 片真叶时，进行第一次采收。采大留小，配合间苗。第二次采收时，在距茎基部 5cm 左右留侧枝剪断主枝。待侧枝长到 10~15cm 即可进行下一次采收。

推广应用前景

苋菜具有很强的营养价值以及药用价值。根、果实及全草入药。具有补气、清热、明目、利大小肠作用，也可促进牙齿和骨骼生长，协助维持正常的心肌活动，防止肌肉痉挛发生。苋菜富含丰富的铁、钙、维生素 K，具有促进凝血，增加血红蛋白含量，促进造血等功能，也是排毒养颜，减肥清身的好选择。吃苋菜可增强体质，不仅能促进儿童生长发育，还适用于贫血患者，妇女和老年人。苋菜的营养价值可谓是蔬菜里的佼佼者。苋菜在中国自古就被作为野菜食用，因为苋菜抗性强、易生长，耐旱、耐湿、耐高温，加之病虫害很少发生，因此可作为家庭盆栽蔬菜的好选择。另外，苋菜也具有一定的观赏价值，因此盆栽苋菜具有很大的推广价值，应用前景也非常广阔。

5. 冰　菜

冰菜（*Mesembryanthemum crystallinum* L.）是番杏科日中花属一年生或二年生肉质草本植物。别称冰草、多花冰草、冰叶日中花等。原产于南非，现被世界多地广泛引种种植。冰菜全生育期中叶片和茎秆的泡状细胞内有填充的液体，在光照条件下折射反光，因此可见植株上布满白色小冰晶。冰菜营养丰富，口感清脆，口味微咸，生食炒食均可，具有极高的营养价值。

形态特征

冰菜株高 30cm 左右，根系为发达的须根系。茎圆柱形，半蔓生，分枝多，柔软，先直立后匍匐生长，有时可伸入土中长成地下茎。叶短圆形，互生，长 2~6cm，肉质厚，扁平，叶液多，基部几心形，紧抱茎。茎叶上布满白色冰晶，穗状花絮呈星形状，下部叶有柄。花单个腋生，花径 1~3cm，几无梗，花瓣线形，花色透明，呈白色或浅玫瑰红色，果实为硕果，种子细小。

冰菜共有 100 多个品种，绝大多数是用来改造荒漠，盐碱地开发，畜禽饲料所用品种。而作为特菜种植的国内仅有两种，为非洲冰菜和日本冰菜。中国各地均适宜种植。

生活习性

冰菜喜冷凉环境，忌高温多湿，生长最适温度为 5~25℃。低于5℃或高于30℃会生长不良，茎叶上冰晶数量减少。喜日光，适宜在排水良好的环境下生长，失水过多或排水性不好会造成严重影响。典型泌盐植物，可在含盐35%的土壤水域生长。当植株体内盐分过高时多余的盐分可通过茎和叶的盐腺分泌到冰晶状的液泡中。由于冰菜的耐寒、耐旱、耐盐属性，因此作为沙漠绿化和盐碱地开发的重要植物。

盆栽栽培技术

◎**育苗**：春季在3月中下旬育苗，秋季在8—10月育苗为宜。育苗温度以20℃左右为最佳，选取普通育苗基质育苗即可，播种前在25℃温水中浸种3h左右，采用穴盘育苗，每孔点播1~2粒种子后，覆盖0.5~1cm左右基质或细土。播种后8d左右出苗，出苗期以弱光为宜，后期给予充足光照，保持土壤湿润。

◎**上盆移栽**：待冰菜苗长有4~5片冰叶时及时移栽，播后30d左右是定植的合适时期。

（1）容器选择　盆栽冰菜种植选取长度约80cm，宽度约30cm的种植槽或者泡沫箱。如果选用直径30cm以内的花盆，建议种植1株即可。冰菜定植株距25cm，行距30cm为最佳。

（2）土壤基质　在容器中加入透气透水性能良好且富含有机质的优质草炭土，加上充分发酵的生物有机肥充分搅拌后，浇透水，然后把育好的冰菜苗移栽到容器中。

◎**肥水管理**：定植后注意控水，一般定植后10日开始浇水，后期应在叶片略微萎缩时补充水分，以浇透为宜。适度控水有利于白色结晶形成。若水分过大，则形成的晶体颗粒较少，口感差。在定植15d后，施适量磷钾肥，以后每隔20d施肥一次。另外，在生长中后期可补充两次叶面肥并加入0.1%细盐混合使用。

◎**病虫害防治**：冰菜病虫害较少发生，盆栽容器放置在通风光线较好的位置为佳，降低细菌和真菌性病害发病机会；虫害主要有蚜虫、金龟子等，一般不使用农药，采用防虫网、粘虫板防治。

◎**采收**：待冰菜定植30d左右后，植株长到10~15cm，侧枝放射性扩大，结晶丰富时，可以采收。采收时保留茎秆，采植株两侧嫩枝，多次采收。也可一次性采收。

推广应用前景

冰菜具有广阔的应用前景，其花型奇特，花色鲜艳美丽，植株上的泡状晶体在阳光的照耀下像水晶般美丽，独特的外观让人惊叹好奇，具有十足的观赏价值。盆栽冰菜可以作为家庭园艺的良好品种选择。盆栽冰菜养护简单，操作方便，不管是阳台还是庭院，都可以利用冰菜来进行景观打造，提升家庭的园艺气息，从而美化家庭居住环境，提高生活质量。

冰菜含有天然的苹果酸、钠、钾、胡萝卜素、氨基酸等抗老化物质，是一种高营养高价值的蔬菜。冰菜具低钠属性，含有天然植物盐，是中老年人以及高血压患者的良好食材。冰菜还含有多种氨基酸，经常食用可以减缓细胞老化的速度，强化脑细胞功能，因此也是脑力劳动者以及学生的健康补脑的蔬菜之选。冰菜中的黄铜化合物有预防糖尿病的功能。

综合冰菜的观赏价值、营养价值以及盆栽的简单操作性，盆栽冰菜拥有极高的应用前景，定会收获广大市民热烈的欢迎。

6. 番 杏

番杏（*Tetragonia tetragonioides*（Pall.）Kuntze），番杏科番杏属，一年生，肉质草本植物。含丰富的铁、钙、维生素 A 和维生素 B；具有清热解毒，祛风消肿、作用。又叫夏菠菜、新西兰菠菜。

形态特征

番杏为一年生肉质草本，根系发达，耐旱能力较强，但不耐涝。茎为圆形，初直立，后平卧上升，高 40 ~ 60cm，淡绿色，半蔓性，易分支，每个叶腋都可以长出分支。叶片肥厚，互生，卵状菱形或卵状三角形，边缘波状，颜色深绿；叶柄肥粗。花单生或着生于叶腋；黄色无瓣。菱角形坚果，褐色，长约 5mm，具钝棱，有 4~5 角，附有宿存花被，具数颗种子。花果期 8—10 月。

生活习性

◎温度：番杏对温度适应范围较广，适宜生长温度为 20 ~ 25℃，可以耐 0℃以下低温，但怕霜冻，种子发芽适宜温度为 25~28℃。在夏季高温条件下仍能正常生长，可以短时间忍受 0℃以下低温。

◎光照：长日照作物，对光照条件要求不严，较耐阴，在弱光、强光下均能生长良好，苗期给予充足的光照有利于壮苗。

◎**水分**：番杏耐旱力强，不耐涝，湿润的土壤条件有利于番杏的生长，苗期土壤应保持见干见湿。番杏整个栽培过程需水量均匀。番杏植株虽抗干旱，但在生产上过分的干旱会严重影响其生长发育。

◎**土壤**：番杏喜肥沃的壤土或沙壤土，较耐盐碱，对氮肥和钾肥要求较多，栽培上宜以肥沃、疏松、湿润的土壤为佳。苗期应注意氮、磷、钾的施用。

盆栽栽培技术

◎**育苗**：番杏以果实繁殖，果皮较坚厚，吸水比较困难，在自然状况下发芽期长达15~90d，故播种前须预处理。首先将种子放在45℃左右的温水中浸泡24h，然后在25℃左右环境中催芽，直到种子微微膨胀裂开时开始播种育苗。因为番杏出苗极不整齐，不适宜采用穴盘育苗，应采用苗床上育苗。做1.5m宽育苗畦。1m² 施过筛的腐熟有机肥8~10kg，将苗床上和肥料充分混合均匀，整平后浇足底水，待水渗下后覆一薄层约1cm过筛的细土，然后压实。室温保持在日温25℃左右，夜间15℃以上。齐苗后再覆0.5cm厚的过筛细土，弥缝保墒，同时降低室内温度，日温掌握在20~22℃，夜温12~15℃为宜。当幼苗2叶1心时进行分苗，苗距6~8cm。分苗后立即浇水，并提高室内温度，日温22~25℃，夜温15℃左右，并覆一层过筛的细土。当幼苗5~6片真叶时可以上盆移栽。冬春季缓苗后降低室内温度，日温20℃左右，夜间10℃以上。夏季育苗为防止高温为害，应配备遮阳设备，晴天在11—16点时覆盖遮阳网或苇帘，避免强光直射。

◎**上盆移栽**：选用排水性良好的种植槽等容器，选择透水透气性好的基质沙壤土等，加入充分腐熟的有机肥混匀，当苗4~5片真叶时，进行移栽。因为番杏根性再生能力较弱，缓苗时间长，因此要及时补充足够的水分，促进缓苗。

◎**盆栽番杏养护方法**

（1）水分　干旱时要及时浇水，以防诱发病毒病。植株加速生长要保持土壤湿润，植株生长茂盛，枝叶密集，注意不要过湿，应见干见湿，过于湿润易腐烂，夏季注意防涝。

（2）施肥　番杏的生长期长，每次采收后都发生侧芽，需氮钾肥较多。进入采收期后，应多次追肥，每星期叶面喷施一次新保佳或1%的尿素加0.5%的磷酸二氢钾，可提高产品质量。

（3）整枝　番杏的侧枝萌发力强，尤其是在肥水充足时，采收幼嫩茎尖后，萌发更多。生长过旺时应打掉一部分侧枝，使分布均匀，有利于通风透气和采光。

◎**病虫害防治**：番杏的抗病虫能力很强，一般很少发生病虫害，偶尔可发现病毒病，这时应立即将病株拔去，以防传播。生长过程中主要的虫害有蚜虫、斜纹夜蛾。发现蚜虫，可用10%的吡虫啉。发现斜纹夜蛾，可用15%的杜邦安打3 500倍液防治，防止发生番杏炭疽病，表现为叶片病斑呈圆形或近圆形，边缘褐色，斑面微现轮纹。要加强肥水管理，适度浇水，干湿适宜，增强根系活力，配方施肥，适时追肥喷施叶面营养剂。若发病，初期及时喷药控病，药剂可选用40%三唑酮多菌灵可湿粉1 000倍液，每周1次，前密后疏，交替喷施，采收前3d应停止用药。

◎**采收**：移栽后，随着植株的生长陆续采收嫩茎尖，一般当植株长至20~30cm时就可以采收嫩尖嫩叶，当番杏长到8cm高时可将顶部2~3cm茎尖摘去，促发侧枝，采收时底部留1~2片叶，以便萌发侧枝。

◎**留种**：在采摘嫩梢2~3次后，选择健壮植株作种株，任其生长，则各枝条的叶腋中，除基部3~4节处，都可着生花，而且大部分可以结实。果实呈褐色时采收。老熟果实易脱落，应分批采收，晒干后贮藏。

推广应用前景

番杏营养价值较高，每100g可食用部分含有水分94g，蛋白质1.5g，脂肪0.2g，碳水化合物0.6g，钙58mg，磷28mg，铁0.8mg，维生素A 4400国际单位，硫胺素0.04 mg，核黄素0.13mg，维生素C 30mg，尼克酸0.5mg。具有清热、解毒、利尿消肿等作用，常食番杏对于肠炎、败血病、肾病等患者具有较好的缓解病痛的作用。另外，番杏具有较强的抗逆能力，生长旺盛，采收期长易栽培，病虫害较少，是一种不需用农药的无公害的绿色蔬菜。盆栽番杏可食可赏，具有极高的市场应用前景。

7. 半支莲

半支莲（*Portulaca grandiflora* Hook），又称松叶牡丹、太阳花、死不了，马齿苋科马齿苋属多年生草本植物，北方常做一年生栽培，在多种环境中皆能生长，而且花期长、花色丰富多彩、着花量大，深受人们喜爱。半支莲喜欢温暖、阳光充足而干燥的环境，见阳光花开，早、晚、阴天闭合，故有"太阳花、午时花"之名。花期5—11月，岭南地区全年绽放。原产于南美洲的巴西。现中国各地均有栽培。花色繁多，有淡香味，易养易成活。

半支莲的品种较多，通常有妃红、稼红、大红、深红、紫红、白、雪青、淡黄、深黄颜色，景观效果极其优秀。盆栽美化居室阳台、窗台。花茎托垂于盆外，向阳而开，如锦似绣，中午最盛，一朵朵使劲地张开，尽情地享受太阳给予的温暖，为居室增添无限情趣，别具一格，是非常优秀的景观花种。

形态特征

半支莲是一年生肉质草本。株高15~20cm，枝条倒伏半匍生、肉质。半枝莲的叶是互生或散生、肉质的圆柱形，茎匍匐，上部平卧，先端向上斜伸，分枝多，稍带皂色，光滑，节上有丛毛，叶肉质圆柱形，长1~2.5cm。花顶生，花茎3~4cm，基部有叶状苞片，花瓣单瓣或重瓣，有白、粉、黄、橙、桃红、紫红等颜色或具斑纹的复色等品种，6—9 月花开不断，花单生或数朵簇生于枝顶，由于见阳光开花的习性，早、晚和阴天花朵闭合，阳光愈强，开花愈好，故有太阳花、午时花之名。种子小巧，银灰色，果实成熟后即开裂，易散落，需及时采收。

生活习性

喜温暖，不耐寒，耐干旱瘠薄，喜沙壤土，在阳光下盛开。除不耐久湿外，对土壤的适应性很强，性喜温暖、阳光充足的环境，阴暗潮湿之处生长不良。极耐瘠薄，一般土壤都能适应，甚至能在干旱贫瘠的盐碱土中生长良好，即使暴晒失水萎蔫，栽后仍能成活，且有良好的自播繁衍性，对排水良好的沙质土壤特别钟爱。见阳光花开，故有太阳花、午时花之名。花期 5—11 月，岭南地区全年绽放。

盆栽半支莲栽培技术

◎**繁殖**：半支莲繁殖分为播种繁殖和扦插繁殖。播种繁殖只要温度适宜，一年四季都可以。扦插繁殖一般在 5 月初至 8 月底均可剪取 5cm 左右的嫩茎顶端进行扦插。营养土配制，可用 3 份田园熟土、5 份质石、2 份椰糠或细锯末，再加少许过磷酸钙粉均匀拌和即成。种植容器选择泥盆、瓷盆、塑料花盆或底部能够渗水的其他容器均可，底部渗水处垫上瓦片，以利渗水。

（1）播种繁殖　将沙质壤土装入花盆或苗床，置于通风处，于室内播种，5 月初可露地播种。播种前将盆土或苗床翻整、打碎弄细、平整后，用细筛筛细土平铺面上，压平，浇足水，待水全部渗下去后再播种。因半支莲种子细小，播种时要混入 3 倍的草木灰、培养土或细砂，充分拌和均匀，撒播于花盆或苗床上，用木板稍微镇压，使土与种子密接。播种后盆土或苗床干燥时用喷雾器喷雾浇水，保持盆土或苗床湿润，发芽温度 21~24℃，10~15d 即可出苗。幼苗极其细弱，因此如保持较高的温度，小苗生长很快，便能形成较为粗壮、肉质的枝叶。这时小苗可以直接上盆，成活率高，生长迅速。

（2）扦插繁殖 太阳花一般以种子繁殖为主，自播能力也很强。但随着大量园艺新品种的出现，其种子较难收集到。尤其是重瓣的园艺新品种，花后不结籽。因此，家庭繁殖可采用扦插法。半支莲扦插繁殖常用于重瓣品种，半支莲粗生易长，扦插容易成活，在夏季将剪下的枝梢作插穗，萎蔫的茎也可利用，插活后即出现花蕾。摘取植物上部枝梢，剪成 8cm 左右长作插穗进行扦插，先抹平容器中培养土平面，将剪来的太阳花嫩枝头插入竹筷戳成的洞中，深入培养土最多不超过 2cm。为使盆花尽快成形、丰满，一盆中可视花盆大小，只要能保持 2cm 的间距，可扦插多株（到成苗拥挤时，可分栽他盆）。接着浇足水即可，插后喷水保持土壤湿润，新扦插苗可遮阴，也可不遮阴，只要保持一定湿度，一般 10~15d 即可成活，进入正常的养护。

◎移栽：半支莲喜光、喜温暖、耐旱，需植于阳光充足、地势较高处，才能花繁花艳。当苗有 6~7cm 高或扦插苗成活后，便可移植于花盆（盆口直径在 20cm 以内的每盆 1 株，盆口直径大于 20cm 的每盆 3 株）；植于庭院、花坛做花带的，按株行距 25cm 定植，定植后浇足定根水。移栽植株无需带土，生长期不必经常浇水。

◎水肥管理：半支莲适应性和生长势均强，耐贫瘠。在生长期间，需水肥不多，管理简单。定植在中等肥力水平以上的，一般不施肥即能满足后期生长发育需要，但为了使枝繁花艳，可在盛花期前后结合浇水每月浇 2 次淡肥水，平时保持土壤半干微湿，勤中耕除草，即能开花不断，艳丽宜人。

◎种苗越冬：每年霜降节气后，将重瓣的太阳花移至室内照到阳光处。入冬后放在玻璃窗内侧，让盆土偏干一点，就能安全越冬。次年清明后，可将花盆置于窗外，如遇寒流来袭，还需入窗内养护。

◎病虫防治：栽培当中，未发现半支莲有病害，只是早期有蚜虫为害。出现蚜虫时，及时喷洒吡虫啉 500 倍液。平时养护，半支莲花极少病虫害，保持一定湿度，半月施一次千分之一的磷酸二氢钾，就能达到花大色艳、花开不断的目的。如果一盆中扦插多个品种，各色花齐开一盆，欣赏价值更高。

推广应用前景

◎**半支莲对家居环境的影响**

（1）半支莲是"空气清道夫"　能有效清除二氧化硫、氯、乙醚、乙烯、一氧化碳、过氧化氮等有害物，还能吸收走电器、塑料制品等散发的这些有毒气体，避免人们受到侵害。将其栽种在家中，不仅能够用来欣赏，还能够净化空气，让人们的生活环境更加健康。

（2）绿化居家环境　在居家环境中栽种一两株半支莲的盆栽，让半支莲的翠绿与各色美丽花朵为您家中带来丝丝繁盛气氛，让居家环境既喜庆又高雅。

（3）调节室内温度、湿度和空气，吸附尘土，减少噪声　对人们的生活和休闲颇多益处。

（4）适栽范围广　半支莲茎叶光洁，花色丰富，花期长，株低矮，是花坛、花境、阳地地被的良好植物材料，适宜栽培在花坛外围、石阶道、小径等地。

◎**药用价值**：半支莲可清热、活血、解毒、解热、散瘀、止痛、利水、行气、抗癌、抗肿瘤、祛瘀止血。用于咽喉肿痛、毒蛇咬伤、跌打损伤、疔疮肿毒、水肿、黄疸等症。但血虚者不宜服用半支莲。孕妇慎服半支莲。

8. 金莲花

金莲花（*Trollius chinensis* Bunge），又称旱荷、旱莲花、寒荷、陆地莲、旱地莲、金梅草、金疙瘩，毛茛科金莲花属的植物。一年生或多年生草本，株高30~100cm，叶圆形似荷叶，花形近似喇叭，萼筒细长，常见黄、橙、红色。金莲花原产南美秘鲁，中国栽培时间不长，20世纪20年代末，从欧美引入，但品种比较单一，到80年代以后才出现半重瓣、重瓣和观叶等品种。至今广泛用于家庭盆栽、景点布置、装饰吊盆等，在草本花卉中已占有一定位置，为园林中重要的夏季观赏花卉。

形态特征

金莲花植株全体无毛。须根长达7cm。茎高30~70cm，不分枝，疏生2~4叶。基生叶1~4个，长16~36cm，有长柄；叶片五角形，长3.8~6.8cm，宽6.8~12.5cm，基部心形，三全裂，全裂片分开，中央全裂片菱形，顶端急尖，三裂达中部或稍超过中部，边缘密生稍不相等的三角形锐锯齿，侧全裂片斜扇形，二深裂近基部，上面深裂片与中全裂片相似，下面深裂片较小，斜菱形；叶柄长12~30cm，基部具狭鞘。茎生叶似基生叶，下部的具长柄，上部的较小，具短柄或无柄。花单独顶生或2~3朵组成稀疏的聚伞花序，直径3.8~5.5cm，通常在4.5cm左右；花梗长5~9cm；

苞片三裂；萼片（6）10～15（19）片，金黄色，干时不变绿色，最外层的椭圆状卵形或倒卵形，顶端疏生三角形牙齿，间或生3个小裂片，其他的椭圆状倒卵形或倒卵形，顶端圆形，生不明显的小牙齿，长1.5～2.8cm、宽0.7～1.6cm，花瓣18～21个，稍长于萼片或与萼片近等长，稀比萼片稍短，狭线形，顶端渐狭，长1.8～2.2cm、宽1.2～1.5mm；雄蕊长0.5～1.1cm，花药长3～4mm；心皮20～30。蓇葖长1～1.2cm，宽约3mm，具稍明显的脉网，喙长约1mm；种子近倒卵球形，长约1.5毫mm，黑色，光滑，具4～5棱角。6—7月开花，8—9月结果。

生长习性

金莲花喜冷凉湿润环境，多生长在海拔1 800m以上的高山草甸或疏林地带。金莲花耐寒，常年生存在2～15℃。金莲花生长期适温为18～24℃，冬季温度不低于10℃。露地栽培时，10月至翌年3月需4～10℃，3～6月为13～18℃。而室内栽培时，9月至翌年3月为10～16℃，3—9月需18～24℃。夏季高温时，开花减少，冬季温度过低，易受冻害，甚至整株死亡。金莲花喜湿怕涝，生长期茎叶繁茂，需充足水分，应向叶面和地面多喷水，保持较高的空气湿度，有利于茎叶的生长。如果浇水过量、排水不好，根部容易受湿腐烂，轻者叶黄脱落，重者全株蔫萎死亡。金莲花属喜光性植物，冬季在室内栽培时，充足阳光下，开花不断，花色诱人。但夏季开花时，适当遮阴可延长观赏期。同时，金莲花的花、叶趋光性强，栽培或观赏时要经常更换位置，使其均匀生长。土壤以疏松、中等肥力和排水良好的沙质壤土为宜。盆栽土以培养土和粗沙对半为宜。

盆栽技术

金莲花性喜温暖、湿润、阳光充足的环境，忌寒（最低温不得低于10℃），稍耐干旱，对土壤要求不严。

◎**繁殖**：金莲花繁殖方法常用播种繁殖和扦插繁殖。

（1）播种繁殖 一般于3月播种，7—8月开花；6月播种，国庆节开花；9月播种，春节开花；12月播种，"五一"开花。播种先用 40~45℃ 温水浸泡一夜后，种子较大，每克种子 6~7 粒，将其点播在 4cm 口径育苗盘，覆土 1.2cm，播后放在向阳处保持湿润，发芽适温 16~18℃，播后 7~14 d 发芽，幼苗 2 片真叶时分栽上盆。

（2）扦插繁殖　常用于重瓣花品种，以 4—6月室温 13~16℃ 时进行为宜。剪取充实健壮、3~4 片叶的茎蔓，长 10cm，带有 2~3 个节的嫩茎，插入沙床，并遮阴喷雾，保持湿润，插后 15~20d 生根，30d 后可栽 10cm 盆，每盆栽 3 株。

◎ 栽培管理

（1）移栽　当做观赏植物时，在幼苗出齐后，高 5~8cm 时，金莲花有真叶 3~4 片时，即定植于 10~15cm 盆，吊盆以 15~25cm 盆为宜，每盆分别栽 3~5 棵苗。同时摘除底部 1~3 片叶，以减少养分的消耗，移植深度宜浅不宜深，并及时浇水。随着枝蔓的生长，可以造型，绑扎枝蔓，并结合摘心，防止植株徒长，促使多分枝、多开花，使植株株形丰满，美观。如茎叶过于茂盛，可适当摘除部分，有利于通风和花芽形成。当茎蔓生长达 30~40cm 时，可用 100mg/L 多效唑叶面喷布，促使矮化，花后把老枝剪去，待发出新枝开花。金莲花喜阳光充足，不耐荫蔽，春秋季节应放在阳光充足处培养，夏季适当遮阴，荫蔽度控制在 30%~50%，盛夏放在凉爽通风处，北方 10 月中旬入室，南方 11 月上旬入室，放在向阳处养护，室温保持 10~15℃，适当控制肥水。

（2）水肥管理　金莲花栽培宜选用富含有机质的沙壤土，pH 值 5~6。苗期要注意多施磷、钾肥，一般在生长期每隔 3~4 周施一次 10%~15% 饼肥水，开花前改用半月施 1~2 次鸡粪液肥或 1% 磷酸二氢钾，花后施 25% 饼肥水或者 20% 畜粪肥，秋末施一次 30% 全元素复合肥作越冬肥，每次施肥后要及时松土，改善通气性，以利根系发育。但要注意施肥不能过量，否则枝蔓徒长，反而影响开花。对已经衰老的植株，当气温达 10℃ 以上时，可在基部剪去上部枝叶，施入 20% 腐熟的有机肥，放入 7℃ 左右的温室内，促使重新发枝，形成新株丛。金莲花喜湿忌涝，土壤水分保持 50%左右，生长期间浇水要采取小水勤浇的办法，春秋季节 2～3d 浇一次水，夏天每天浇一次水，并在傍晚往叶面上喷水一次，以保持较高的湿度，开花后减少浇水，防止枝条旺长。

◎**采收与加工**：采用种子繁殖的植株，播后第二年即有少量植株开花，第三年以后才大量开花；采用分根繁殖者，当年即可开花。开花季节及时将开放的花朵采下放在晒席上，摊开晒干或晾干即可供药用。

◎**病虫害防治**：金莲花常发生叶斑病、萎蔫病和病毒病危害，可用 50%托布津可湿性粉剂 500 倍液喷洒。虫害有粉纹夜蛾和粉蝶危害，用 90%敌百虫原药 1 000 倍液喷杀。另外生长过程中如发生蚜虫和白粉虱，要用吡虫灵、扑虱灵、敌杀死等无公害农药及时防治。

推广应用价值

◎**观赏价值**：金莲花是很好的观赏植物，蔓茎缠绕，叶形奇特如碗莲，叶色翠绿，花朵雅致，花色艳丽，花朵盛开时，又如群蝶飞舞，别具风趣。其可在园林假山置石沟缝处种植，还可在城市公共绿地上作为花带、花坛、花径的地被植物。庭院内可种在花坛内或墙边，让其顺墙攀附，经久耐观，富有纹彩。室内可作为盆栽植物布置于阳台、窗台、茶几等处，可吊篮盆栽，翠叶红花纷披而下，用以点缀室内的空间，也可构成窗景，窗箱栽培，另外也可用细竹做支架造型任其攀附。其茎叶形态优美，花大色艳，均有较高的观赏效果，属优良的时尚花卉植物。

◎**药用价值**：具药用功能，可清热解毒，主治扁桃体炎、中耳炎。用于急、慢性扁桃体炎，急性中耳炎，急性鼓膜炎，急性结膜炎，急性淋巴管炎。

◎**食用价值**：其味辛辣，嫩梢、花蕾、新鲜种子可作为食品调味料。绿色种荚可腌制泡菜，脆嫩可口，微辣甘甜。干花可制成金莲花茶供饮用。花和鲜嫩叶可入沙拉菜生食，叶子多少有点异味，但煮后味道很好。未熟的叶有辛辣味，作香辛料使用或用于泡菜。茎、叶、果实均含有精油，叶中富含维生素和铁，味微辛能健胃，还对胃溃疡和坏血病有效。

9. 抱子芥

芥菜（*Brassica juncea*（L.）Czern. et Coss.）是十字花科芸薹属一年生或二年生草本植物。起源于亚洲。属于白菜类蔬菜，白菜类包括白菜、甘蓝、芥菜、甘蓝型油菜4种类型。芥菜经过中国劳动人民的培育，已经分化出5种类型的16个变种，包括种用、叶用、茎用、根用、薹用芥菜。适于盆栽的宜选择茎用芥菜，茎用芥菜又包括茎瘤芥、笋子芥、抱子芥3个变种。特别是抱子芥（也称儿菜）具有食用、观赏价值。下面着重介绍茎用芥菜。

形态特征

◎**根**：根系不发达，耐旱能力较差，喜湿润，怕淹水。

◎**茎**：茎用芥菜茎短缩膨大，茎上叶柄基部有瘤状突起，一般3个，中间一个较大。膨大茎的形状有纺锤形、扁圆形、棍棒形等，皮色淡绿色。儿菜短缩茎上按顺序形成多个肥大腋芽。

◎**叶**：叶形有椭圆、卵圆、披针形，叶色有绿色、黄绿色、暗紫红色等。叶面有的平滑，有的皱缩，叶背面有茸毛。茎膨大节位在2~3叶环。以儿菜为例，当儿菜长到一定阶段，其生长锥在陆续产生的叶原基形成幼小的顶生叶，这些顶生叶的腋芽开始发育膨大，逐渐形成一个个肥大饱满的突起，当叶原基全部发生并形成顶生叶时，在儿菜的中央顶部形成一个莲座状的突起群，并按2/5叶序排列，这些突起就是儿，这一现象叫成儿现象。儿菜成儿需要通过春化阶段。

◎**腋芽**：膨大茎的叶腋间常发生腋芽，腋芽的萌发与品种特性有关，如三转子品种腋芽萌发数较少。儿菜的腋芽特别肥大供食。

◎**花和果实**：花为总状花序，花小，黄色，异花授粉，易与其他芥菜发生天然杂交。

生活习性

◎**温度**：茎用芥菜原产四川盆地东部，喜冷凉湿润，怕严寒酷暑。种子8~10℃开始发芽，适宜的发芽温度为20~25℃。幼苗生长的温度为20~26℃，最适温度为20℃左右；茎开始膨大温度在16℃以下，最适膨大温度为8~13℃，茎叶能耐轻霜，较长期的霜冻致减产或死亡，有的品种短时间能耐-8℃低温。儿菜的生长要求有一定的营养生长，保证在通过春化后能即时膨大而不致先期抽薹。据文献研究，儿菜的春化作用可以分为二类：一类为种子春化，一类为绿体春化。当儿菜的叶片数为13~15片，茎粗为14~18mm，满足连续10d日平均最低温度8.5~9.5℃，就可完成春化作用。

◎**光照**：茎用芥菜对日照要求不高，但光照时数对其生长发育有一定的影响。在温度低、日照少，特别是昼夜温差大的环境下，有利于形成肥大的肉质茎瘤、腋芽。抽薹开花需要较长日照。

◎**水分**：茎用芥菜对水分要求严格，怕涝，若水分过多，植株生长柔弱而徒长，易感病毒病。

◎**土壤与营养**：茎用芥菜生长期长，需肥多，宜选保水保肥力强排水好的土壤。生长前期以氮为主，茎、腋芽膨大期需增施磷、钾肥，有利茎、腋芽膨大，减少茎空心、腋芽弱小，增进品质。

栽培技术

茎用芥菜一生经过营养生长和生殖生长两个阶段，营养阶段包括发芽期（从种子萌动到两个子叶与两个基生叶形成拉十字）、幼苗期（第一叶环5片真叶展开长齐）、莲座期（第2叶环第1片叶到第3叶环第8片叶展开长齐共16片叶）、瘤茎形成期及膨大期；生殖生长阶段包括抽薹期、开花期、结实期。儿菜其短缩茎及腋芽均发育膨大，有时还呈分枝状，腋芽在茎上按 2/5 的叶序排列。

◎**类型及品种选择**：适于盆栽的宜选择茎用芥菜，特别是抱子芥（也称儿菜）具有食用、观赏价值。代表品种早熟品种有极早娃、早娃一号等，中晚熟品种有川农一号、多福一号等，具有菜形美、产量高、抗病性好的优点。川农一号株高 40cm 左右，开展度 60~80cm，外叶数 8~15 片，叶色深绿，总叶数 30 片左右。单株腋芽发育膨大成小芽苞 20~25 个，紧密排列呈塔形，长 10~25cm。短缩茎重 500~1 000g，腋芽总重约 1 000g，两者皆可食用。

◎**茬口安排**：茎用芥菜喜冷凉湿润气候，不耐高温，尤其是瘤茎膨大期，需要低温短日照，所以以秋冬季栽培为主。

◎**培育壮苗**

（1）育苗场所选择　盆栽茎用芥菜一般用轻基质工厂化育苗，也可以自配基质育苗。

（2）播前准备　采用穴盘基质育苗，穴盘采用 105 穴/盘、或 72 穴/盘、或 50 穴/盘。采用专业育苗基质育苗，也可以自配基质。一般十字花科蔬菜，配方如下：

草炭：蛭石：珍珠岩＝3：1：1，然后每方基质再掺入 100kg 细碎腐熟膨化鸡粪，或磷酸二铵 1kg，进行均匀搅拌。

菜园土：有机肥：碳化稻壳＝5：（1~2）：（4~3）。

河塘泥：有机肥：碳化稻壳＝4：2：3：1。

菜园土：煤渣：有机肥＝1：1：1。再加入石灰粉均匀搅拌，pH 值调成 6~6.5，基质材料要进行消毒处理。方法如下：将混合基质充分掺水搅拌，以最大持水量为宜，成堆，放在阳光充足的地方，上盖透明塑料膜密封 7~15d，或以地热线或其他形式提高料堆的温度，达到高温消毒目的。此过程可能消毒不彻底，可以再用 50% 的多菌灵 500 倍液对基质进行翻倒消毒处理。苗盘、育苗场地、育苗设备也要进行消毒处理，用福尔马林均匀喷雾消毒，或用臭氧消毒机密闭消毒，或用硫磺密闭熏蒸，或 5 000 倍高锰酸钾喷雾消毒。

（3）播种　用少量水搅拌基质，以手握成团摔倒地上松散为宜，采用机械播种或人工播种，采用发芽率较高的种子，每穴2粒，装盘一定要镇压紧实，播种后用基质覆盖填平，放在预先准备好的平整苗床上，浇足水。

（4）播后出苗前管理　播后出苗前温度控制在20~25℃最好。保持土壤水分70%~80%。正常情况下，5d齐苗。

（5）出苗后到移苗前管理　2叶1心时间苗，每穴留1株。出苗后白天温度控制在20~26℃，苗盘内水分保持70%~80%。保障充足的光照强度和光照时间。当幼苗生长到3叶1心、移苗前各随水喷施全营养水溶肥一次，大量元素 N：P：K = 20：10：20，浓度分别为100mg/kg、200mg/kg，当种苗长到6片真叶进行移苗。

◎**移苗上盆**：在播种25d左右，幼苗6片真叶移苗到需要的花盆中。此时，幼苗根系铺满整穴，拔出不散墩。壮苗标准：植株健壮，叶片完整无损，无病斑，无虫害，叶色浓绿，叶柄短粗，节间短，根系粗壮、洁白、须根多，真叶数6片，苗龄在25d左右。

根据茎用芥菜的开展度，最好选择高度×上口径 = 15cm×15cm以上的花盆。盆中可用专业栽培基质，也可以自配基质。配方如下：①草炭：蛭石：珍珠岩 = 3：1：1，然后每方基质再掺入100kg 细碎腐熟膨化鸡粪，或磷酸二铵 1kg，进行均匀搅拌；②菜园土：有机肥：碳化稻壳 = 5：（2~3）：（3~2）；③腐熟草炭：菜园土 = 1：1；④菜园土：腐熟有机堆肥 = 4：1。上盆前，栽培用基质材料、花盆、栽培场地、栽培设备，都要进行消毒处理，消毒方法同育苗时用的方法相同。每盆移栽一株，定于花盆中央，深度以埋住苗墩为宜，不要将植株心叶埋住，用手将盆四周土壤按实即可。移栽后浇透水。

◎**上盆后的管理**

（1）浇水　茎用芥菜喜湿润，经常保持土壤湿润即可，不能过度干旱，但水分不易过大。

（2）施肥　上盆一周缓苗后即可进行追肥，随水灌溉，每周最少一次全营养水溶性肥料，莲座叶生长期和瘤茎形成期及膨大期，选用 N：P：K = 20：10：20 的水溶肥追施，浓度为

200mg/kg。

（3）温度控制　莲座期（第 2 或第 3 叶环）温度控制在 20℃ 左右，瘤茎形成及膨大期温度控制在 16℃ 以下，白天 13℃ 合适，晚上 8℃ 合适。昼夜温差大有利于瘤茎、腋芽膨大，高温不利于瘤茎、腋芽膨大。

（4）光照控制　莲座期长日照和充足光照有利于生长，但是瘤茎、腋芽形成及膨大期短日照和低温有利于瘤茎、腋芽膨大。

（5）遮阴　移苗后一周避免强光照射需要遮阴，瘤茎、腋芽膨大遇高温和长日照也要适当遮阴控制温度和光照及日照时数。

（6）植株调整　上盆后随时摘除黄叶、病叶。

（7）稀盆　因为茎用芥菜的植株开展度较大，因此根据生长情况及时调整盆间距，避免密度过大造成生长不良。

◎**采收**：抱子芥外叶浓绿苍老，开始发黄，为成熟特征。此时肉质腋芽白色带绿，并长出小叶，剥去外叶后，肉质腋芽在主茎上呈分枝状围绕着主茎重叠。

◎**病虫害防治**：茎用芥菜抱子芥虫害主要有蚜虫、菜青虫，病害主要有猝倒病、立枯病、病毒病、软腐病、霜霉病。

防治原则"预防为主，综合防治"，选用抗性品种，培育优质壮苗，加强管理，科学平衡施肥，优先采用农业防治、物理防治、生物防治，科学协调地使用化学防治，严格控制用药次数，遵守安全间隔期。

物理防治：设置黄板诱杀蚜虫。用 30cm×20cm 的黄板，按照 30~40 块/亩的密度，挂在行间或株间，高出植株顶部，诱杀蚜虫，一般 7~10d 重涂一次机油。

药剂防治如下。

（1）蚜虫　用 50% 抗蚜威可湿性粉剂 2 000~3 000 倍液，或 10% 吡虫啉可湿性粉剂 1 500 倍液，或 3% 啶虫脒 3 000 倍液，或 5% 啶·高氯 3 000 倍液喷雾，6~7d 喷 1 次，连喷 2~3 次。

（2）菜青虫　卵孵化盛期选用苏云金杆菌（Bt）可湿性粉剂 1 000 倍液，或 5% 定虫隆乳油 1 500~2 500 倍液喷雾；在低龄幼虫发生高峰期，选用 2.5% 氯氟氰菊酯乳油 2 500~5 000 倍液，或

10%联苯菊酯乳油1 000倍液，或50%辛硫磷乳油1 000倍液，或1.8%齐墩螨素3 000~4 000倍液喷雾，每隔7d喷1次，交替用药。

（3）猝倒病　为瓜果腐霉菌危害幼苗，发病初期开始喷洒64%杀毒矾可湿性粉剂500倍、18%甲霜胺·锰锌可湿粉600倍液、69%安克锰锌可湿性粉剂1 000倍液、72.2%普力克水剂800倍液，每隔10d左右1次，连续防治2~3次，并做到喷匀喷足。

（4）立枯病　为立枯丝核菌危害幼苗。可用40%拌种双可湿性粉剂、70%土菌消可湿性粉剂拌种防治。发病初期可选用50%异菌脲可湿性粉剂1 000倍液、98%恶霉灵可湿性粉剂3 000倍液、69%烯酰吗啉可湿性粉剂3 000倍液、72%霜霉威水剂600~800倍液、64%恶霜·锰锌可湿性粉剂600倍液喷浇茎基部，间隔7~10d喷1次，视病情防治1~2次。

（5）病毒病　发病初期喷20%病毒A可湿性粉剂50倍，40%烯羟吗啉胍可湿性粉剂1 000倍液，或1.5%植病灵乳剂1 000倍液，每隔7~10d喷1次，连喷2~3次。病毒病主要是蚜虫传播的，一定要注意加强蚜虫防治。

（6）软腐病　软腐病是十字花科共有细菌病害，主要发生在食用器官膨大期。用72%农用链霉素可溶性粉剂4 000倍液，或77%氢氧化铜400~600倍液，在发生初期开始用药，间隔7~10d连续防治2~3次。

（7）霜霉病　用45%百菌清烟剂110~180g/亩，傍晚密闭烟熏，7d熏1次，连熏3~4次；用80%代森锰锌600倍液喷雾预防病害发生；发现中心病株后用40%三乙膦酸铝可湿性粉剂150~200倍液，或72.2%霜霉威水剂600~800倍液，或75%百菌清可湿性粉剂500倍液，或72%霜脲锰锌600~800倍液，或69%安克锰锌倍500~600倍液喷雾，交替、轮换使用，7~10d喷1次，连续防治2~3次。

应用前景

◎**营养价值**：含碳水化合物、维生素和多种矿物质，还有一些胡萝卜素和糖分。芥菜含有大量的抗坏血酸，是活性很强的还原物质，参与机体重要的氧化还原过程，能增加大脑中氧含量，激发大脑对氧的利用，有提神醒脑，解除疲劳的作用。其次还有解毒消肿之功，能抗感染和预防疾病的发生，抑制细菌毒素的毒性，促进伤口愈合，可用来辅助治疗感染性疾病。还有开胃消食的作用，因为芥菜腌制后有一种特殊鲜味和香味，能促进胃、肠消化功能，增进食欲，可用来开胃，帮助消化。

最后还能明目利膈、宽肠通便，是因芥菜组织较粗硬，含有胡萝卜素和大量食用纤维素，故有明目与宽肠通便的作用，可作为眼科患者的食疗佳品，还可防治便秘，尤宜于老年人及习惯性秘者食用。

◎**食用功能：**儿菜营养丰富，品质细嫩，味道鲜美，吃法多样，煮、炒、烩、炸、涮、凉拌、作汤、腌泡均可，是宴宾席上的美味佳肴。在南方地区常素煮。

◎**观赏功能：**儿菜长相奇特，色彩漂亮，未来会成为很好的展览观光蔬菜，需要人们更好地开发利用。

10. 板蓝根

板蓝根（拉丁学名：*Isatis tinctoria* L.），又称菘蓝、菘青和草大青，是中国传统中药材之一，为十字花科菘蓝大青属植物。板蓝根以根和叶入药，其根叫板蓝根，叶叫大青叶。板蓝根性寒，味苦，具有清热解毒、凉血、消肿、利咽之功效。

形态特征

1 年生或 2 年生草本植物，植株高 30~80cm。根细长，肉质肥厚，近圆锥形，直径 1~2.5cm，长 20~30cm，表面土黄色，具短横纹及少数须根。基生叶莲座状，叶片长圆形至宽倒披针形，长 5~30cm，宽 1~10cm，蓝绿色，肥厚，先端钝尖，边缘全缘，或稍具浅波齿，有圆形叶耳或不明显；茎顶部叶宽条形，全缘，无柄。第 1 年营养生长期，基生根叶，当年入药。第 2 年开花结籽，花期 4—5 月，果期 5—6 月。总状花序顶生或腋生，在枝顶组成圆锥状；萼片 4，宽卵形或宽披针形，长 2~3mm；花瓣 4，黄色，宽楔形，长 3~4mm，先端近平截，边缘全缘，基部具不明显短爪；雄蕊 6，4 长 2 短，长雄蕊长 3~3.2mm，短雄蕊长 2~2.2mm；雌蕊 1，子房近圆柱形，花柱界限不明显，柱头平截。长圆形角果，扁平，无毛，边缘具膜质翅，尤以两端的翅较宽，果瓣具中脉。种子 1 颗，长圆形，淡褐色。

生活习性

板蓝根适应性很强，对自然环境和土壤要求不严，耐寒、耐旱、喜温暖，是深根植物，宜种植在土壤深厚、疏松肥沃的沙质壤土，忌低洼地，易烂根，故雨季注意排水。

种子容易萌发，15~30℃范围内均发芽良好，发芽率一般在80%以上，种子寿命为1~2年。

盆栽技术

◎**容器选择**：选用大小为直径30cm以上、高35cm、底下有水孔、透气的塑料盆、瓦盆、紫砂盆、木桶等均可。

◎**基质选配**：按园土：蚯蚓粪=1：3或园土：草炭：混土腐熟有机肥=5：3：2比例配制，并根据花苗的实际生长需要添加一定量的磷、钾肥。使用配制好的培养土之前要对其进行消毒灭菌、杀虫的处理。日光消毒法为：将配好的基质放在水泥板或铁板上，薄薄平摊，暴晒3~15d，可杀死病菌孢子、菌丝、虫卵、成虫和线虫。药剂消毒法为：使用0.5%的高锰酸钾和0.5%的辛硫磷混合液对培养土进行浇灌翻匀处理，之后盖上塑料布封严，密封5d之后揭开备用。

◎**种子选择**：以籽粒饱满，无虫蛀、无霉变、紫红色的上年新采收的种子为佳。播种前必须经过过筛精选，捡去其中的秕粒、杂草、土块，晾晒1~2d。

◎**浸种催芽**：播种前用40~50℃温水浸泡4h左右，捞出后备用。

◎**播种**：盆栽板蓝根适宜春播，且适时早播，播种时间过早，抽薹开花早，造成减产且板蓝根品质下降，在延庆区最适宜时间是4月上旬。播种前一天将准备好的盆土浇透水，播种时在盆土中心位置撒播4~6粒种子，覆基质2cm，略微镇压后覆膜，以利于板蓝根提前出苗和提高产量。

◎**间苗定苗**：播种后10d左右可出苗，大部分苗出来后，就可揭开地膜，当苗高4~6cm时进行间苗，剔除小苗、弱苗，留壮苗 2 株或 3 株，苗距 5~7cm。

◎**肥水管理**：定苗后，视植株生长情况，合理浇施水肥，特别是在采收青叶后要及时追肥浇水。浇水以见干见湿为原则，即每次浇水时都要浇透，见到盆底排水处有水渗出为止，浇过一次透水之后，盆土表层 2cm 左右的土壤发白发干就要再浇第二次水，绝不能等到盆土全部干了以后才浇水。伏天干旱浇灌水，要在早晨或傍晚，以免日光灼伤叶片，使植株生长受到影响。至少追施两次肥，6 月中旬，每盆追施硫酸铵 20g、过磷酸钙 20g，混合后撒施，促进地下部根生长；8 月下旬，每盆追施 15g 尿素，并结合追肥进行浇水。

◎**病虫防治**：防治原则是以防为主、综合防治。尽量做到慎用化学农药，在必须施用情况下，严格执行合理、规范用药，慎选、慎用；严格控制用药量。

盆栽板蓝根极少发生病害，一旦发生，及时清除。偶有虫害蚜虫发生，用质量分数 40%乐果乳剂 2 000 倍液喷雾防治，效果较理想。

◎**采收**：有三次采收。第 1 次，6 月中旬，苗高 20cm 左右时，收割 1 次叶子；第 2 次在 8 月下旬；第 3 次 10 月下旬在天气气候昼消夜冻时结合收根，一起收获。选晴天收获，既利于植株生长，又便于运晒。方法是割茬离地面 3~4cm，这样既不伤芦头，又可取得高产。

推广应用前景

板蓝根是中国常用的大宗中药材之一，其抗病毒的作用最明显，是防治流行性感冒、腮腺炎、乙型脑炎、传染性肝炎等流行性疾病的良药；近年来，社会需求量不断增加，板蓝根商品价格稳步上升，目前药材市场已出现供不应求的局面，被国家中医药管理局推荐为重点发展的 63 种紧缺中药材之一。同时，板蓝根不仅适应性强，栽培简单易管理；而且株型美观，花色艳丽，因而很适合盆栽。盆栽板蓝根由于通风透气、不易积水，病虫害几乎不发生。因此，盆栽板蓝根前景广阔。

11. 大白菜

    大白菜（*Brassica pekinensis* Rupr）为十字花科芸薹属一年生或两年生草本植物。起源于中国，据记载元朝以前没有大白菜，是元、明时期南北方融合引种小白菜和芜菁杂交，由中国劳动人民选育而来的结球白菜品种。白菜种分成不结球白菜、结球白菜（大白菜）、芜菁、日本水菜4个亚种。大白菜也称"结球白菜""包心白菜""黄芽白""胶菜"等，在粤语里叫"绍菜"。

形态特征

    ◎**根**：胚根形成发达的肉质直根，长5~20cm，直径3~6cm，主根纤细，长可达60cm。侧根发达，多数平行生长，长可达60cm，侧根分根很多，形成发达的网状根系，主要分布在60cm土层内，30cm土层内最密集。

    ◎**茎**：大白菜的茎分幼茎、短缩茎和花茎。幼茎是子叶期的上胚轴部分，子叶脱落后成为主根部分。在营养生长时期，茎短缩肥大，直径4~7cm，心髓发达。到生殖生长时期，短缩茎的顶端抽生花茎，高60~100cm，花茎分枝1~3次，下部分枝较长，上部分枝较短，此时植株呈圆锥形，花茎淡绿色至绿色，表面有明显蜡粉。

    ◎**叶**：大白菜一生叶有几种形态，从小到大有子叶、基生叶、中生叶、包叶、顶生叶、茎生叶5种，叶颜色有紫红色、白色、绿色、白绿色、黄绿色、黄色。子叶两枚，对生，叶间开展度180°，肾脏形至倒心脏形，有叶柄，长几厘米。基生叶生于短缩茎基部子叶节以上，2 枚，对生，叶间开展度180°，与子叶垂直排列成十字形，叶片长椭圆形，有明显的叶柄，无叶翅，长 8~15cm。中生叶着生于短缩茎中部，互生，每株有 2~3 个叶环形成植株的莲座，每个叶环叶数因品种而异，有的为 2/5 叶环，即 5 叶绕茎 2 周形成一个叶环，叶间开展角度144°，有的为 3/8 叶环，即 8 叶绕茎 3 周形成一个叶环，叶间开展角度 135°，叶片倒披针形至阔倒圆形，无明显叶柄，有明显叶翅。叶片边缘波状，叶翅边缘锯齿状。叶片微薄，褶皱或平展，多脉。第一叶环叶片较小，也叫幼苗叶。第 2~3 个叶环叶片较大构成莲座。顶生叶着生于短缩茎的顶端，互生，构成顶芽。叶环排列同中生叶，因为拥挤叶片开展角度错乱无秩序，外层叶较大，内层叶较小，结球白菜的顶芽形成巨大叶球，是主要的食用部分，叶片松软，逐层包被呈圆形或长筒形叶球，叶片由外向内颜色不同，包叶一般外部叶片淡绿色，过渡到黄白色，或黄色，或杏黄色，或白色。口味甜，稍带辣味。包叶叶数很多，多的可达 30 多片以上。叶球抱合方式分为褶抱（裪褶）、叠抱（叠褶）、拧抱（旋拧）三种方式。茎生叶着生于花茎和花枝上，互生，叶腋间发生分枝，花茎基部叶片似中生叶，上部的叶片逐步变小变窄，表面有明显蜡粉，有扁而阔的叶柄，叶柄基部抱茎。

◎**花**：总状花序，开花前短缩，开花时伸长；虫媒花，淡黄色，花瓣 4 枚，交叉对生，花冠呈十字形，直径 1.2~1.8cm，瓣片和萼片方向一致，上部宽大，花冠下部窄长呈爪状，花瓣基部有蜜腺；萼片 4 片，萼片阔，顶端钝，开张，分成 2 轮相互重叠，内轮两枚宽于外轮 2 枚；完全花，6 枚雄蕊，分内外两轮，内轮 4 枚花丝较长，外轮 2 枚花丝较短，也称"四强雄蕊"。花药两室，成熟时纵裂释放出花粉。雌蕊 1 枚，子房上位，两心室，花柱短，柱头为头状。

◎**果实**：长角果，圆柱形，较粗短，长 3~6cm，有柄，成熟时易纵裂为两瓣，裂瓣软，中肋强壮，种子着生于两侧膜胎座上，果实前端陡缩成无种子的果喙。每个角果有大约 20 粒种子。

◎种子：种子圆形微扁，有纵凹纹，直径 0.2~0.3cm，红褐色或灰褐色，无胚乳，用折叠在一起的两片肥大子叶储存养分。千粒重 2.5g 左右。

生活习性

大白菜一生经过营养生长阶段和生殖生长阶段。营养生长阶段主要是靠叶球储存养分，包括发芽期、幼苗期、莲座期、结球期、休眠期；生殖生长阶段主要生长花茎、花枝、花、果实和种子，繁殖后代。包括抽薹期、开花期、结实期。各个时期需要的环境条件和营养各异。

◎温度：喜温和气候。8~10℃可以缓慢发芽，20~25℃最适宜且发芽迅速，25~30℃发芽迅速，但是芽纤细；幼苗期生长期最适宜温度为 20~25℃；莲座期即第二叶环和第三叶环生长时期适宜生长温度 17~22℃，高温容易导致徒长而发生病害，低温导致生长缓慢，结球延迟；结球期适宜温度 12~22℃，白天温度不高于22℃为宜，晚上温度 5~15℃有利于干物质积累；采收后储藏进入休眠期温度控制在 0~2℃，低于-2℃会受冻，高于5℃会腐烂。大白菜营养生长阶段一般需要 5~25℃有效积温，早熟品种需要1 500℃左右，晚熟种需要 2 000℃左右。大白菜是一种低温长光照作物，在外界环境低温和长光照作用下，通过春化阶段，植株开始花芽分化和抽薹开花。大白菜在种子萌动以后进入低温感应期，尤其是在幼苗、莲座期，对低温更敏感，更易通过春化。从种子萌动到莲座期的各个时期，只要遇到低温均会顺利地通过春化阶段。大白菜在 2~10℃时，长日照条件下，10~15d 就能完成春化，2℃以下由于生长点受抑制，春化较慢，10~15℃较长时间也能完成春化作用，其低温作用可以积累，不要求连续低温。大白菜植株完成春化后，在 12h 以上的日照和 18~20℃的较高温度条件下，有利于花薹生长与开花。

◎湿度：大白菜是喜湿润作物。从种子萌动开始，不能缺水，土壤相对湿度 70%~80%时生长良好，对空气湿度要求不严格。

◎光照：大白菜属于长日照作物，长日照和强光照有利于大白菜生长。大白菜光补偿点 750lx，光饱和点 15 000 lx。

◎**土壤与营养：**大白菜需要肥沃、保水保肥能力强的壤土、黏壤土为好。中性或偏酸性土壤生长较好。据研究，发芽期至莲座期占整个养分总吸收量的 10%，需要氮（N）最多，钾（K_2O）次之，磷（P_2O_5）最少。结球期占整个养分总吸收量的 90%，需要钾（K_2O）最多、氮（N）次之、磷（P_2O_5）最少。发芽期主要靠种子自身养分自养，幼苗期氮（N）、磷（P_2O_5）、钾（K_2O）需要量分别为全生育期的 0.39%、0.26%、0.51%，莲座期氮（N）、磷（P_2O_5）、钾（K_2O）需要量分别为全生育期的 11.74%、7.51%、8.68%，结球期氮（N）、磷（P_2O_5）、钾（K_2O）需要量分别为全生育期的 87.9%、92.1%、90.2%。

每生产 1 000 kg 大白菜需要氮（N）、磷（P_2O_5）、钾（K_2O）分别为 1.5kg、0.7kg、2.0kg，并配合钙、铁、硼等微量元素。在亩产 5 000 kg 的情况下大约吸收氮（N）7.5kg，磷（P_2O_5）3.5kg，钾（K_2O）10kg，三要素 N：P：K＝15：7：20。

栽培技术

◎**分类及品种选择：**大白菜有各种类型，散叶变种、半结球变种、花心变种、结球变种。结球变种按形状上分卵圆形、平头型、直筒型；按叶色分青帮型、白帮型、青白帮型、紫红帮型；按栽培季节上分春型、夏秋型、秋冬型等。最适合盆栽的品种为紫红色结球变种，紫红色大白菜是由于叶片中含有大量花青素苷简称花色苷，而呈现紫红色。紫色大白菜来源主要有 4 种，紫红色芥菜、紫色小白菜、紫菜苔、紫红色芜菁，国外引进品种有紫宝、紫裔。

◎**茬口安排：**大白菜一般作直播栽培。

（1）露地春季栽培　一般 2 月底温室直播，4 月上旬进入观赏期。

（2）露地秋季栽培　一般 8 月初直播，9 月中旬进入观赏期。

（3）冬春温室栽培　一般 9 月初至 11 月初直播，11 月至翌年 3 月是最佳观赏期。

◎播种

（1）基质准备　盆中可用专业栽培基质，也可以自配基质，配方如下：①草炭：蛭石：珍珠岩＝3：1：1，然后每方基质再掺入100kg细碎腐熟膨化鸡粪，或磷酸二铵1kg，进行均匀搅拌；②菜园土：有机肥：碳化稻壳＝5：（2~3）：（3~2）；③腐熟草炭：菜园土＝1：1；④菜园土：腐熟有机堆肥＝4：1。将混合基质充分掺水搅拌，以最大持水量为宜，成堆，放在阳光充足的地方，上盖透明塑料膜密封7~15d，或以地热线或其他形式提高料堆的温度，达到高温消毒目的。此过程可能消毒不彻底，可以再用50%的多菌灵500倍液对基质进行翻倒消毒处理。

（2）栽培场地、材料、设备消毒　栽培用花盆、栽培场地、栽培设备也要进行消毒处理，用福尔马林均匀喷雾消毒，或用臭氧消毒机密闭消毒，或用硫磺密闭熏蒸，或5 000倍高锰酸钾喷雾消毒。

（3）播种　选择高度×上口径＝18cm×18cm左右的花盆播种，将基质灌到盆内3/4处，把基质压实，用播种器或人工播种，每盆2~4粒，播于盆中央，播深1cm，播后浇足水。

◎播后管理

（1）发芽期的管理　播后温度控制在20~25℃，盆内水分保持在70%~80%，3d开始出苗，5d出齐。

（2）幼苗期的管理　由出苗到第一叶环的5片叶子出齐为幼苗期，幼苗"拉十字"及时间苗，每盆留苗1株。出苗后白天温度不高于25℃，夜间温度不低于20℃为宜；盆内水分保持在70%左右；要求光照充足；在5片真叶随水喷施全营养水溶肥一次，N：P：K＝20：10：20，浓度分别为200mg/kg。

（3）莲座期（第2、第3叶环）的管理　白天温度不高于22℃，夜间温度不低于17℃；盆内水分保持在70%左右；保证长日照和光照充足；每周随水喷施全营养水溶肥，N：P：K＝20：15：15，浓度分别为200mg/kg。

（4）结球期管理　温度控制在15~20℃，不能低于5℃和高于25℃；盆内水分保持在70%~80%；保持长日照和光照充足有利于结球；每隔 5d 随水喷施全营养水溶肥一次，N∶P∶K＝15∶15∶20，浓度为 200mg/kg。

◎**植株调整**：注意摘除黄叶、病叶。

◎**稀盆**：根据生长情况随时调整盆间距，避免密度过大造成生长不良。

◎**采收**：根据品种生育期及时采收，当温度达到或低于 0℃ 时要把盆及时迁移到棚室内，等待叶球充分膨大后不再生长时采收。

◎**病虫害防治**：病害主要有病毒病、软腐病、霜霉病，虫害主要有小菜蛾、黄条跳甲、菜青虫、蚜虫等。

（1）病毒病　早期可使用 1.5% 的植病灵 500 倍液，或 20% 的病毒 A 可湿性粉剂 500 倍液，或 2% 宁南霉素 200 倍液，连喷 2～3 次防治。及时防治蚜虫，发现蚜虫可用 40% 乐果乳油 1 000 倍液喷雾防治。防止高温干旱。

（2）软腐病　注意排水，不偏施氮，多施磷、钾和有机肥；注意防治虫害，减少虫伤口，移苗不伤根，及时采收；在发病前或发病初期，72% 农用硫酸链霉素可溶性粉剂 4 000 倍液，进行灌根处理，每株 0.3～0.5kg，隔 10d 灌 1 次，连续灌 2～3 次。

（3）霜霉病　防治霜霉病在发病前期可选用 25% 甲霜灵可湿性粉剂 750 倍液，或 69% 安克锰锌可湿性粉剂 500～600 倍液，或 69% 霜脲锰锌可湿性粉剂 600～750 倍液，或 75% 百菌清可湿性粉剂 500 倍液等喷雾。交替、轮换使用，7～10d 喷 1 次，连续防治 2～3 次。

（4）小菜蛾　用性诱激素结合粘板或水盆诱杀小菜蛾，5% 抑太保乳油 1 500～3 000 倍液，或苏云金杆菌（Bt）可湿性粉剂 1 000 倍液，或 5% 氟虫脲（卡死克）1 500 倍液，或 50% 辛硫磷 1 000 倍液轮换喷雾防治。

（5）黄条跳甲　幼虫期可在灌水后用 90% 敌百虫 500 倍液灌根或淋施杀虫双 800 倍或地面撒施乐斯本颗粒剂等；成虫打药防治，在成虫发生盛期选用 2.5% 功夫乳油 1 500～2 000 倍液或 2.5% 敌杀死乳油 4 000 倍液或 48% 乐斯本 1 000～1 500 倍液等喷杀，连续灌 2～3 次，几种药也可以轮换使用。

（6）菜青虫　卵孵化盛期选用苏云金杆菌（Bt）可湿性粉剂1 000倍液，或5%定虫隆乳油1 500~2 500倍液喷雾；在低龄幼虫发生高峰期，选用2.5%氯氟氰菊酯乳油2 500~5 000倍液，或10%联苯菊酯乳油1 000倍液喷雾。

（7）蚜虫　用黄板涂抹机油诱杀蚜虫；发现蚜虫，可用40%乐果800~1 000倍液，或50%抗蚜威可湿性粉剂2 000~3 000倍液，或10%吡虫啉可湿性粉剂1 500倍液，或3%啶虫脒3 000倍液喷雾，7d喷一次，连喷2~3次，交替喷施。

应用前景

◎营养价值

（1）营养成分。除含糖类、脂肪、蛋白质、粗纤维、胡萝卜素、硫胺素、尼克酸、烟酸、钙、磷、铁外，还含维生素 B_1、B_2、C、E。

（2）保健作用　利肠通便，帮助消化。大白菜中含有大量的粗纤维，可促进肠壁蠕动，帮助消化，防止大便干燥，促进排便，稀释肠道毒素，既能治疗便秘，又有助于营养吸收。消食健胃，补充营养。大白菜味美清爽，开胃健脾，含有蛋白质、脂肪、多种维生素及钙、磷、铁等矿物质，常食有助于增强机体免疫功能，对减肥健美也具有意义。防癌抗癌。白菜含有活性成分吲哚-3-甲醇，实验证明，这种物质能帮助体内分解与乳腺癌发生相关的雌激素，如果妇女每天吃500g左右的白菜，可使乳腺癌发生率减少。含微量元素"钼"可抑制体内对亚硝酸胺的吸收、合成和积累，故有一定抗癌作用。预防心血管疾病。白菜中所含的果胶，可以帮助人体排出多余的胆固醇，增加血管弹性，常食可预防动脉粥样硬化和某些心血管疾病。中医应用。大白菜味甘，性微寒。能益胃生津，清热除烦，利小便，利肠道。用于烦热口渴；小便或大便不利；感冒发热或痰热咳嗽。可煮食，煎汤，或绞汁服。

（3）食用功能　大白菜生食、凉拌、炖、炒、火锅涮、制作泡菜、暴腌、作馅都行，可与各种食材搭配。常见的白菜炖粉条、白菜炖豆腐、扒白菜、熘白菜、炒辣白菜、白菜肉末饺子、白菜丝沙拉，都是餐桌上的常见菜，既营养美味，又具保健功效。在餐桌上，上一盘鲜嫩可口的白菜心，蘸喜欢的酱料吃解腻解酒，凉拌白菜丝也不错，用颜色鲜亮的杏黄心白菜叶、紫红心白菜叶涮锅既饱了眼福也饱了口福，白菜制作的酸菜偶尔吃一顿开胃下饭，白菜泡菜更是爽口解腻。

◎观赏功能：盆栽紫红色大白菜，颜色鲜艳诱人，便于摆放，管理简单，也可以与其他植物搭配造型，未来可以作为观光材料加以充分利用。

12. 花椰菜

花椰菜（*Brassica oleracea* L. var. *botrytis* L.）为十字花科芸薹属二年生草本植物。甘蓝种分成甘蓝亚种、花椰菜亚种、芥蓝亚种3个亚种，花椰菜亚种又包括花椰菜变种、青花菜变种、紫花菜变种3个变种。花椰菜，又名花菜、菜花、椰菜、椰菜花、椰花菜、甘蓝花、洋花菜、球花甘蓝、青花菜、塔花、紫花菜、西兰花。原产于地中海东部海岸，约在19世纪初清光绪年间引进中国。花椰菜，号称蔬菜之王，味道鲜美，营养丰富，维生素C含量高，花椰菜富含多种吲哚类衍生物，有分解致癌物质的能力，含有萝卜硫素，具有抗氧化作用，是一种保健蔬菜。

花椰菜主要以花球供人们食用。据研究，花椰菜最早由分枝的野甘蓝进化而来，进化顺序为紫花菜 {*Aquilegia viridiflora* Pall. form. *atropurpurea*（Willd.）Kitag.} →青花菜（*Brassica oleracea* L. var. *italic* Planch.）→花椰菜，而黄色的花椰菜又是花椰菜和青花菜杂交的产物。花球颜色有白色、乳白色、黄色、黄绿色、粉色、紫色。

形态特征

◎**根**：花椰菜的根系分布较浅，主要根群集中在30cm内的耕作层中，须根发达，形成极密的网状圆锥体，且再生能力强。

◎**茎**：茎直立，粗壮，高60~90cm。

◎**叶**：花椰菜的叶数、叶形、色泽和大小因品种不同而有差异，从第一片真叶到花球外的内叶为止，叶片总数为 18~42 片，一般早熟种 18 片，中熟种 26 片，晚熟种 34 片以上。叶形有卵圆形、长卵圆形、椭圆形、长椭圆形和长披针形、除心叶卷曲，其他叶片均为平展。叶色有浅绿、绿、灰绿、深绿。叶片上还附有腊粉。基生叶及下部叶长圆形至椭圆形，灰绿色，叶片顶端为圆形，展开，不卷心，全缘或具细牙齿状，有的叶片下延带数个小裂片成翅状；茎中部叶有叶柄，长 2~3cm；茎中上部叶较小且无柄，由长圆形至披针形，当茎顶端出现花球时，心叶自然向中心卷曲扭转，包被花球。

◎**花球**：由花轴、花枝、未发育的花芽短缩聚合而成。花球呈半球形，球面是规则的左旋辐射轮状排列，表面是颗粒状，一个花球主轴上有 50~60 个小花球，基部小花球粗 2~3cm，中心部的小花球不足 1cm，花球有致密类型品种，也有松散类型的品种，松散类型的品种口感好。白花球要求球形好、球面规则，颗粒均匀，洁白、无毛、不变黄、不变紫、不变青、不变黑、无内叶。黄色花球品种、黄绿色品种和紫色品种要求球形好、球面规则，颗粒均匀，颜色均匀一致。花椰菜在花器形成后，花球成为养分储藏器官，随着生长发育，花球以后逐渐松散，花薹、花枝伸长，花芽逐渐分化成花蕾，花蕾膨大，开花结实。

◎**花**：花椰菜的花为复总状花序，虫媒花。花两性完全花，花萼 4 枚，绿色或黄绿色。花瓣 4 枚，黄色或乳黄色，"十"字形排列，雄蕊 6 枚，花丝 4 长 2 短，花丝顶端着生花药，成熟时纵裂散出花粉，雌蕊 1 枚，由柱头、花柱和子房构成，子房有 2 个心室。花椰菜形成花球的过程实际是个畸形发育过程，对开花不利，又加上组织致密，只有一部分花能正常开花。

◎**果实**：花椰菜的果实为长角果，成熟后易爆裂，每个角果含种子 10 余粒。

◎**种子**：圆球形，褐色，千粒重 3~3.50g。

生活习性

◎**温度**：性喜冷凉，是半耐寒蔬菜，抗热性和耐寒性都比甘蓝差。种子最低发芽温度2~3℃，最适宜发芽温度24℃。营养生长即叶丛生长气温7~25℃，最适宜温度20~25℃。花球的生育适温15~18℃，当气温降至8℃以下时，花球生长缓慢，当气温降至0℃以下时，花球易受冻，当气温高于24℃以上的高温时花球易松散。抽薹开花期适温20~25℃。花椰菜必须经过春化作用才能开花结实，种子萌动以后在5~20℃就能通过春化阶段，10~17℃时和较大幼苗时通过春化最快，至少30d以上。2~5℃时处理40d不能完成春化。根据品种的熟期不同春化需要的温度不同，早熟的在较低温度和较高温度都能完成春化，晚熟品种需要的温度相对较低，中熟品种介于早熟品种和晚熟品种之间。一般极早熟种在21~23℃，早熟种在17~20℃，中熟种15~17℃以下，晚熟种在15℃以下。通过春化阶段的日数，早熟种短，而晚熟种长。利用花椰菜的春化作用特点，盆栽花椰菜苗期可以控制较高的温度，如幼苗控制在15℃以上，延长花球分化抽薹开花时间，增加可观赏性和商品性。

◎水分：喜湿润，耐旱耐涝能力较弱。在叶簇旺盛生长的营养生长期和花球形成时期需要充足水分，土壤相对湿度80%~90%。水分不足生长受抑制，促使加快生殖生长，提早形成花球，花球小且质量差；但水分过多，土壤含氧量下降，也会影响根系的生长，严重时可造成植株凋萎。适宜的土壤湿度为最大持水量的70%~80%，空气相对湿度为80%~90%。

◎光照：属于长日照蔬菜，但对日照长短要求并不严格。叶簇营养生长期需要较长时间日照和较强的光照；花球形成期需要长日照，但花球不需要强光照射。

◎土壤与营养：对土壤的适应性较强，但是还是喜质地疏松，耕作层深厚，沙壤土，富含有机质，保水、排水良好的肥沃土壤。适宜的土壤酸碱度为5.5~6.6。耐盐性强，在食盐量为0.3%~0.5%的土壤上仍能正常生长。花椰菜需肥种类包括大量元素氮（N）、磷（P）、钾（K）、中量元素钙（Ca）、镁（Mg）、硫，微量元素铁（Fe）、硼（B）、锰（Mn）、锌（Zn）、铜（Cu）、钼（Mo）、氯（Cl）、镍（Ni）等。花椰菜的叶簇生长期和花球生长期需要的氮、磷、钾比较多，据研究，每生产 1t 花椰菜需氮（N）7.7～10.8kg、磷（P_2O_5）3.2～4.2kg、钾（K_2O）9.2～15kg。花椰菜需肥规律：氮的吸收较早，茎叶旺盛生长期迅速增加，花球膨大期达吸收高峰；钾在前期吸收较少，花球膨大期急剧上升；磷在初期吸收较多，吸收高峰出现较早，在花球形成期已平稳，花球膨大期降低。氮肥在整个生育期都需要，钾肥在花球膨大期不能缺乏，磷能促进根系生长和花芽分化作底肥施用一部分。

栽培技术

◎**品种选择**：花椰菜一生经过营养生长阶段和生殖生长阶段。营养生长阶段包括发芽期（由种子萌动到两个子叶和两个基生叶展开）、幼苗期（第一叶环的 8 片叶子长齐展开）、莲座期（第 2 叶环的 8 片叶、第 3 叶环 8 片叶以及晚熟种第 4 叶环或第 5 叶环 8 片叶子长齐展开）；生殖生长阶段包括花球形成及膨大期、抽薹期、开花期、结实期。到了莲座期后期花球开始形成。适于盆栽类型品种根据需要可以选择中晚熟的品种。对于观赏性的品种宜选择花球为黄色、紫色或黄绿色（塔花）的品种，紧实或松散白色花球适于食用。白色花球品种，京研 60，中早熟，适合秋季栽培，抗病，耐热，定植后 60d 左右收获，花球紧密，洁白，单球重 1 000g 左右；黄色花球品种，金玉 80，中熟，定植后 80d 左右收获，耐热，抗病，花球橙色，紧密，单球重 800g 左右，高含 β-胡萝卜素；黄绿色花球品种，绿峰，中晚熟，定植后 85～90d 收获，花球浅绿色，宝塔形，紧密，品质好，单球重 700g 左右；紫色花球品种，紫晶 1 号，适应性广，抗逆性强，抗病性强，品质超群，产量高，商品率高。株型略有开展，茎略紫，叶色深紫色，蜡粉多，生长整齐，结球紧密，花球紫色，球直径 15cm，单球重 500g 左右，主轴形成球状主花球，收获后，各叶腋可产生侧花球，花球包括肥嫩的主轴、肉质花梗及其紫色未充分发育的花蕾。定植后 70~80d 采收花球。营养丰富，风味佳，每 100 g 花球含水分 89g 左右、蛋白质 3.6g 左右、碳水化合物 5.9 g、维生素 C 约 113 mg 以及一些矿物质，特别是铁、镁、钙等元素含量高。

◎ 茬口安排

（1）露地春季栽培　一般1月底育苗，2月中旬移栽。4月中旬进入观赏期。

（2）露地秋季栽培　一般7月中旬育苗，8月上旬移栽，10月上旬进入观赏期。

（3）冬春温室栽培　一般9月初育苗，10月初移栽，12月至翌年2月是最佳观赏期。

◎ 移栽：盆栽花椰菜一般用轻基质工厂化育苗。

（1）播前准备　采用穴盘基质育苗，穴盘采用105穴/盘、或72穴/盘、或50穴/盘。采用专业育苗基质育苗，也可以自配基质。一般十字花科蔬菜，配方如下：①草炭∶蛭石∶珍珠岩＝3∶1∶1，然后每方基质再掺入100kg细碎腐熟膨化鸡粪，或磷酸二铵1kg，进行均匀搅拌；②菜园土∶有机肥∶碳化稻壳＝5∶（1~2）∶（4~3）；③河塘泥∶有机肥∶碳化稻壳＝4∶2∶3∶1；④菜园土∶煤渣∶有机肥＝1∶1∶1。再加入石灰粉均匀搅拌，把pH值调成6~6.5，基质材料要进行消毒处理。方法如下：将混合基质充分掺水搅拌，以最大持水量为宜，成堆，放在阳光充足的地方，上盖透明塑料膜密封7~15d，或以地热线或其他形式提高料堆的温度，达到高温消毒目的。此过程可能消毒不彻底，可以再用50%的多菌灵500倍液对基质进行翻倒消毒处理。苗盘、育苗场地、育苗设备也要进行消毒处理，用福尔马林均匀喷雾消毒，或用臭氧消毒机密闭消毒，或用硫磺密闭熏蒸，或5 000倍高锰酸钾喷雾消毒。

（2）播种　用少量水搅拌基质，以手握成团摔倒地上松散为宜，采用机械播种或人工播种。采用发芽率较高的种子，每穴1粒，装盘一定要镇压紧实，播种后用基质覆盖填平，放在预先准备好的平整苗床上，浇足水。

（3）播后出苗前管理　播后出苗前温度控制在24℃左右最好，夜间温度不低于15℃，白天温度不高于24℃为宜。保持土壤水分70%~80%。正常情况下，5d齐苗。

（4）出苗后到移苗前管理　出苗后白天温度控制在20~25℃，

晚上温度控制在 15℃ 以上。苗盘内水分保持 70%~80%，空气湿度控制在 80%~90%。保障充足的光照强度和光照时间，光照强度 1 万 lx~2 万 lx。当幼苗生长到 3 叶 1 心、5 叶 1 心、移苗前各随水喷施全营养水溶肥一次，大量元素 $N:P:K=20:10:20$，浓度分别为 50mg/kg、100mg/kg、200mg/kg，当种苗长到 6 片真叶进行移苗。

◎**移苗上盆**：在播种 25（早熟）~40d（迟熟），移苗到需要的花盆中。此时，幼苗根系铺满整穴，拔出不散薹。壮苗标准：植株健壮，叶片完整无损，无病斑，无虫害，叶色浓绿，叶柄短粗，节间短，根系粗壮、洁白、须根多，真叶数 6 片，苗龄在 25（早熟）~40d（迟熟）。

根据花椰菜的开展度，最好选择高度×上口径 = 20cm×20cm 以上的花盆。盆中可用专业栽培基质，也可以自配基质，配方如下：①草炭∶蛭石∶珍珠岩 = 3∶1∶1，然后每方基质再掺入 100kg 细碎腐熟膨化鸡粪，或磷酸二铵 1kg，进行均匀搅拌；②菜园土∶有机肥∶碳化稻壳 = 5∶（2~3）∶（3~2）；③腐熟草炭∶菜园土 = 1∶1；④菜园土∶腐熟有机堆肥 = 4∶1。上盆前，栽培用基质材料、花盆、栽培场地、栽培设备，都要进行消毒处理，消毒方法同育苗时用的方法相同。每盆移栽一株，定于花盆中央，深度以埋住苗薹为宜，不要将植株心叶埋住，用手将盆四周基质按实即可。移栽后浇透水。

◎**上盆后的管理**

浇水：花椰菜喜湿润，经常保持土壤湿润。

施肥：上盆一周缓苗后即可进行追肥，随水灌溉，每周最少一次全营养水溶性肥料，莲座叶簇生长期选用 $N:P:K=20:10:10$ 的水溶肥，浓度为 200mg/kg，花球形成期及膨大期，选用 $N:P:K=20:10:20$ 的水溶肥，浓度为 200mg/kg。

遮阴：移苗后一周和花球膨大期为避免花球强光照射需要遮阴，或转移到棚室内。

植株调整：上盆后随时摘除黄叶、病叶。

稀盆：因为花椰菜的植株开展度较大，因此根据生长情况随时调整盆间距，避免密度过大造成生长不良。

◎**采收**：若是作为食用应及时采收。花球充分长大，表面平整，花球基部略有松散为采收最佳时期。采收时可带 5~6 片外叶，以保护花球在运输当中不受污染和损伤。在采收前 7d 停止使用任何农药。

◎**栽培中出现的问题与克服方法**：在栽培中白花品种常出现下列情况。

（1）茎部空心、叶柄碎裂或疱疹及花球内部开裂　茎部变成空洞、叶柄碎裂或疱疹及花球内部开裂，花蕾上出现褐色斑点，质地硬、带苦味。

发生原因：主要是缺乏有效硼引起，气候干旱，水分供应不足也易引起空心。

控制技术：增加硼施入量，可叶面喷施 0.2% 硼肥；注意土壤湿度；严格控制氮肥施用等栽培措施。

（2）焦叶　叶缘黄化干枯，叶片向外侧卷曲，呈降落伞状，植株顶部一部分变褐而死，停止生长。

发生原因：主要是土壤中缺乏有效钙引起，气候干旱，水分供应不足也易引发缺钙。

控制技术：适时浇水，保证水分供应。叶面喷洒钙肥。

（3）早期现球　植株营养体过小时过早形成的花球，并在直径长到 5~8cm 后就不再生长的现象。

发生原因：植株幼苗期遇低温春花、苗期干旱、氮素营养不足，品种不适合当季栽培。

控制技术：保证营养供应、严格掌握品种特性、适期播种、苗期避免长时间低温。

（4）毛花　花球表面呈绒毛状。

发生原因：播种过早、采收过迟、遇高温干旱天气。

控制技术：适期播种、加强后期肥水管理、及时遮阴防护、适时采收。

（5）青花与紫花　青花即花球上产生绿色小包片、萼片等不正常现象；紫花是在花球表面形成红白不匀的紫色斑驳。

发生原因：花球发育期间受低温影响。

控制技术：加强结球期管理，在低温天气来期间进行保温，避免植株受低温危害。

（6）散花 花薹、花枝生长发育较快，导致散花球。

发生原因：结球期间温度过高，花球膨大受抑制，而花薹、花枝生长迅速，伸长后即变成散花；采收过迟。

控制技术：适期播种，及时采收。

（7）黄花 花球表面发黄的现象。

发生原因：花球受强烈日光照射引起。

控制技术：花球长至5cm大小时进行适当遮阴。

◎病虫害防治：为害球茎甘蓝的害虫主要有蚜虫、小菜蛾、菜青虫、斜纹夜蛾、甜菜夜蛾等，病害主要有黑腐病、软腐病、病毒病、霜霉病、猝倒病、立枯病。防治原则是"预防为主，综合防治"，选用抗性品种，培育优质壮苗，加强管理，科学平衡施肥，优先采用农业防治、物理防治、生物防治，科学协调地使用化学防治，严格控制用药次数，遵守安全间隔期。

物理防治：设置黄板诱杀蚜虫：用30cm×20cm的黄板，按照30~40块/亩的密度，挂在行间或株间，高出植株顶部，诱杀蚜虫，一般7~10d重涂一次机油；用粘板诱杀小菜蛾；利用黑光灯诱杀蛾类害虫成虫；用性诱激素结合粘板或水盆诱杀小菜蛾。

药剂防治如下。

（1）菜青虫 卵孵化盛期选用苏云金杆菌（Bt）可湿性粉剂1 000倍液，或5%定虫隆乳油1 500~2 500倍液喷雾；在低龄幼虫发生高峰期，选用2.5%氯氟氰菊酯乳油2 500~5 000倍液，或10%联苯菊酯乳油1 000倍液，或50%辛硫磷乳油1 000倍液，或1.8%齐墩螨素3 000~4 000倍液喷雾，每隔喷1次，交替用药。

（2）小菜蛾 于2龄幼虫盛期用5%氟虫腈悬剂（17~34ml）/亩，加水50kg~75kg，或5%定虫隆乳油1 500~2 000倍液，或1.8%齐墩螨素乳油3 000倍液，或苏云金杆菌（Bt）可湿性粉剂1 000倍液喷雾。以上药剂要轮换、交替使用。

（3）蚜虫 用50%抗蚜威可湿性粉剂2 000~3 000倍液，或

10%吡虫啉可湿性粉剂 1 500 倍液，或 3%啶虫脒 3 000 倍液，或 5%啶·高氯 3 000 倍液喷雾，6~7d 喷一次，连喷 2~3 次。用药时可加入适量展着剂。

（4）夜蛾科害虫　在幼虫 3 龄前用 5%定虫隆乳油 1 500~2 500 倍液，或 37.5%硫双灰多威悬剂 1 500 倍液，或 52.25%毒·高氯乳油 1 000 倍液，或 20%虫酰肼 1 000 倍液喷雾，晴天傍晚用药，阴天可全天用药。

（5）霜霉病　用 45%百菌清烟剂 110~180g/亩，傍晚密闭烟熏，7d 熏 1 次，连熏 3~4 次；用 80%代森锰锌 600 倍液喷雾预防病害发生；发现中心病株后用 40%三乙膦酸铝可湿性粉剂 150~200 倍液，或 72.2%霜霉威水剂 600~800 倍液，或 75%百菌清可湿性粉剂 500 倍液，或 72%霜脲锰锌 600~800 倍液，或 69%安克锰锌倍 500~600 倍液喷雾，交替、轮换使用，7~10d1 次，连续防治 2~3 次。

（6）软腐病　用 72%农用链霉素可溶性粉剂 4 000 倍液，或 77%氢氧化铜 400~600 倍液，在病发生初期开始用药，间隔 7~10d 连续防治 2~3 次。

（7）黑腐病　发病初期用 14%络氨铜水剂 600 倍液，或 77%氢氧化铜可湿性粉剂 500 倍液，或 72%农用链霉素可溶性粉剂 4 000 倍液，每隔 7~10d1 次喷雾防治，连喷 2~3 次。

（8）病毒病　发病初期喷 20%病毒 A 可湿性粉剂 50 倍液，40%烯羟吗啉胍可湿性粉剂 1 000 倍液，或 1.5%植病灵乳剂 1 000 倍液，每隔 7~10d1 次，连喷 2~3 次，并注意结合防治蚜虫。

（9）猝倒病　为瓜果腐霉菌危害幼苗，发病初期开始喷洒 64%杀毒矾可湿性粉剂 500 倍液、18%甲霜胺·锰锌可湿粉 600 倍液、69%安克锰锌可湿性粉剂 1 000 倍液、72.2%普力克水剂 800 倍液，每隔 10d 左右 1 次，连续防治 2~3 次，并做到喷匀喷足。

（10）立枯病　为立枯丝核菌危害幼苗。可用 40%拌种双可湿性粉剂、70%土菌消可湿性粉剂拌种防治。发病初期可选用 50%异菌脲可湿性粉剂 1 000 倍液、98%恶霉灵可湿性粉剂 3 000 倍液、69%烯酰吗啉可湿性粉剂 3 000 倍液、72%霜霉威水剂 600~800 倍液、64%恶霜·锰锌可湿性粉剂600倍液喷浇茎基部，间隔7~10d喷1次，视病情防治1~2次。

应用前景

花椰菜除了具有食用价值，一部分类型还具有观赏价值。白色花椰菜品种主要作为食用应用，白色花球品种分为花球致密型品种和花球松散型品种。花球松散型品种食用上口感好，做菜易入味，近些年栽培主要倾向于花球松散型品种。具有观赏价值的品种，具有观赏和食用两种功能，食用上主要注重营养，如蛋白质、维生素C、花青素、胡萝卜素、黄酮等物质，另外，花球鲜艳的颜色比较诱人，适合做美观的菜肴造型。

未来，随着人们生活水平的提高，越来越青睐具美感、口感、营养的品质农产品，花椰菜会越来越受欢迎。

13. 萝卜

萝卜（*Raphanus sativus* L.）十字花科萝卜属一年或二年生草本植物。萝卜的原始种起源于欧、亚温暖海岸的野萝卜，最原始细根，后来经过人们驯化细根逐步成为各种形状、皮色、肉色的肥大肉质根。萝卜是世界上古老的栽培作物之一，在中国各地普遍栽培。

形态特征

◎**根**：萝卜属直根肉质，长圆形、球形或圆锥形。外皮绿色、白色、红色、紫色、黑色。肉色有白色、绿色、白绿色、粉红色、白粉相间。肉质根质量由几克到十几千克，大的达到 15kg。萝卜属于深根作物，萝卜的侧根在子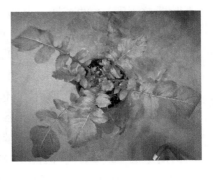叶展开后就开始形成生长，并不断分枝，主根可以达地下1.5~2m，细根有两排，主要分布在 20~40cm 耕层内，直径范围 80~100cm。肉质根有的一半露出地面，有的 2/3 露出地面，有的绝大部分漏出地面留到土里只有几厘米。

◎**茎**：短缩茎，极短，叶片丛生于之上。花茎有分枝，无毛，稍具粉霜。

◎**叶**：叶浓绿或浅绿色，叶柄有绿、红、紫色，叶形有花叶和板叶之分，叶片的伸展方向有直立、平展、下垂等不同方式，基生叶和下部茎生叶呈大头羽状，叶边缘锯齿或近全缘，疏生粗毛，因品种而异。

◎**花**：总状花序，虫媒花，异花授粉，主枝的花先开。花有白色、浅粉色、紫色，白萝卜花白色，青萝卜花为紫色，红萝卜花白色或浅粉色。花期在4—5月。

◎**果实**：长角果圆柱形，长3~6cm，直径1cm左右，角果在种子间缢缩并形成海绵质横隔，粗细相间，顶端喙长1~1.5cm；果柄长1~1.5cm，成熟不开裂。果期1个月左右。

◎**种子**：种子1~6个，卵形，微扁，长约3mm，红棕色，有细网纹。千粒重7~14g，大萝卜7~14g，小萝卜7~10g。

生活习性

萝卜一生经过营养生长阶段和生殖生长阶段。营养生长阶段主要是靠肉质根贮存养分，包括发芽期（从种子萌动到长出两片真叶即拉十字）、幼苗期（从拉十字到第一个叶序2/5或3/8的幼苗叶全部展开，也是破肚期）、叶盛长期（第二个叶序生长期，也称莲座期，还称肉质根生长前期，即从破肚到露肩）、肉质根盛长期（从露肩到肉质根形成）；生殖生长阶段主要生长花茎、花枝、花、果实和种子，繁殖后代。包括抽薹期、开花期、结实期。各个时期需要的环境条件和营养各异。

◎**温度**：种子在2~3℃便能缓慢发芽，发芽适温为20~25℃；幼苗期适温15~25℃，但能耐25℃左右较高的温度，也能耐-2~3℃的低温；萝卜茎叶生长的温度为5~25℃，适温为15~20℃；肉质根生长的温度为6~20℃，适温为18~20℃，高温会导致生长衰弱和病毒病、虫害发生。当温度低于0℃时肉质根会受冻。萝卜为种子春化作物，北方冬性强的萝卜品种萌动的种子在0~10℃经过20~30d可以通过春化开花，南方冬性弱的品种20~25℃也可以通过春化，但需要60d以上，因品种而异。

◎**水分**：发芽期水分80%左右，空气湿度为80%~90%；幼苗期、茎叶生长期和肉质根膨大期土壤含水量70%~80%，空气湿度为80%~90%；保障充足的水分有利于提高品质，干旱易导致肉质根须根增多、辣味增强、空心、糠心等现象，进而口感变差品质下降。水分不均易导致肉质根开裂。

◎**光照**：萝卜属于长日照作物，要求中等光照强度，但在茎叶生长期和肉质根膨大期需要充足的日照，有利于干物质积累。完成春化的植株在长日照（12h 以上）条件下，花芽分化及花枝抽生都较快。

◎**土壤与营养**：萝卜喜土层深厚、肥沃、疏松透气、无大的石块、不积水的沙壤土、黏壤土为好；pH 值为 5.2~8 都可生长，以 6.5 左右为宜；对营养元素的吸收量，以钾最多，次为氮，再次为磷。据研究，每生产 1 000 kg 萝卜约吸收氮 5.55kg、磷 2.6kg、钾 6.37kg，N∶P∶K=2.1∶1∶2.5。并配合以施入钙、镁、硼等微量元素。据研究，幼苗期氮（N）、磷（P_2O_5）、钾（K_2O）需要量分别为全生育期的 3.63%、0.98%、1.31%，叶生长盛期氮（N）、磷（P_2O_5）、钾（K_2O）需要量分别为全生育期的 22.0%、5.52%、14.50%，肉质根膨大期氮（N）、磷（P_2O_5）、钾（K_2O）分别为全生育期的 74.34%、93.48%、84.20%。

栽培技术

◎**品种选择**：从萝卜外形、皮色、肉色上分，常见的萝卜有樱桃萝卜、水萝卜、脆萝卜、红萝卜、白萝卜、青萝卜、半青半白萝卜、水果萝卜等。通常选用红萝卜作为栽培品种。例如，大红袍萝卜，是南京优良地方品种，具有适应性强、品质好、产量高、不易抽薹等特点。该品种叶簇半直立，株高 50cm 左右，开展度 68cm，约 14 片叶，外叶绿色，心叶浅绿色，花叶型羽状裂叶，叶缘深裂，叶柄紫红色，半圆形，最大叶长 50cm，宽 19cm。肉质根卵圆形，尾钝尖，横径 10cm 左右、纵径 14cm 左右，一半露出地面，皮红色，较光滑，颜色鲜亮，根痕小而浅，皮厚 0.20cm，肉白色；肉质脆，较甜、微辣、无苦味，不易糠心；整个生长季节和冬储期间不抽薹，耐寒性强，抗病毒病和霜霉病；单根重 0.5~1kg。

◎**茬口安排**：萝卜不作育苗栽培，作直播栽培。

（1）露地春季栽培　一般 2 月底温室直播，4 月上旬进入观赏期。

（2）露地秋季栽培　一般8月初直播，9月中旬进入观赏期。

（3）冬春温室栽培　一般9月初至11月初直播，11月至翌年3月是最佳观赏期。

◎播种

（1）基质准备　盆中可用专业栽培基质，也可以自配基质，配方如下：①草炭：蛭石：珍珠岩=3：1：1，然后每方基质再掺入100kg细碎腐熟膨化鸡粪，或磷酸二铵1kg，进行均匀搅拌；②菜园土：有机肥：碳化稻壳=5：（2~3）：（3~2）；③腐熟草炭：菜园土=1：1；④菜园土：腐熟有机堆肥=4：1。将混合基质充分掺水搅拌，以最大持水量为宜，成堆，放在阳光充足的地方，上盖透明塑料膜密封7~15d，或以地热线或其他形式提高料堆的温度，达到高温消毒目的。此过程可能消毒不彻底，可以再用50%的多菌灵500倍液对基质进行翻倒消毒处理。

（2）栽培场地、材料、设备消毒　栽培用花盆、栽培场地、栽培设备也要进行消毒处理，用福尔马林均匀喷雾消毒，或用臭氧消毒机密闭消毒，或用硫磺密闭熏蒸，或5 000倍高锰酸钾喷雾消毒。

（3）播种　选择高度×上口径=18cm×18cm左右的花盆播种，将基质灌到盆内3/4处，把基质压实，用播种器或人工播种，每盆2粒，播于盆中央，播深1cm，播后浇足水。

◎播后管理

（1）播后出苗期管理　播后温度控制在20~25℃，盆内水分保持在70%~80%，空气相对湿度80%~90%，3d开始出苗，10~12d幼苗"拉十字"及时间苗，每盆留苗1株。

（2）幼苗期的管理　出苗后白天温度不高于25℃，夜间温度不低于15℃；盆内水分保持在70%左右，空气相对湿度70%~80%；要求光照充足；在4~7片真叶随水喷施全营养水溶肥一次，N：P：K=30：10：10，浓度分别为200mg/kg。

（3）叶生长盛期管理　温度控制在15~20℃最宜，最好不能低于5℃和高于25℃；盆内水分保持在70%~80%，空气相对湿度80%~90%；保持长日照和光照充足有利于叶生长；每隔5d喷施全营养水溶肥一次，N：P：K=20：10：20，浓度为200mg/kg。

（4）肉质根生长盛期的管理　温度控制在6~20℃，18~20℃最为适宜，不能低于5℃和高于25℃，此时遇到30℃以上高温要适当遮阴；盆内水分保持在70%~80%，空气相对湿度80%~90%；保持长日照和光照充足有利于肉质根膨大，提高产量；肉质根膨大期是萝卜营养生长期需肥量最大时期，每隔5d喷施全营养水溶肥一次，N：P：K=10：10：30，浓度分别为200mg/kg。

◎**植株调整**：注意摘除黄叶、病叶。

◎**稀盆**：根据生长情况随时调整盆间距，避免密度过大造成生长不良。

◎**采收**：根据品种生育期及时采收，一般等待肉质根充分肥大后采收。当温度达到或低于0℃时要把盆迁移到棚室内。

◎**病虫害防治**：病害主要有黑心病、病毒病、软腐病、霜霉病，虫害主要有黄条跳甲、小地老虎、菜青虫、蚜虫等。

（1）萝卜黑心病　属于生理病害，引起萝卜肉质根黑心的主要原因是因各种因素导致的根组织缺氧所致。防止黑心生理病害，主要增强土壤或栽培基质通透性，使用腐熟肥料，合理浇水，贮藏时经常通风换气。

（2）病毒病　早期可使用1.5%的植病灵500倍液或20%的病毒A可湿性粉剂500倍液或2%宁南霉素200倍连喷2~3次。发现蚜虫可用40%乐果乳油1 000倍液喷雾防治。防止高温干旱。

（3）软腐病　注意防治虫害，减少虫伤口，及时采收；在发病前或发病初期，可选用30%氧氯化铜悬浮剂600~800倍液，或77%可杀得可湿性粉剂600~800倍液，或72%农用硫酸链霉素可溶性粉剂4 000倍液，进行灌根处理，每株0.3~0.5kg，隔10d灌1次，连续灌2~3次。

（4）霜霉病　雨后或发病前期可用53%金雷多米尔600倍液、或72%甲霜灵锰锌500~600倍液、或66.8%霉多克600倍液、或70%安泰生（富锌）500~700倍液、或大生600倍液或喷克600倍液等喷雾，连续灌2~3次，几种药也可以轮换使用。

（5）黄条跳甲　幼虫期可在灌水后用90%敌百虫500倍液灌

根或淋施杀虫双 800 倍或地面撒施乐斯本颗粒剂等；成虫打药防治，在成虫发生盛期选用 2.5%功夫乳油 1 500~2 000 倍液或 2.5%敌杀死乳油 4 000 倍液等喷杀，连续灌 2~3 次，几种药也可以轮换使用。

（6）小地老虎　幼苗出土时可用 50%辛硫磷 800 倍或 25%敌杀死 2 000 倍或 20%杀灭菊酯乳剂 8 000 倍液或敌百虫晶体 800 倍液等灌根，也可堆草诱杀，将菜叶打碎，喷上 90%晶制敌百虫 400~500 倍液，傍晚撒放在根旁，杀虫效果很好。

（7）菜青虫　卵孵化盛期选用苏云金杆菌（Bt）可湿性粉剂 1 000 倍液，或 5%定虫隆乳油 1 500~2 500 倍液喷雾；在低龄幼虫发生高峰期，选用 2.5%氯氟氰菊酯乳油 2 500~5 000 倍液，或 10%联苯菊酯乳油 1 000 倍液，或 50%辛硫磷乳油 1 000 倍液，或 1.8%齐墩螨素 3 000~4 000 倍液喷雾。

（8）蚜虫　当有蚜率达 10%或平均每株有蚜虫 3~5 头时，即应喷药防治，可用 40%乐果 800~1 000 倍液，或 50%抗蚜威可湿性粉剂 2 000~3 000 倍液，或 10%吡虫啉可湿性粉剂 1 500 倍液，或 3%啶虫脒 3 000 倍液，或 5%啶·高氯 3 000 倍液喷雾，7d 喷 1 次，连喷 2~3 次，交替喷施。用药时可加入适量展着剂。

◎**栽培中常出现的肉质根品质问题**

（1）糠心　也叫空心，营养不良、品种差异造成。注意补充肥料，加强水肥管理；选择不易糠心品种。

（2）叉根　主要是主根生长点遭到破坏，侧根代替主根膨大造成。陈旧种子胚根破坏、移栽、虫害、主根遇到大量新鲜的或腐熟的有机肥料、土层浅而坚硬、土层中有大量石块瓦砾等原因。生产上选择优质种子，播种时直播不移栽，有效防治地下害虫的危害，施有机肥料要适量而均匀且充分腐熟，栽培要选择土层深厚、疏松、无瓦砾石块的土壤栽培。

（3）裂根　肉质根开裂。主要由水分供应不均匀造成的，不要过度干旱，或水分过度干旱后突然过大。

（4）辣味及苦味　主要是气候干燥、炎热、肥水不足、病虫为害，使得肉质根不能正常膨大造成芥辣油增多，偏施氮肥缺乏磷肥而产生苦瓜素的原因。生产上要注意遮阴，加强肥水管理，科学施肥，防治病虫害为害。

应用前景

　　萝卜不仅可以生食、熟食、盐腌、制作泡菜、萝卜干、点心等，而且营养丰富，又能诱导人体产生干扰素的多种微量元素，可增强肌体免疫力，常食萝卜可降血脂、软化血管、稳定血压，预防冠心病、动脉硬化、胆结石等疾病。同时盆栽品种叶翠根嫩，立体感明显，便于摆放，管理简单，是庭院阳台种植蔬菜理想品种之一，种植前景良好。

14. 球茎甘蓝

球茎甘蓝（*Brassica oleracea* L. var. *caulorapa* DC.）为十字花科芸苔属甘蓝种二年生草本植物，是甘蓝种甘蓝亚种中能形成肉质茎的变种，别名苤蓝、擘蓝、玉蔓菁、茄莲等，俗称甘蓝球。原产地中海沿岸，16世纪传入中国，现中国各地均有栽培。甘蓝种分成甘蓝亚种、花椰菜亚种、芥蓝亚种3个亚种，而甘蓝亚种又包括结球甘蓝变种、羽衣甘蓝变种、抱子甘蓝变种、球茎甘蓝变种4个变种。球茎甘蓝按球茎颜色分有绿色、黄绿色、绿白色、紫色4种类型，有适合生食、炒食、腌渍不同类型的品种。

形态特征

◎**根**：球茎甘蓝的根为圆锥根系，主根基部肥大，其上分生出许多侧根，主根、侧根上常发生须根，形成极密的吸收根网。主要根群分布在60cm以内的土层中，以30cm的耕作层中最密集，根群横向伸展80cm，抗干旱能力不强。根系断根后再生能力强，移栽后容易发生新根。

◎**茎**：茎直立，开始时短，但在离地面2~4cm处，开始膨大而成为一坚硬的、长椭圆形、球形或扁球形、具叶的肉质球茎，直径至少5cm以上，外皮有淡绿色、绿色和紫色，内部的肉白色，肥嫩，为食用部分。

◎**叶**：叶长20~40cm，叶柄达到叶片长度的1/2~1/3，叶柄近基部通常有 1~2 片裂片；叶片呈卵圆形，光滑，被有白色蜡粉，边缘有明显的齿或缺刻；花茎上的叶较小，叶柄柔弱。

◎花：总状花序。花黄白色，萼片 4 片，狭小而直立；花瓣 4 枚，展开呈十字形；雄蕊 4 强；雌蕊 1 枚，子房上位，柱头头状。春季开花结实。

◎果实：为角果，长圆柱形，喙很短，且于基部膨大。

◎种子：小，球形，褐色，上有极小的窝点，千粒重 2.3~3.5g。

生活习性

◎温度：球茎甘蓝喜温和气候，种子发芽适宜温度为 18~25℃，5d 出苗；2~3℃能缓慢发芽，约 15d 出苗，8℃以上出苗较快，约 10d 左右出苗，30℃以上不利于发芽；7~25℃适合于球茎膨大期以前的幼苗叶和莲座叶生长，最适宜温度为 18~25℃，但 26~30℃也能耐受；球茎生长适宜温度白天 18~22℃，夜间 10℃左右。球茎膨大期如遇 30℃以上的高温，肉质易纤维化，品质变差。授粉时的最适宜温度一般是 15~20℃，低于 10℃花粉萌发较慢，而高于 30℃也影响受精活动正常进行。球茎甘蓝必须经过春化作用才能开花结实，是幼苗绿体春化型，幼苗也必须具备一定粗度。球茎甘蓝气温在 4~10℃就能通过春化阶段，在 7~8℃时通过春化时间最快，10~15℃一般都能通过春化，15~17℃为高限。完成春化时间长短，与品种特性的不同和感应低温程度的不同而有所不同。一般早熟品种快，需 30d 左右，中熟品种慢，需 50d 左右，晚熟品种最慢，需 70d 左右。幼苗通过春化茎粗也有所不同，早熟品种茎粗 6mm 以上，中晚熟品种茎粗 8~10mm 以上。盆栽时宜选择晚熟品种，且幼苗期温度控制在春化温度的高限 15~17℃以上，这样能延长观赏期。

◎水分：球茎甘蓝喜湿润的土壤和空气条件，一般在 80%~90% 的空气湿度和 70%~80% 的土壤湿度下生长良好。球茎膨大期如水分不足会降低品质和产量，过度干旱忽然浇水会导致球茎崩裂。

◎光照：属于长日照蔬菜，但对日照长短要求并不严格。在长日照和光照充足的条件下植株生长健壮，产量高、品质好。

◎**土壤与营养**：适于中性或微酸性土壤，较耐盐碱，最适宜在疏松、肥沃、通气性良好的壤土种植，质地过黏或者沙质土壤不适宜种植；营养上需氮、磷、钾和微量元素钙、镁、硫、铜、锌、铁、锰、钼等配合使用。研究表明，平均每生产 1 000 kg 球茎植株需吸收 N 3.28kg，P_2O_5 1.94kg，K_2O 3.17kg，S 1.06kg，其比例为 100：59：97：32。植株不同生长时期对各种养分的吸收量及比例不同。出苗后 1~45d，植株吸收 $K_2O>N>P_2O_5>S$，比例为（103~156）：100：（37~68）：（20~27）；出苗后 46~75d，植株吸收 $N>K_2O>P_2O_5>S$，比例为 100：（51~87）：（37~48）：（23~25）；出苗后 76~90d，植株吸收 $K_2O>P_2O_5>N>S$，比例为 195：117：100：59。植株对 N 吸收强度最大的时期在出苗后 61~75d，占总吸收量的 48.33%；植株对 P_2O_5、K_2O 及 S 吸收强度最大的时期均在出苗后 76~90d，分别占各自总吸收量的 44.99%，45.91%，42.10%。

栽培技术

◎**品种选择**：球茎甘蓝一生经过营养生长阶段和生殖生长阶段。营养生长阶段包括发芽期（由种子萌动到两个子叶和两个基生叶展开）、幼苗期（第 1 叶环的 8 片叶子长齐展开）、莲座期（第 2 叶环的 8 片叶、第 3 叶环 8 片叶以及晚熟种第 4 叶环 8 片叶子长齐展开）、肉质茎膨大期、休眠期，生殖生长阶段包括抽薹期、开花期、结实期。早熟种从第二叶环开始肉质茎开始膨大，第 2 叶环在球茎上部长出，叶片不大，如水果茎蓝。晚熟种第 3 或第 4 叶环长齐后肉质茎才开始膨大。盆栽根据需要宜选择中晚熟品种，鲜食宜选择早熟品种。

球茎甘蓝品种按球茎颜色有绿色、黄绿色、白绿色、紫色 4 种，1kg 左右品种适合于盆栽，特别是紫色球茎的品种更适合。目前最受欢迎的是水果茎蓝。水果茎蓝皮薄、肉脆、质地新鲜，有类似鸭梨一样的爽脆口感，特别适宜鲜食。如利浦从荷兰引进，球茎扁圆形，表皮浅黄绿色，叶片浅绿色，株型上倾，适宜密植，单球茎重 500g 左右，口感脆嫩、微甜，品质极佳，抗病性较强，定植后 60 d 可采收。再如紫茎蓝，球茎圆形或高圆形，表皮紫色，叶片绿色，果肉白色，品质较好，病害轻，定植 60d 可采收。

◎茬口安排

1. 露地春季栽培　一般 1 月下旬温室育苗，2 月下旬移栽。4 月中下旬进入观赏期。

2. 露地秋季栽培　一般 7 月中旬育苗，8 月上旬移栽，9 月中下旬进入观赏期。

3. 冬春温室栽培　一般 9 月初育苗，10 月初移栽，12 月至翌年 2 月是最佳观赏期。

◎育苗移栽：盆栽球茎甘蓝一般用轻基质工厂化育苗，也可以自配基质育苗。

（1）播前准备　采用穴盘基质育苗，穴盘采用 105 穴/盘、或 72 穴/盘、或 50 穴/盘，采用专业育苗基质育苗、也可以自配基质。一般十字花科蔬菜，配方如下：①草炭∶蛭石∶珍珠岩＝3∶1∶1，然后每方基质再掺入 100kg 细碎腐熟膨化鸡粪，或磷酸二铵 1kg，进行均匀搅拌；②菜园土∶有机肥∶碳化稻壳＝5∶（1~2）∶（4~3）；菜园土∶③河塘泥∶有机肥∶碳化稻壳＝4∶2∶3∶1；④菜园土∶煤渣∶有机肥＝1∶1∶1。再加入石灰粉均匀搅拌，把 pH 值调成 6~6.5，基质材料要进行消毒处理，将混合基质充分掺水搅拌，以最大持水量为宜，成堆，放在阳光充足的地方，上盖透明塑料膜密封 7~15d，或以地热线或其他形式提高料堆的温度，达到高温消毒目的。此过程可能消毒不彻底，可以再用 50%的多菌灵 500 倍液对基质进行翻倒消毒处理。苗盘、育苗场地、育苗设备也要进行消毒处理，用福尔马林均匀喷雾消毒，或用臭氧消毒机密闭消毒，或用硫磺密闭熏蒸，或 5 000 倍高锰酸钾喷雾消毒。

（2）播种　用少量水搅拌基质，以手握成团摔倒地上松散为宜，采用机械播种或人工播种，采用发芽率较高的种子，每穴 1 粒，装盘一定要镇压紧实，播种后用基质覆盖填平，放在预先准备好的平整苗床上，浇足水。

（3）播后出苗前管理　播后出苗前温度控制在 18~25℃ 最好，夜间温度不低于 8℃，白天温度不高于 25℃ 为宜。保持土壤水分 70%~80%。正常情况下，3d 开始出苗，10~12d 拉十字。

（4）出苗后到移苗前管理　对于没有出苗的穴要及时用出来的苗补苗，在 2 叶 1 心进行。出苗后白天温度控制在 18~25℃，晚上温度控制在 15℃ 以上，特别注意在 5~7 片叶时，防止幼苗期过早通过春化。苗盘内水分保持 70%~80%，空气湿度控制在 80%~90%。保障充足的光照强度和光照时间，光照强度 1 万 lx~2 万 lx。当幼苗生长到 3 叶 1 心、5 叶 1 心、移苗前各随水喷施全营养水溶肥一次，大量元素 N：P：K = 15：10：25，浓度分别为 50mg/kg、100mg/kg、200mg/kg，当种苗长到 6 片真叶进行移苗。

◎**移苗上盆**：在播种 25（早熟）~40d（迟熟））时，约 6 片真叶，移苗到需要的花盆中。此时，幼苗根系基本铺满整穴，苗拔出不会散苔。壮苗标准：植株健壮，子叶肥厚、叶色浓绿，叶柄短粗，节间短，根系粗壮、洁白、须根多、无病斑，无虫害，真叶数 6 片，苗龄在 25（早熟）~40d（迟熟）。

根据球茎甘蓝的开展度，最好选择高度×上口径 = 15cm×15cm 以上的花盆，盆中可用专业栽培基质，也可以自配基质，配方如下：（1）草炭：蛭石：珍珠岩 = 3：1：1，然后每方基质再掺入 100kg 细碎腐熟膨化鸡粪，或磷酸二铵 1kg，进行均匀搅拌；（2）菜园土：有机肥：碳化稻壳 = 5：（2~3）：（3~2）；（3）腐熟草炭：菜园土 = 1：1；（4）菜园土：腐熟有机堆肥 = 4：1。上盆前，栽培用基质材料、花盆，栽培场地，栽培设备，都要进行消毒处理，消毒方法同育苗时用的方法相同。每盆移栽一株，定于花盆中央，深度以埋住苗薹为宜，不要将植株心叶埋住，用手将盆四周基质按实即可。移栽后浇透水。

◎**上盆后的管理**：包括浇水、施肥、遮阴、植株调整、稀盆等管理措施。

（1）浇水　球茎甘蓝喜湿润，经常保持土壤湿润，但水分不易过大。

（2）施肥　根据球茎甘蓝的需肥规律，上盆一周缓苗后即可进行追肥，随水灌溉，每周最少一次全营养水溶性肥料，在 6 片叶以后和莲座叶生长期选用 N：P：K = 15：10：25 的硫基全营养水溶肥，浓度为 200mg/kg，球茎形成期及膨大期，选用 N：P：K = 25：10：15 的硫基全营养水溶肥，浓度为 200mg/kg，植株生长后期选用 N：P：K = 12：13：25 的硫基全营养水溶肥，浓度为 200mg/kg。

（3）遮阴　移苗后进行短时间遮阴缓苗，夏季球茎膨大期遇到 30℃ 以上高温也要适当遮阴。

（4）植株调整　上盆后及时摘除黄叶、病叶、残叶。

（5）稀盆　根据球茎甘蓝的植株生长情况及时调整盆间距，避免密度过大造成生长不良。

◎采收：若是作为食用应及时采收，在心叶停止生长时进行，球茎表面出现蜡粉并有光泽，切记不要延迟过长时间采收，以免茎皮变厚变硬，茎肉纤维老化或球茎开裂而影响苤蓝的品质。采收时应连根部割下，防止损伤外皮，除去球茎顶端叶片，以减少水分蒸腾。如果不能及时食用，则最好在每个苤蓝顶部都要留 1~3 片小叶，保持新鲜。在采收前 7d 停止使用任何农药。早熟的品种移栽后 50~60d 采收，晚熟的移栽后 80~120d 采收。

◎病虫害防治

（1）种类　为害球茎甘蓝的虫害主要有蚜虫、小菜蛾、菜青虫、斜纹夜蛾、甜菜夜蛾等，病害主要有黑腐病、软腐病、病毒病、霜霉病、猝倒病、立枯病等。

（2）防治原则及方法

防治原则"预防为主，综合防治"，选用抗性品种，培育优质壮苗，加强管理，科学平衡施肥，优先采用农业防治、物理防治、生物防治，科学协调地使用化学防治，严格控制用药次数，遵守安全间隔期。

物理防治为设置黄板诱杀蚜虫：用 30cm×20cm 的黄板，按照 30~40 块/亩的密度，挂在行间或株间，高出植株顶部，诱杀蚜虫，一般 7~10d 重涂一次机油；用粘板诱杀小菜蛾；利用黑光灯诱杀蛾类害虫成虫；用性诱激素结合粘板或水盆诱杀小菜蛾。药剂防治如下。

菜青虫：卵孵化盛期选用苏云金杆菌（Bt）可湿性粉剂 1 000 倍液，或 5%定虫隆乳油 1 500～2 500 倍液喷雾；在低龄幼虫发生高峰期，选用 2.5%氯氟氰菊酯乳油 2 500～5 000 倍液，或 10%联苯菊酯乳油 1 000 倍液，或 50%辛硫磷乳油 1 000 倍液，或 1.8%齐墩螨素 3 000～4 000 倍液喷雾，每隔 7d 喷 1 次，交替用药。

小菜蛾：于 2 龄幼虫盛期用 5%氟虫腈悬剂 17～34ml/亩，加水 50～75L，或 5%定虫隆乳油 1 500～2 000 倍液，或 1.8%齐墩螨素乳油 3 000 倍液，或苏云金杆菌（Bt）可湿性粉剂 1 000 倍液喷雾。以上药剂要轮换、交替使用。

蚜虫：用 50%抗蚜威可湿性粉剂 2 000～3 000 倍液，或 10%吡虫啉可湿性粉剂 1 500 倍液，或 3%啶虫脒 3 000 倍液，或 5%啶·高氯 3 000 倍液喷雾，6～7d 喷 1 次，连喷 2～3 次。用药时可加入适量展着剂。

夜蛾科害虫：在幼虫 3 龄前用 5%定虫隆乳油 1 500～2 500 倍液，或 37.5%硫双灭多威悬剂 1 500 倍液，或 52.25%毒·高氯乳油 1 000 倍液，或 20%虫酰肼 1 000 倍液喷雾，连续喷 2～3 次，每隔 7d 喷 1 次。晴天傍晚用药，阴天可全天用药。

霜霉病：用 45%百菌清烟剂 110～180g/亩，傍晚密闭烟熏，7d 熏 1 次，连熏 3～4 次；用 80%代森锰锌 600 倍液喷雾预防病害发生；发现中心病株后用 40%三乙膦酸铝可湿性粉剂 150～200 倍液，或 72.2%霜霉威水剂 600～800 倍液，或 75%百菌清可湿性粉剂 500 倍液，或 72%霜脲锰锌 600～800 倍液，或 69%安克锰锌 500～600 倍液喷雾，交替、轮换使用，7～10d 喷 1 次，连续防治 2～3 次。

软腐病：用 72%农用链霉素可溶性粉剂 4 000 倍液，或 77%氢氧化铜 400～600 倍液，在病发生初期开始用药，间隔 7～10d 连续防治 2～3 次。

黑腐病：发病初期用 14%络氨铜水剂 600 倍液，或 77%氢氧化铜可湿性粉剂 500 倍液，或 72%农用链霉素可溶性粉剂 4 000 倍液，每隔 7～10d 喷 1 次，连喷 2～3 次。

病毒病：发病初期喷 20%病毒 A 可湿性粉剂 50 倍，40%烯羟吗啉胍可湿性粉剂 1 000 倍液，或 1.5%植病灵乳剂 1 000 倍液，每隔 7~10d 喷 1 次，连喷 2~3 次。

猝倒病：为瓜果腐霉菌危害幼苗，发病初期开始喷洒 64%杀毒矾可湿性粉剂 500 倍液、18%甲霜胺·锰锌可湿粉 600 倍液、69%安克锰锌可湿性粉剂 1 000 倍液、72.2%普力克水剂 800 倍液，每隔 10d 左右 1 次，连续防治 2~3 次，并做到喷匀喷足。

立枯病：为立枯丝核菌危害幼苗。可用 40%拌种双可湿性粉剂、70%土菌消可湿性粉剂拌种防治。发病初期可选用 50%异菌脲可湿性粉剂 1 000 倍液、98%恶霉灵可湿性粉剂 3 000 倍液、69%烯酰吗啉可湿性粉剂 3 000 倍液、72%霜霉威水剂 600～800 倍液、64%恶霜·锰锌可湿性粉剂 600 倍液喷浇茎基部，间隔 7～10d 喷 1 次，视病情防治 1~2 次。

应用前景

球茎甘蓝的球茎有白色、白绿色、黄白色及紫色。球茎甘蓝可以生食、炒食、腌渍，有的类型还具有观赏价值。

◎**营养价值**：据营养学家分析，每 500g 苤蓝中含蛋白质 5.9g、糖 11g，粗纤维 4.1g，胡萝卜素微量，硫胺素 0.19mg，核黄素 0.07mg，尼克酸 1.5mg，维生素 C152mg、灰分 3.3g，钙 81mg，磷 122mg，铁 1.1mg。维生素 C、维生素 E、钾、钙含量高。

中医认为，球茎甘蓝，性凉，味甘辛。可宽胸，止渴，化痰。适宜小便淋浊，大便下血之人食用；适宜患有十二指肠溃疡者食用；适宜饮酒之人食用。《本草求原》，宽胸，解酒。《滇南本草》记载，生食止渴化痰，煎服治大肠下血。《中国高等植物图鉴》记载治疗十二指肠溃疡。

球茎甘蓝，能促进胃与十二指肠溃疡的愈合。内含大量水分和膳食纤维，可宽肠通便，防治便秘，排出毒素；还含有丰富的维生素 E，有增强人体免疫功能的作用；所含微量元素钼，能抑制亚硝酸胺的合成，具有一定的防癌抗癌作用；嫩叶营养丰富，并具有消食积、祛痰的保健功能。

◎**食用功能**：球茎甘蓝，可以鲜食、炒食、凉拌、做汤和腌渍。球茎为白色、白绿色、黄白色的球茎甘蓝品种，主要作为食用应用。目前水果甘蓝作为生食品种，以膨大的肉质球茎和嫩叶为食用部位，球茎脆嫩清香爽口，营养丰富，适宜凉拌、切丝做沙拉、蘸酱料鲜食，也可以做汤，越来越被人们青睐。随着人们生活水平的提高，人们既注重营养品质，又重视外观品质，球茎甘蓝会越来越受欢迎。

◎**观赏功能**：目前，用于观赏的球茎甘蓝有球茎为紫色的品种最适宜，紫色品种可以与其他观赏蔬菜搭配，未来还有很大的利用空间。

15. 乌塌菜

乌塌菜（*Braassica campesttris* L. ssp. *chinesis*（L.）Makino var. *rosularis* Tsen et Lee）为十字花科芸薹属白菜种不结球白菜亚种的一个变种，一年或二年生草本植物，又称塌菜、塌棵菜、塌地松、黑菜等，起源中国，广泛栽培。乌塌菜是以叶片为产品的不结球白菜。白菜种分成不结球白菜、结球白菜（大白菜）、芜菁、日本水菜4个亚种。不结球白菜亚种又包括苔菜、乌塌菜、菜苔、普通白菜、马耳朵、鸡冠菜6个变种。

形态特征

乌塌菜为二年生草本植物，须根发达，分布较浅。茎短缩，花芽分化后抽薹伸长。莲座叶塌地或半塌地生长，叶柄宽而短、直立或半直立、白色或淡青色，占全叶长的1/2～2/3；叶片厚，圆形、椭圆形或倒卵圆形，叶片平滑或皱缩，有

的叶面有皱泡及刺毛，叶缘羽状深裂或浅裂，叶色浓绿至墨绿，心叶有不同程度卷心倾向和色泽变化。幼苗叶为2/5叶序，莲座叶5/13叶序。总状花序，花序再分枝1～3次而形成复总状花序，花黄色。果实长角形，成熟时易开裂。种子圆形，红色或黄褐色。千粒重1.5～2.2g。

生活习性

◎**温度**：乌塌菜是耐寒性作物，性喜冷凉，不耐高温。种子在

15~30℃下经 1 ~3d 发芽，以 20~25℃为发芽适温，4~8℃为最低温，40℃为最高温。乌塌菜生长最适宜温度为 18 ~ 20℃，能耐 −10~−8℃低温。耐热力较差，在 25℃以上的高温和干燥条件下，生长比较衰弱，易感染病毒病，品质下降。乌塌菜在种子萌动及绿体植株阶段，均可接受低温感应而完成春化。文献表明，叶色深、叶片面积小、株型小和紧实的品种耐寒性强；叶色浅、叶片面积大、株型大和松散的品种耐寒性弱。

◎**湿度**：乌塌菜是喜湿润作物。乌塌菜起源于多雨地区，喜土壤湿润，从种子萌动开始，不能缺水，土壤要经常保持湿润，土壤含水量 70%~80%为宜。

◎**光照**：喜光照，长日照和充足光照有利于生长和提高品质，阴雨弱光易引起徒长，茎节伸长，品质下降；长日照及较高的温度条件有利于抽薹开花。

◎**土壤与营养**：乌塌菜对土壤的适应性较强，但以富含有机质、保水保肥力强的粘土或冲击土最为适宜，较耐酸性土壤。乌塌菜在生长盛期要求肥水充足，需氮肥较多，钾肥次之，磷肥最少。

栽培技术

乌塌菜一生经过营养生长阶段和生殖生长阶段。营养生长阶段主要包括发芽期、幼苗期、莲座期、产品形成期。生殖生长时期主要生长花茎、花枝、花、果实和种子，繁殖后代。包括抽薹期、开花期、结实期。各个时期需要的环境条件和营养各异。

◎**类型及品种选择**：乌塌菜按叶形及颜色可分为乌塌菜和油塌菜两类。乌塌菜叶片小，色深绿，叶色多皱缩。代表品种有小八叶、大八叶。油塌类系乌塌菜与油菜的天然杂种，叶片较大，浅绿色，叶面平滑。代表品种有黑叶油塌菜。

按乌塌菜植株的塌地程度可分为塌地类型和半塌地类型。塌地型植株塌地与地面紧贴，叶椭圆形或倒卵形，墨绿色，叶面微皱，有光泽，全缘，四周向外翻卷，叶柄浅绿色，扁平，生长期较长，品质优良。代表品种有常州乌塌菜；半塌地型植株不完全塌地，叶片半直立，叶圆形、墨绿色，叶有皱褶，叶脉细稀，叶全缘，叶柄扁平微凹，白色，生长期80~120d，单株重150~380g。代表品种有南京瓢菜、黑心乌、成都乌脚白菜等。半塌地类型中，有的品种半结球，叶尖外翻，翻卷部分黄色，有菊花心塌菜之称，如合肥黄心乌。

乌塌菜在不同的季节选用适宜的品种可基本实现周年生产。冬季栽培可选用冬性强晚抽薹品种，春季可选用冬性弱的品种，高温多雨季节可选用多抗性、适应性广的品种。盆栽蔬菜易选择颜色艳丽的品种黄心乌：有外叶10~20片，暗绿色，叶塌地，心叶成熟时变黄，有10~20层，卷为圆柱，坚硬如石。单株重1kg左右，品质嫩，十分美观，品质极佳。

◎**茬口安排：**乌塌菜由于生长日期短，宜选择直播方式。

（1）露地春季栽培　一般2月底温室直播，4月上旬进入观赏期。

（2）露地秋季栽培　一般8月初直播，9月中旬进入观赏期。

（3）冬春温室栽培　一般9月初至12月初直播，11月至翌年3月是最佳观赏期。

◎**播种：**

（1）场地选择　盆栽乌塌菜一般用连栋温室、温室或大棚栽培，也可以先在温室寄养，再挪移到大棚，待温度上升到合适后再移到露地。

（2）基质准备　盆中可用专业栽培基质，也可以自配基质，配方如下：①草炭∶蛭石∶珍珠岩=3∶1∶1，然后每立方米基质再掺入100kg细碎腐熟膨化鸡粪，或磷酸二铵1kg，进行均匀搅拌；②菜园土∶有机肥∶碳化稻壳=5∶（2~3）∶（3~2）；③腐熟草炭∶菜园土=1∶1；④菜园土∶腐熟有机堆肥=4∶1。将混合基质充分掺水搅拌，以最大持水量为宜，成堆，放在阳光充足的地方，上盖透明塑料膜密封7~15d，或以地热线或其他形式提高料堆的温度，达到高温消毒目的。此过程可能消毒不彻底，可以再用50%的多菌灵500倍液对基质进行翻倒消毒处理。

（3）栽培场地、材料、设备消毒　栽培用花盆、栽培场地、栽培设备也要进行消毒处理，用福尔马林均匀喷雾消毒，或用臭氧消毒机密闭消毒，或用硫磺密闭熏蒸，或5000倍高锰酸钾喷雾消毒。

（4）播种　选择高度×上口径＝18cm×18cm左右的花盆播种，将基质灌到盆内3/4处，把基质压实，用播种器或人工播种，每盆2~4粒，播于盆中央，播深1cm，播后浇足水。

◎播后管理

（1）发芽期的管理　发芽期为种子萌动到"拉十字"。播后温度控制在20~25℃，盆内水分保持在70%~80%，3d开始出苗，10~12d幼苗"拉十字"，注意此时及时间苗，每盆留苗1株。

（2）幼苗期的管理　幼苗期为第一叶环的5片叶子全部出齐。白天温度不高于25℃，夜间温度不低于20℃为宜；盆内水分保持在70%左右；要求光照充足；在5片真叶时随水喷施全营养水溶肥一次，N：P：K＝20：10：20，浓度分别为200mg/kg。

（3）莲座期（第2、第3叶环）和产品形成期的管理　白天温度不高于22℃，夜间温度不低于18℃；盆内水分保持在70%左右；保证长日照和光照充足；每周随水喷施全营养水溶肥，N：P：K＝20：10：20，浓度分别为200mg/kg。

◎植株调整：注意摘除黄叶、病叶。

◎稀盆：根据生长情况随时调整盆间距，避免密度过大造成生长不良。

◎病虫害防治：病害主要有病毒病、软腐病，虫害主要有小菜蛾、菜青虫、蚜虫等。

（1）病毒病　早期可使用1.5%的植病灵500倍液，或20%的病毒A可湿性粉剂500倍液，或2%宁南霉素200倍液，连喷2~3次防治。及时防治蚜虫，发现蚜虫可用40%乐果乳油1 000倍液喷雾防治。防止高温干旱。

（2）软腐病　注意防治虫害，减少虫伤口，及时采收；在发病前或发病初期，72%农用硫酸链霉素可溶性粉剂4000倍液，进行灌根处理，每株0.3~0.5kg，隔10d灌1次，连续灌2~3次。

（3）小菜蛾　用性诱激素结合粘板或水盆诱杀小菜蛾，或5%抑太保乳油1 500~3 000倍液，或苏云金杆菌（Bt）可湿性粉剂

1 000 倍液，或 5%氟虫脲（卡死克）1 500 倍液，或 50%辛硫磷1 000 倍液轮换喷雾防治。

（4）菜青虫　卵孵化盛期选用苏云金杆菌（Bt）可湿性粉剂1 000 倍液，或 5%定虫隆乳油 1 500～2500 倍液喷雾；在低龄幼虫发生高峰期，选用 2.5%氯氟氰菊酯乳油 2500～5000 倍液，或 10%联苯菊酯乳油 1 000 倍液喷雾防治。

（5）蚜虫　用黄板涂抹机油诱杀蚜虫；发现蚜虫，可用 40%乐果 800～1 000 倍液，或 50%抗蚜威可湿性粉剂 2 000～3 000 倍液，或 10%吡虫啉可湿性粉剂 1 500 倍液，或 3%啶虫脒 3 000 倍液喷雾，7d 喷 1 次，连喷 2～3 次，交替喷施。

◎采收：根据品种生育期及时采收，当温度达到或低于 0℃时要把盆及时迁移到棚室内，等待产品叶充分膨大后不在生长时采收。

应用前景

◎营养价值

（1）营养成分　乌塌菜也被称为"维他命"菜，有研究，每100g 乌塌菜的可食部分含水分约 92g，蛋白质 1.56～3g，还原糖0.80g，脂肪 0.4g，纤维素 2.63g，维生素 C 43～75mg，胡萝卜素1.52～3.5mg，维生素 B_1 0.02mg，维生素 B_2 0.14mg，钾 382.6mg，钠 42.6mg，钙 154～241mg，磷 46.3mg，铜 0.111mg，锰 0.319mg，硒 2.39mg，铁 1.25～3.30mg，锌 0.306mg，锶 1.03mg。

（2）保健作用　中医认为，乌塌菜甘、平、无毒，能滑肠、疏肝、利五脏。常吃乌塌菜可防止便秘。增强人体防病抗病能力、泽肤健美。

（3）食用功能　乌塌菜可炒食，如素炒乌塌菜、豆干炒塌菜、肉丝炒塌菜、海米炒塌菜；可做汤如蛋花塌菜汤、鱼片塌菜汤等；还可涮锅；需注意的是炒乌塌菜不宜放酱油。

◎观赏功能

乌塌菜形状美观，颜色鲜艳，可以单独摆放造型，也可以与其他类型蔬菜花卉结合造型，未来随着育种技术的进步，各种形状、颜色乌塌菜一定孕育而生，为景观再添浓彩。

16. 小白菜

小白菜 *Brassica campestris* L. ssp. *chinensis* Makino
（var. *communis* Tsen et Lee）也称普通白菜，十字花科芸薹属一年
或二年生草本植物。俗称青菜，又称油菜、小油菜、油白菜、瓢
菜、瓢儿菜、瓢儿白、瓶菜、胶菜、小棠菜（港、奥、粤）、汤勺
菜、汤匙菜、青江菜（台湾）、鸡毛菜（幼苗）。原产于中国，栽
培十分广泛。小白菜以叶片为食用器官。白菜种分成不结球白菜、
结球白菜（大白菜）、芜菁、日本水菜4个亚种。不结球白菜亚种
又包括苔菜、乌塌菜、菜薹、普通白菜（小白菜）、马耳朵、鸡冠
菜6个变种。

形态特征

株高25~70cm，常作
一年生栽培。浅根系，根
系主要在30cm土层内。
短缩茎1~3cm，以后发育
成花茎，花茎直立，光
滑，带粉霜，有分枝。营
养生长期叶色淡绿至墨
绿，叶片倒卵形或椭圆
形，叶片光滑或褶缩，少

数有茸毛。叶柄肥厚，白色或绿色。不结球。叶坚挺而亮，椭圆
或长圆形，长约30cm，色泽青绿；叶基部渐狭成叶柄，叶柄窄。
生殖生长期茎生叶长卵圆形或宽披针形，基部耳状抱茎，全缘，
微带粉霜。总状花序，顶生，聚集成圆锥状，花后花序轴渐延长；

萼片 4 枚，淡绿色，基部呈伞状；花冠 4 枚，十字形，淡黄色，花瓣椭圆形或近圆形，基部具短爪；雄蕊 6 枚，四强，花丝线形；雌蕊 1 枚，柱头膨大成头状。果实为长角果，圆柱形，长 3~8cm，宽 2~3mm，先端有长 9~24mm 的喙，果梗长 3~15mm。细胞染色体 2n=20。由两片荚壳组成，中间有一隔膜，两侧各有 10 个左右的种子。种子球形，紫褐色或黄褐色。花期 4—5 月，果期 5—6 月。

生活习性

◎**温度**：喜温和，抗寒力较强。种子发芽的最低温度 4~6℃，在 20~25℃最适宜发芽，4d 就可以出苗，15~20℃适宜营养器官的生长发育，开花期 15~19℃，角果发育期 12~15℃。营养生长期温度过高会造成生长不良。可短时间耐-3~-2℃的低温。小白菜在种子萌动以后进入低温感应期，在 2~10℃时，10~15d 就能完成春化，2℃以下由于生长点受抑制，春化较慢，10~15℃较长时间也能完成春化作用，其低温作用可以积累。18~20℃的较高温度条件下，有利于花薹生长与开花。

◎**湿度**：小白菜是喜湿润作物。从种子萌动开始到产品收获前不能缺水，土壤相对湿度 65%~80%时生长良好，蕾薹期 76%~85%，角果发育期为土壤相对湿度的 60%~80%。

◎**光照**：小白菜属于长日照作物，长日照和强光照有利于小白菜生长；长日照条件下，萌动的种子和幼苗有利于春化作用；在 12h 以上的日照有利于花薹生长与开花。

◎**土壤与营养**：小白菜适应性较强，对土壤要求不严格，但要求肥沃、疏松、弱酸或中性壤土或沙质壤土为宜。据研究，目标产量 8 000 kg/亩的中上等地选中晚熟品种，亩施优质农家肥 7 500 kg，氮 23kg，磷 10.5kg，钾 15kg；目标产量 6 000 kg/亩的中等地，选中早熟品种，亩施优质农家肥 6 500 kg，氮 20kg，磷 9kg，钾 13kg；目标产量 5 000 kg/亩的下等地，一般选择早熟、中早熟品种，亩施农家肥 5 000 kg，氮 16kg，钾 9kg 左右。

栽培技术

◎**茬口安排**：小白菜一年四季都可以种植。一般分为 4 个茬口，春茬、夏秋茬、秋冬茬、越冬茬。春茬从 3 月下旬至 5 月下旬播种或育苗，夏秋茬 6 月上旬至 7 月下旬播种或育苗，秋冬茬 8 月上旬至 9 月上旬播种或育苗，越冬茬 9 月中旬至 1 月中旬播种或育苗。

◎**品种选择**：越冬茬宜选择冬性强、耐抽薹、耐寒、丰产的晚熟品种。春茬宜选择冬性强、耐抽薹的早中熟品种，如南农矮脚黄、春月、春绿、龙虎寒、矮脚苏州青、寒笑、晚寒一号等。早春菜的代表品种还有白梗的南京亮白叶、无锡三月白及青梗的杭州晚油冬、上海三月慢等。晚春菜的代表品种还有白梗的南京四月白、杭州蚕白菜等及青梗的上海四月慢、五月慢等；夏秋茬宜选择耐热、抗病、生长快的早中熟品种，代表品种有上海火白菜、广州马耳白菜、南京矮杂一号等。还有绿领青梗菜、青伏令、早生华京、华冠、绿优、热抗青等；秋冬茬宜选择耐寒力较强，品质好的中熟品种，白梗类型的代表品种有南京矮脚黄、常州长白梗、广东矮脚乌叶、合肥小叶菜等。青梗类型的代表品种有上海矮箕、杭州早油冬、常州青梗菜等。还有矮脚黄、寒香青菜、KT-1 苏州青、苏州青、65 青梗菜、龙虎寒、华京早生、矮抗青等。

◎**栽培要点**：小白菜由于生长日期短，宜选择直播方式。

◎**播种**

（1）基质准备　盆中可用专业栽培基质，也可以自配基质，配方如下：①草炭∶蛭石∶珍珠岩＝3∶1∶1，然后每方基质再掺入 100kg 细碎腐熟膨化鸡粪，或磷酸二铵 1kg，进行均匀搅拌；②菜园土∶有机肥∶碳化稻壳＝5∶（2~3）∶（3~2）；③腐熟草炭∶菜园土＝1∶1；④菜园土∶腐熟有机堆肥＝4∶1。将混合基质充分掺水搅拌，以最大持水量为宜，成堆，放在阳光充足的地方，上盖透明塑料膜密封 7~15d，或以地热线或其他形式提高料堆的温度，达到高温消毒目的。此过程可能消毒不彻底，可以再用 50% 的多菌灵 500 倍液对基质进行翻倒消毒处理。

（2）栽培场地、材料、设备消毒　栽培用花盆、栽培场地、栽培设备也要进行消毒处理，用福尔马林均匀喷雾消毒，或用臭氧消毒机密闭消毒，或用硫磺密闭熏蒸，或 5 000 倍高锰酸钾喷雾消毒。

（3）播种　根据自己的需要选择栽培器具播种，可选用各种材质的花盆、木桶、塑料箱、立体栽培槽等。将基质灌到栽培器具的 3/4 处，基质厚度不低于 10cm，把基质压实，表面整平，将饱满的种子均匀撒播，$1m^2$ 大约 500 粒种子，1.25g 左右，播后覆盖同样的基质 1cm，播后浇足水。

◎播后管理

（1）发芽期的管理　播后温度控制在 20~25℃，盆内水分保持在 70%~80%，3d 开始出苗，10~12d "拉十字"。

（2）生长期的管理　播后要进行多次间苗，第 1 次从 2 叶 1 心进行，第 2 次在 4 叶 1 心进行，第 3 次在 6 叶 1 心定苗，苗距 6cm 见方，以后随时使用间拔；注意摘除黄叶、病叶；温度最好保持 15~20℃，盆内水分保持在 70%~80%，保持充足的光照强度和长日照，从 5 片真叶到收获前 3d，每周随水喷施全营养水溶肥一次，N：P：K＝25：10：15，浓度分别为 200mg/kg。

◎病虫害防治：病害主要有病毒病、软腐病、虫害主要有小菜蛾、菜青虫、蚜虫，等等。

（1）病毒病　早期可使用 1.5% 的植病灵 500 倍液，或 20% 的病毒 A 可湿性粉剂 500 倍液，或 2% 宁南霉素 200 倍液，连喷 2~3 次防治。及时防治蚜虫，发现蚜虫可用 40% 乐果乳油 1 000 倍液喷雾防治。防止高温干旱。

（2）软腐病　注意排水，不偏施氮，多施磷、钾和有机肥；注意防治虫害，减少虫伤口，移苗不伤根，及时采收；在发病前或发病初期，72% 农用硫酸链霉素可溶性粉剂 4 000 倍液，进行灌根处理，每株 0.3~0.5kg，隔 10d 灌 1 次，连续灌 2~3 次。

（3）小菜蛾　用性诱激素结合粘板或水盆诱杀小菜蛾，或 5% 抑太保乳油 1 500~3 000 倍液，或苏云金杆菌（Bt）可湿性粉剂 1 000 倍液，或 5% 氟虫脲（卡死克）1 500 倍液，或 50% 辛硫磷

1 000倍液轮换喷雾防治。

（4）菜青虫　卵孵化盛期选用苏云金杆菌（Bt）可湿性粉剂1 000倍液，或5%定虫隆乳油1 500~2 500倍液喷雾；在低龄幼虫发生高峰期，选用2.5%氯氟氰菊酯乳油2 500~5 000倍液，或10%联苯菊酯乳油1 000倍液喷雾。

（5）蚜虫　用黄板涂抹机油诱杀蚜虫；发现蚜虫，可用40%乐果800~1 000倍液，或50%抗蚜威可湿性粉剂2 000~3 000倍液，或10%吡虫啉可湿性粉剂1 500倍液，或3%啶虫脒3 000倍液喷雾，7d喷1次，连喷2~3次，交替喷施。

◎**采收**：外叶叶色开始变淡，基部外叶发黄，叶丛由旺盛生长转向闭合生长，心叶伸长到与外叶齐平（俗称"平口"）。早熟种30d左右，中熟种30~45d，晚熟种50~60d。也可根据需要随时采收食用。

应用前景

◎**营养价值**：每100g小白菜含能量63kJ、水分94.5g、蛋白质1.5g、脂肪0.3g、膳食纤维1.1g、碳水化合物1.6g、胡萝卜素1680μg、视黄醇当量280μg、硫胺素0.02mg、核黄素0.09mg、尼克酸0.7mg；维生素C 28mg、维生素E 0.7mg；钾178mg、钠73.5mg、钙90mg、镁18mg、铁1.3mg、锰0.16mg、锌0.35mg、铜0.06mg、磷26mg、硒1.06μg。小白菜所含的钙是大白菜的2倍，所含维生素C约是大白菜的3倍多，所含胡萝卜素是大白菜的74倍，所含的糖类和碳水化合物略低于大白菜。

◎**保健功能**：中医认为，性凉，味甘；入肝、脾、肺经。活血化瘀，解毒消肿，宽肠通便，强身健体。主治游风丹毒，手足疔肿，乳痈，习惯性便秘，老年人缺钙等病症。小白菜富含维生素B1、B6、泛酸等，具有缓解精神紧张的功能。考试前多吃小白菜，有助于保持平静的心态，还具有抗过敏的维生素A、B族维生素、维生素C、钾、硒等，有助于荨麻疹的消退。小白菜性味甘平、微寒，无毒，具有清热解烦、利尿解毒的功效。小白菜中所含的矿物钙、磷能够促进骨骼的发育，加速人体的新陈代谢和增强机体的造血功能。胡萝卜素、烟酸等招牌营养素，也是维持生命活动的重要物质。

◎**食用功能：**小白菜纤维少，质地柔嫩，味清香。小白菜不宜生食。烹饪中用于炒、烧、炝、扒、拌、煮、做汤等，或作馅，并常作为白汁或鲜味菜肴的配料。用小白菜制作菜肴，炒、熬时间不宜过长，以免损失营养。小白菜包裹后冷藏只能维持 2~3d，如连根一起贮藏，可稍延长 1~2d。

◎**观赏功能：**小白菜具有生长快的特点，可以基质栽培也可以水培，立体种植可做景观，可与其他蔬菜搭配做立体景观，成熟后还可及时采收食用。

17. 羽衣甘蓝

羽衣甘蓝（*Brassica oleracea* var. *acephala* f. *tricolor*）为十字花科芸薹属的两年生草本植物。羽衣甘蓝起源于欧洲地中海至北海沿岸，清朝末期，羽衣甘蓝从欧洲的荷兰引入中国，最初在北京西郊的农事试验场落户，其后又从日本等地多次引进。

羽衣甘蓝是甘蓝种甘蓝亚种中以嫩叶供食用的一个变种。甘蓝种分成甘蓝亚种、花椰菜亚种、芥蓝亚种3个亚种，而甘蓝亚种又包括结球甘蓝变种、羽衣甘蓝变种、抱子甘蓝变种、球茎甘蓝变种4个变种。羽衣甘蓝最早由不分枝野甘蓝进化而来，别名绿叶甘蓝、叶牡丹、羽衣甘蓝的叶片肥厚，边缘羽状深裂，有羽毛之感，故被誉称"羽衣甘蓝"。

形态特征

◎**根**：浅根系，主要分布在60cm土层内，30cm土层内最密集，根群横向扩展半径80cm左右。

◎**茎**：茎短缩，基部木质化，直立，无分枝，密生叶片。

◎**叶**：叶互生，基生叶莲座状。无托叶，叶肥厚，倒卵形，宽大，被蜡粉，叶柄粗而有翅，重叠着生于短茎上。叶平展或皱缩，部分品种深度波状皱褶，呈鸟羽状，叶缘成波状或裂叶；从叶颜色上，叶缘有黄绿、深绿、翠绿、灰绿、紫红、红、粉等颜色，叶面有淡黄、绿等颜色。它的中心叶片颜色尤为丰富，有紫色、玫瑰红、粉红、深红、黄、淡黄、纯白、肉色等，也有杂色型的品种。

◎花：总状花序顶生，虫媒花。花两性，淡黄色，辐射对称，花瓣4枚，萼片4片，花冠十字形。直径2~2.5cm；花梗长7~15mm；萼片直立，线状长圆形；花瓣宽椭圆状倒卵形或近圆形，顶端微缺，基部骤变窄成爪，爪长5~7mm。花期4个月。

◎果实：长角果圆柱形，两侧稍压扁，中脉突出，喙圆锥形；果梗粗。

◎种子：圆球形，褐色，千粒重4g左右。

生活习性

◎温度：喜温和气候，比较耐寒，对温度要求范围较宽，一般在月平均温度7~25℃时都能正常生长。种子在2~3℃就能缓慢发芽，发芽的适宜温度为18~20℃，30℃以上不利于发芽。刚出土的幼苗抗寒能力稍弱，幼苗稍大时，耐寒能力增强，可耐受较长时间的可忍受多次短暂-1~-2℃及较短期-3℃~5℃的低温，经过锻炼的幼苗，可以忍受短期-8℃甚至-12℃的寒冻。幼苗及植株生长适温为15~25℃，白天温度保持在18~22℃最为适宜，晚上温度控制在10℃左右合适。在昼夜温差明显的情况条件下，有利于养分积累，彩色羽衣甘蓝全株颜色更加鲜艳，心叶颜色更明显。在温度高于25℃，特别是30~35℃的高温下，虽然也能生长，但是同化作用效果降低，呼吸消耗增加，影响物质积累，致使生长不良，叶片纤维增多，变硬，品质变差。幼苗在0~10℃至少30d以上才可以通过春化开花结实，一般在2~5℃的情况下完成春化速度更快，多数品种幼苗长期处在15.6℃的情况下不能开花结实，幼苗植株在茎粗0.6cm、叶片宽度不低于5cm的指标下经过一定的时间才能通过春化作用。对于观赏羽衣甘蓝来说，不通过春化更好，温度管理控制在10℃以上最好。

◎喜湿润：一般空气相对湿度在80%~90%、土壤相对湿度70%~80%时生长良好，土壤水分对羽衣甘蓝生长影响较大，要求严格，但空气相对湿度影响较小。如果土壤水分不足，空气干燥，容易引起基部叶片萎蔫变黄失绿脱落。

◎光照：羽衣甘蓝属于长日照作物，长日照和强光照有利于羽衣甘蓝花青素的生成，叶片颜色的加深。幼苗植株必须经过低温春化后经过一定的长日照才能开花结实。但在幼苗春化以前的营养生长阶段，长日照和较强光照有利于营养生长。因为羽衣甘蓝需要的是有观赏性和食用品质，因此在叶片形成期间需要中等光照条件，防止叶片老化，纤维增多，品质变差。

◎土壤与营养：对土壤适应性较强，而以腐殖质丰富肥沃沙壤土或黏质壤土最宜。中性或偏酸性土壤生长较好，尤其是在钙质丰富、pH 值 5.5~6.8 的土壤中生长最旺盛。比较耐盐碱，喜肥且耐肥，需要氮肥多，磷钾肥次之，还需要补充锌、铜、硼、锰等微量元素。

栽培技术

羽衣甘蓝一生经过营养生长阶段和生殖生长阶段。营养生长阶段包括发芽期（由种子萌动到两个子叶和两个基生叶展开）、幼苗期（第一叶环的 8 片叶子长齐展开）、莲座期（第 2 叶环的 8 片叶、第 3 叶环 8 片叶以及晚熟种第 4 叶环或第 5 叶环 8 片叶子长齐展开）。生殖生长阶段包括抽薹期、开花期、结实期。最佳观赏期在抽薹期以前。主要观赏期为冬春季。株丛整齐，叶形变化丰富，叶片色彩斑斓，一株羽衣甘蓝犹如一朵盛开的牡丹花，因而又名叶牡丹。

◎类型及品种选择

用于观赏的类型品种应该选择圆叶、皱叶、裂叶、切花品种，对于食用的品种应该选择羽叶、绿色、肉厚的品种。

（1）圆叶羽衣甘蓝　东京系列：有混色、红色、白色，叶圆形，株高 10~15cm，叶片少皱褶，生长适温 5~20℃，播种后 12 周开花，耐寒性能良好，花期长；大阪系列：有混色、红色、白色，晚秋至早春用观叶植物，叶波浪形，生长适温 5~20℃，播种后 12 周开花，夜温 7~10℃时显色，抗寒性更好；鸽系列：有红鸽、白鸽、维多利亚鸽、紫鸽，叶片稍带波浪状，株型紧凑、矮生。

（2）皱叶羽衣甘蓝 千鸟系列：有白色、红色、叶片卷曲，株型整齐，矮生，耐寒，生长适温5~20℃；鸥系列：有红鸥、白鸥，着色叶数多，植株中等，株型紧密。名古屋系列：有红色、玫瑰红、白色、叶片卷曲，株型整齐，耐寒，生长适温5~20℃，播种后12周开花，株型较"鸥"系列小，但色彩较鲜艳，是市场最受欢迎的品种之一。

（3）裂叶羽衣甘蓝 孔雀系列：有红孔雀与白孔雀。细锯齿叶种，缺刻较深，耐寒性强，生育强健，较适合冷凉地区栽培；珊瑚系列：有红珊瑚与白珊瑚。锯齿叶种，耐寒性强，生育强健，较适合冷凉地区栽培。

（4）切花系列 日系列：有日出，日落，株高70~80cm，顶部丛密，圆叶，生长适温5~12℃，需充足光照，播种后17~21周可切花。鹤系列：有红鹤、桃鹤、白鹤，花色丰富，观赏期长，是冬季切花备受瞩目的新材料。花头紧凑，花径的大小由种植的株行距决定。红鹤和白鹤整齐直立，两种颜色相互配合效果显著。桃鹤的叶片比其他品种的大，色淡绿，衬托出深紫色的花芯，株高60~70cm。

（5）专门食用品种 一般生长期长，叶片较厚，多为绿色，蜡粉轻，口感好，产量高。

◎**茬口安排**：羽衣甘蓝起源于温带，因为具有喜温和和凉爽的特点，不适于夏季高温栽培。适于露地春季栽培、露地秋季栽培、冬春温室栽培。

（1）露地春季栽培 一般1月中旬育苗，2月中旬移栽。4月上旬进入观赏期。

（2）露地秋季栽培 一般7月中旬育苗，8月上旬移栽，10月上旬进入观赏期。

（3）冬春温室栽培 一般9月初育苗，10月初移栽，11月-3月是最佳观赏期。

◎**育苗移栽**：盆栽羽衣甘蓝一般用轻基质工厂化育苗，也可以自配基质育苗

（1）播前准备　采用穴盘基质育苗，穴盘采用105穴/盘，或72穴/盘、或50穴/盘，采用专业育苗基质育苗、也可以自配基质。一般十字花科蔬菜，配方如下：①草炭：蛭石：珍珠岩＝3：1：1，然后每方基质再掺入100kg细碎腐熟膨化鸡粪，或磷酸二铵1kg，进行均匀搅拌；②菜园土：有机肥：碳化稻壳＝5：（1～2）：（4～3）。③河塘泥：有机肥：碳化稻壳＝4：2：3：1；④菜园土：煤渣：有机肥＝1：1：1。再加入石灰粉均匀搅拌，把pH值调成6～6.5，基质材料要进行消毒处理，方法如下：将混合基质充分掺水搅拌，以最大持水量为宜，成堆，放在阳光充足的地方，上盖透明塑料膜密封7～15d，或以地热线或其他形式提高料堆的温度，达到高温消毒目的。此过程可能消毒不彻底，可以再用50%的多菌灵500倍液对基质进行翻倒消毒处理。苗盘、育苗场地、育苗设备也要进行消毒处理，用福尔马林均匀喷雾消毒，或用臭氧消毒机密闭消毒，或用硫磺密闭熏蒸，或5 000倍高锰酸钾喷雾消毒。

（2）播种　用少量水搅拌基质，以手握成团摔倒地上松散为宜，采用机械播种或人工播种，采用发芽率较高的种子，每穴1粒，装盘一定要镇压紧实，播种后用基质覆盖填平，放在预先准备好的平整苗床上，浇足水。

（3）发芽期管理　温度控制在20℃左右，夜间温度不低于15℃，白天温度不高于25℃为宜，保持土壤水分70%～80%。正常情况下，10～15d"拉十字"。

（4）从出苗到移苗前管理　出苗后白天温度控制在18～22℃，晚上温度控制在10℃左右。如果温度过高，可喷一次120mg/kg浓度的多效唑（15%粉剂8g/10kg水），或矮壮素B9，抑制高温造成的幼苗徒长。苗盘内水分保持70%，空气湿度控制在80%左右。保障充足的光照强度和光照时间，光照强度1万～2万lx。当幼苗生长到2叶1心、4叶1心、移苗前各随水喷施全营养水溶肥一次，大量元素N：P：K＝20：10：20，浓度分别为50mg/kg、100mg/kg、200mg/kg，当种苗长到6～7片真叶进行移苗。

◎**移苗上盆**：在播种约4周后，幼苗长到6～7片真叶，根系铺满整穴，拔出不散坨，开始移苗到需要的花盆中，根据羽衣甘蓝的开展度，最好选择高度×上口径＝15cm×15cm以上的花盆，盆中可用专业栽培基质，也可以自配基质，配方如下：①草炭：蛭石：珍珠岩＝3：1：1，然后每方基质再掺入100kg细碎腐熟膨化鸡粪，或磷酸二铵1kg，进行均匀搅拌；②菜园土：有机肥：碳化稻壳＝5：(2~3)：(3~2)；③腐熟草炭：菜园土＝1：1；④菜园土：腐熟有机堆肥＝4：1。上盆前，栽培用基质材料、花盆，栽培场地，栽培设备，都要进行消毒处理，消毒方法同育苗时用的方法相同。每盆移栽一株，定于花盆中央，深度以埋住苗坨为宜，不要将植株心叶埋住，用手将盆四周土壤按实即可。移栽后浇透水。

◎ 上盆后的管理

（1）浇水　羽衣甘蓝喜均匀湿润，注意日常均匀浇水，但过湿易导致黄叶。

（2）施肥　上盆一周缓苗后即可进行追肥，每周一次全营养水溶性肥料，选用 N：P：K＝20：10：20 的水溶肥，浓度为200mg/kg。出圃前和植株开始变色后，为促进转色，适当提高磷钾肥施用量，减少氮肥施用量，可采用 N：P：K＝10：10：30 全营养水溶性肥料，浓度为 200mg/kg。在生长后期喷 0.3%~0.5%的氯化钙3~4次。

（3）遮阴　上盆后如果天气炎热高温强光照要适当搭棚遮阴，对于用作食用的品种防止叶片变硬纤维化遮阴更有必要。

（4）植株调整　上盆后可视植株的生长情况，对主杆生长过高的喷施多效唑，摘除黄叶、病叶。

（5）稀盆　根据生长情况随时调整盆间距，避免密度过大造成生长不良。

（6）出圃　观赏性的羽衣甘蓝品种一般冠幅涨到最大开展度开始出圃，株形整齐，颜色均匀一致。

（7）采收　对于食用的品种，当植株生长到最大冠幅时开始采收，从最外层叶逐渐向内叶片采收，内层叶片随着外层叶片的采收逐渐长大，提高了产量；也可以留下外部10余片未充分衰老的叶片，往里一片一片叶的采收，注意不要一次采收叶片超过两片，否则影响生长，待外部老化叶片全部衰老后去掉。一般可以采收 2 个月左右或更长时间。

◎**病虫害防治**

（1）种类 羽衣甘蓝虫害主要是菜青虫、小菜蛾幼虫、蚜虫、甘蓝夜蛾，病害主要是霜霉病、黑斑病、黑腐病、菌核病、软腐病。

贯彻"预防为主，综合防治"的植保方针，通过选用抗性品种，培育壮苗，加强栽培管理，科学施肥，改善和优化菜田生态系统，创造一个有利于羽衣甘蓝生长发育的环境条件；优先采用农业防治、物理防治、生物防治，配合科学合理地使用化学防治，达到生产安全、优质的甘蓝的目的。

物理防治用设置黄板诱杀蚜虫：用 30cm×20cm 的黄板，按照 30~40 块/亩的密度，挂在行间或株间，高出植株顶部，诱杀蚜虫，一般 7~10d 重涂一次机油；用粘板诱杀小菜蛾；利用黑光灯诱杀蛾类害虫成虫；用性诱激素结合粘板或水盆诱杀小菜蛾。

（2）药剂防治如下。

①菜青虫 可在卵孵化盛期选用苏云金杆菌（Bt）可湿性粉剂 1 000 倍液，或 5%定虫隆乳油 1 500~2 500 倍液喷雾；在低龄幼虫发生高峰期，选用 2.5%氯氟氰菊酯乳油 2 500~5 000 倍液，或 10%联苯菊酯乳油 1 000 倍液，或 50%辛硫磷乳油 1 000 倍液，或 1.8%齐墩螨素 3 000~4 000 倍液喷雾防治。

②小菜蛾 于 2 龄幼虫盛期用 5%氟虫腈悬剂每亩 17~34mL，加水 50~75L，或 5%定虫隆乳油 1 500~2 000 倍液，或 1.8%齐墩螨素乳油 3 000 倍液，或苏云金杆菌（Bt）可湿性粉剂 1 000 倍液喷雾。以上药剂要轮换、交替使用。

③蚜虫 用 50%抗蚜威可湿性粉剂 2 000 ~ 3 000 倍液，或 10%吡虫啉可湿性粉剂 1 500 倍液，或 3%啶虫脒 3 000 倍液，或 5%啶·高氯 3 000 倍液喷雾，7d 喷 1 次，连喷 2~3 次，交替喷施。用药时可加入适量展着剂。

④夜蛾科害虫 在幼虫 3 龄前用 5%定虫隆乳油 1 500~2 500 倍液，或 37.5%硫双灭多威悬剂 1 500 倍液，或 52.25%毒·高氯

乳油 1 000 倍液，或 20%虫酰肼 1 000 倍液喷雾，晴天傍晚用药，阴天可全天用药。

⑤霜霉病　每亩用 45%百菌清烟剂 110~180g，傍晚密闭烟熏。每 7d 熏 1 次，连熏 3~4 次；用 80%代森锰锌 600 倍液喷雾预防病害发生；发现中心病株后用 40%三乙膦酸铝可湿性粉剂 150~200 倍液，或 72.2%霜霉威水剂 600~800 倍液，或 75%百菌清可湿性粉剂 500 倍液，或 72%霜脲锰锌 600~800 倍液，或 69%安克锰锌 500~600 倍液喷雾，交替、轮换使用，7~10d 喷 1 次，连续防治 2~3 次。

⑥黑斑病　发病初期用 75%百菌清可湿性粉剂 500~600 倍液，或 50%异菌脲可湿性粉剂 1 500 倍液，7~10d 1 次，连续防治 2~3 次。

⑦黑腐病　发病初期用 14%络氨铜水剂 600 倍液，或 77%氢氧化铜可湿性粉剂 500 倍液，或 72%农用链霉素可溶性粉剂 4 000 倍液，7~10d 喷 1 次，连喷 2 次~3 次。

⑧菌核病　用 40%菌核净 1 500~2 000 倍液，或 50%腐霉利 1 000~1 200 倍液，在病发生初期开始用药，间隔 7~10d 连续防治 2~3 次。

⑨软腐病　用 72%农用链霉素可溶性粉剂 4 000 倍液，或 77%氢氧化铜 400~600 倍液，在病发生初期开始用药，间隔 7~10d 连续防治 2~3 次。

应用前景

羽衣甘蓝具有独特的观赏性质，极耐寒，观赏期可从 11 月持续到翌年 4 月，适应性强，易管理，是中国北方特别是华东地区深秋、冬季及春季花坛、花境、花台、花钵及盆栽首选的草本观赏植物，也是国内外新兴的优良鲜切花素材。

◎**羽衣甘蓝在园林绿化中的应用**：羽衣甘蓝观赏期长，叶色鲜艳，在公园、街头、花坛常见用羽衣甘蓝镶边和组成的各种美丽图案，是花坛的重要材料；其用于布置花坛，具有很高的观赏价值。

（1）花坛造型　所谓造型花坛就是利用二种以上颜色的植物按设计好的图形在地上拼种成图案，使园林更具有艺术性。羽衣甘蓝因品系，品种不同，叶形变异丰富，用于休闲农业项目中大面积建造造型花坛，既能表现造园艺术，又突出农业特色，是休闲农业项目首选的地被植物。神采各异的叶形能使花坛充满动感；圆叶品种似波浪流线舒畅，古朴自然；裂叶和皱叶品种形态各异，婀娜多姿。羽衣甘蓝中心叶片颜色尤为丰富，有紫色、玫瑰红、粉红、深红、黄、淡黄、肉色等。利用羽衣甘蓝彩叶缤纷，姹紫嫣红的叶色变化可以拼出复杂的图案，使园林更具有观赏性，提高园林品位。

（2）单品种点缀绿地　将单色品种的羽衣甘蓝按事先设计群植在绿地中，给单纯的绿地带来活泼的变化，让绿地充满激情。这种点缀性的应用一般要在绿地中间预留出空地，设计成具有动感的图案，如：飘带形状、飞翔的和平鸽、起伏的波浪等。这种种植方式切忌图案过大，给绿地造成拥堵的视觉效果；也不能过小，形不成震撼的视觉效果。一般图案设计以占绿地面积的三分之一比较适宜。

（3）庭院点缀　在休闲的农家院中将几株同色系或不同色系的羽衣甘蓝种在造型别致的花盆里，整个院子都有了春天的生机。如果正赶上下雪的日子，晶莹剔透的雪花落在一棵棵"含苞欲放"的羽衣甘蓝上，慢慢地将其覆盖，最后只露出一点紫红的心，该是怎样的一幅雪中美景。也可以靠墙设置几层木质花箱，将不同颜色的羽衣甘蓝分层种植与木制花箱里，形成一个个立体小花坛，也别有一番意趣。

◎**鲜切花**：随着观赏园艺学的发展和人们对传统鲜切花认识的改变，目前，在欧美及日本羽衣甘蓝已成为极受欢迎的新兴鲜切花材料之一。羽衣甘蓝色彩丰富，在众多羽衣甘蓝品系中，高生型和裂叶型品种适于作切株。切花品种包括日系列和鹤系列。而且切花品种还可以做成形色各异的插花和花篮。

◎**食用与配餐**：因羽衣甘蓝集食用和观赏于一体的特性，将其用作配菜或作餐桌点缀则更有秀色可餐的韵味。入冬后及春季温室内生长的羽衣甘蓝品质好，可以搭配其他蔬菜拼盘或涮火锅，色彩斑斓，能够调动人们的味觉同时大饱眼福。

18. 养心菜

养心菜，也称救心菜、费菜，学名 *Sedum. k. F* 或 Sedum aizoon L.，蔷薇目景天科多年生肉质草本植物，不仅具有镇静、降压，扩张冠状动脉、解毒等功效，还是近年餐桌上的一道佳肴。

形态特征

◎ **形状特点**：表面蜡质，根状茎短，粗茎高 20～50cm，有 1～3 条茎，直立，无毛，不分枝。叶互生，狭披针形、椭圆状披针形至卵状倒披针形，长3.5～8cm，宽 1.2～2cm，先端渐尖，基部楔形，边缘有不整齐的锯齿；叶坚实，近革质。聚伞花序

有多花，水平分枝，平展，下托以苞叶。萼片5，线形，肉质，不等长，长 3～5mm，先端钝；花瓣5，黄色，长圆形至椭圆状披针形，长 6～10 mm，有短尖；雄蕊10，较花瓣短；鳞片5，近正方形，长 0.3 mm，心皮5，卵状长圆形，基部合生，腹面凸出，花柱长钻形。蓇葖星芒状排列，长 7 mm，种子椭圆形，长约 1 mm。花期 6—7 月，开金黄色小花，果期 8—9 月。其改良的第三代菜具有很高的药用价值。

常见品种

◎ **狭叶费菜**：叶狭长圆状楔形或几为线形，宽不及 5 mm。花期 6—7 月，果期 8 月。产甘肃、陕西、山东、河北、内蒙古、吉

林、黑龙江。生于海拔1 350 m左右山坡阴地。前苏联也有。模式标本采自北京附近。

◎**宽叶费菜**：叶宽倒卵形、椭圆形、卵形，有时稍呈圆形。先端圆钝，基部楔形，长2~7cm，宽达3cm。花期7月。产山东、河北、辽宁、吉林、黑龙江。朝鲜、前苏联也有。

◎**乳毛费菜**：叶狭，先端钝，植株被微乳头状突起。花期6—7月，果期8月。产青海、宁夏、甘肃、陕西、河北、内蒙古。生于海拔3 600m以下石山坡草地上。

生活习性

◎**分布及生活特点**：养心菜原产东亚，中国华北、华东、华中、东南、西南等各地区都有分布。养心菜适应性强，常生于山坡林缘、山谷林下、灌丛、河岸阴湿地方，且极耐高温，严寒，不择土壤，全国各地都可种植。且易活、易管理。养心菜对环境适应能力较强，在气温5~35℃下均能较好生长，最适宜生长的气温为18~25℃，其耐寒性强，能耐短期的-5℃低温，但低温会影响来年的生长，宿根能耐-30℃低温。长江流域露地栽培，冬季气温在0~5℃时，要用薄膜或草帘覆盖，以避霜雪，盆栽的可移到向南的屋檐下或阳台上，也可在温室或大棚内越冬。在炎夏的烈日照射下生长变慢、品质下降，生产上应遮阳防雨。养心菜喜阳光充足，因叶茎肉质化，具景天科植物耐旱力强的特性，对土壤要求不严，以土层深厚、疏松、肥沃、排水顺畅的沙土或壤土为最好。栽培管理简单，较少发生病虫害。

◎**水分要求**：养心菜对土壤中水分的要求是很高的，土壤中水分能保持在7%~80%，最适合养心菜生长。所以用花盆种的话，最好不要太阳直晒，防止水分流失过快。

◎**管理方法**：养心菜一般都是插苗的，留8cm长的苗，土壤中留5cm，地面以上3cm，插苗之前应给养心菜做一个切面，利于吸收土壤中的水分，肥料。温度最好保持在25℃左右，夜间的话最好12℃左右。

栽培技术

◎**栽培盆的选择**：栽培养心菜可用花盆、废弃盆类及木箱等。以长方形木箱为最好，木箱长、宽不限，高度以15cm为宜，内可盛12~13cm厚土层。不论哪种容器，必须底部有孔，浇水后多余水分可渗出盆（箱）外。木箱的大小，要以能搬动为准，以便冬季移入室内越冬；选择渗水性好的沙质土壤，每盆（箱）取20~100g腐熟的畜禽粪、豆饼等均匀拌入土壤中作底肥，然后装入容器中。栽植密度为株行距4cm×4cm。

◎**育苗技术**：养心菜的种子细小，发芽率低，一般不用播种法，常用扦插法或分株法繁殖，扦插适温18~25℃；插条最好选健壮且处于开花期的枝条，基部留3~4节剪下，去掉顶芽，然后剪成约10cm的小段，每段留上部的叶3~4片，其余叶片剪去，待伤口稍微晾干后再进行扦插；扦插基质可选用干净河沙、珍珠岩或土壤，扦插深度约3~5cm，每3段插条为1组，排成三角形扦插，以利于丛生。浇透水后放在光线明亮处，注意土壤保湿（可覆膜），约1周生根。定植用的土壤要先施足腐熟有机肥。一般每穴栽苗3株，种植深度约5cm，栽后将土略压实，然后浇足水，可以在水中放入快活林扦插生根剂，帮助快速生根，1周左右即可正常管理。

◎**定植后管理**：日常管理中，在光照充足处栽培为好，也可在半阴下生长。很耐旱，一般土不干不浇水，浇水则浇透，枝叶生长旺盛的季节可早晚喷水1次，以叶面全湿为宜，雨季要注意防涝以避免烂根；喜温暖，15℃以下生长缓慢，5℃以下时最好移入室内保温，30℃以上时注意通风降温每个月施1次复合肥，并注意及时除去杂草。养心菜多年生且分蘖能力很强，但种植2~3年后最好重新扦插或分株，避免植株长势渐趋衰弱或易发生病害。分株最好在早春且新芽尚未萌发时进行，尽量多带根芽，一般3~4株分为1丛，每棵母株最多分为4丛。种前在草木灰中蘸一下以消毒，栽种深度跟分株前保持一致，挖穴种好后在根部附近将土稍微压实，然后浇透水，一般3d后即可成活。

◎**病虫害防治**：养心菜由于表面有蜡质，所以抗性极强，在正常栽培条件下，病害极少，一般不需防治，虫害也极少，春、夏季可能有蚜虫为害，注意及早手工灭除即可。

◎**采收**：养心菜可全年陆续采收，当植株生长到20cm高时即可开始分期分批采收，采大留小，先采收茂密粗壮的嫩茎叶，让细弱稀疏的茎叶继续生长，以后再陆续采收。以提高产量和延长供应时间。采收时茎基部要留2~3个节，以便继续萌发出新枝梢，可像割韭菜一样用镰刀水平割取2~3节以上的嫩梢，长10~15cm，采收后捆扎成均匀的把存放。

推广应用前景

养心菜集食用、观赏、药用等多功能于一身，具有很高的实用价值。可盆栽于居室阳台，也可点缀于花坛和园林绿化区，常食可增强人体免疫力，有很好的食疗保健作用。制成养心茶，泡出的茶水色香味纯正，长期饮用可高效抑制失眠、心悸、烦闷。作为绿色保健型蔬菜市场潜力大。

19. 草 莓

草莓（*Fragaria ananassa* Duch.）是蔷薇科草莓属多年生草本植物。

形态特征

◎**根**：草莓的根系主要由不定根组成，没有主根与侧根之分，在土壤中分布较浅，70%距地表 30cm 深土层里，对干旱、高温、寒冷耐性差。新根呈乳白至浅黄色，老根呈黑褐色，春季

生长最为旺盛。初生根与毛细根吸收养分，根毛吸收水分，供植株使用。

◎**茎**：草莓的茎根据形成时间以及功能、形态可分为新茎、根状茎和匍匐茎三类，前两种生长在地下，也称地下茎。

（1）新茎　草莓植株的中心生长轴为短缩茎，当年萌发的称为新茎，呈弓背形，下部产生不定根，花序均匀发生在弓背方向，根据这一特性确定定植方向。新茎的顶芽到秋季可形成混合花芽，成为主茎的第一花序，其上密生具有长柄的叶片，叶腋部位着生腋芽，有的当年发出新茎分枝或萌发成匍匐茎。

（2）根状茎　草莓多年生的缩短茎叫根状茎，是贮藏营养物质的器官，因其外形如根状而得名。一般上一年的新茎就是当年的根状茎，它是具有节和年轮的地下茎。根状茎上着生很多的初生根，木质化程度随着年龄增加而提高，其生理功能逐渐减弱。

（3）匍匐茎　是由新茎腋芽当年萌发抽生的一种特殊的地上

茎，偶数节（第二、四、六节）的部位向上长出正常叶，向下形成不定根，接触地面后进入土壤，形成新苗的根系，用于进行繁殖。匍匐茎是草莓营养繁殖的主要器官，多用以培养子株。抽生匍匐茎的数量多少因品种、植株年龄的不同而有差异。

◎叶：草莓的叶为三出羽状复叶，小叶多为椭圆形，因品种不同也有圆形、长椭圆形、棱形等，托叶明显，叶柄细长，着生于新茎，叶片表面密布细小茸毛，叶缘有锯齿状缺口，有的边缘上卷，呈匙形，有的平展，也有的两边上卷。叶柄基部有鞘状托叶，不同品种的托叶颜色不同。新叶展开后约30d达到最大叶面积，叶片平均寿命60~80d。

◎花：草莓花序为聚伞花序或多歧聚伞花序，花为白色，少数黄色，5~8瓣，大多数品种为完全花，自花能结实。每朵花由花柄、花托、花萼、花瓣、雌蕊和大量雄蕊组成。品种间花序分歧变化较大，一个花序上可着生3~30朵花，一般为7~15朵。通常第一级序的一朵中心花最先开，其次由这朵中心花的两个苞片间形成的两朵二级序开放，其余类推。

◎果实：草莓的果实由果柄、萼片、花托、瘦果组成。通常食用的部分是由花托膨大形成的肉质假果，栽培学上又称浆果。草莓的真果是花托上聚生的小瘦果，俗称"种子"，植物学上称为聚合果，着生于果面。果实颜色有深红、浅红、橙红和白色，有的品种中间有髓，鲜果中约有90%是水分。

常用品种

◎红颜：长势强，株态直立，叶片大，绿色，叶柄中长。花冠中等大，花序梗较粗。果面深红色，富有光泽，果肉细，酸甜适口，香气浓郁。对炭疽病、灰霉病较敏感。

◎泰尔玛：长势强，叶片绿色，有光泽。果实圆锥形，果面深红色，富有光泽，抗性强。

◎吉早红：长势强，叶片圆形，深绿色。果实圆锥形，果面红色，抗性强。

◎全明星：株态直立，冠幅大。果实圆锥形至短圆锥形，果面鲜红色，有光泽；果肉白色，肉质细，风味适中。果实硬度大。抗病性较强。

◎小白：长势强，株态直立，叶片大，耐低温与弱光能力优，花茎粗壮坚硬直立，花量较少。果皮粉白色，果肉白色，果实甜蜜，具有清香气味，口感好。

◎桃熏：叶片圆形，厚实深绿色，抗病性强。成熟期略晚，花大，花多，连续性强。果皮黄色或橙色，果肉白色，有髓心。果实硬度较软。果实清甜，具有浓郁的蜜桃香味，形状如桃子。

◎艳丽：植株健壮，抗病性强。果实圆锥形，果面鲜红色，光泽度强，风味酸甜适口，香味浓。

◎甜查理：植株生长势强、休眠期浅、抗逆性强。果实圆锥形，色泽鲜红，光泽好，美观艳丽，硬度大，甜脆爽口，香气浓郁。抗高低温能力强，早熟性好。

◎蒙特瑞：日中性品种。风味好，耐高温，抗病性好，易发生白粉病。

◎圣安德瑞斯：植株小、紧凑。日中性品种，开花不受日照长短的影响。果实圆锥形，硬度大，香味浓郁。果皮颜色鲜亮，种子颜色深红。

◎京藏香：植株生长势强，叶椭圆形，黄绿色，叶面质地革质粗糙，有光泽。早熟性好、高产、酸甜适中，香味浓，连续结果能力强。果实个头大，单果重高，抗性好。

◎京桃香：植株生长势较强，叶椭圆形，叶面质地革质粗糙，花序分歧，高于叶面，果实圆锥形或楔形，红色，有光泽，种子黄绿红色兼有，平于果面，酸甜适中，香味浓。

◎小桃红：植株长势中等，中心小叶近圆形。花序梗粗度中等，花红色，花大。果实红色，圆锥形，中等大小，酸甜。

◎胭脂红：植株较矮，长势中等，叶片绿色。花红色，颜色鲜艳，群体花量大，观赏效果好。果圆锥形，个头小，匍匐茎红色，抗病性强。

◎粉佳人：植株长势强，较开展，中心小叶椭圆形。花粉红色，花序梗中等粗。果实红色，长圆锥形，果较大，口味偏酸，抗性强，适应性好。

◎**醉霞**：植株长势强，株型紧凑。叶片绿色，近圆形，浅休眠。早熟品种，花序连续抽生，果形长圆锥形，畸形果极少，果面平整，鲜红，果肉白色，酸甜适口，香气浓，抗性好。

◎**越心**：生长势中强，叶片椭圆形。果实短圆锥形或球形，果面浅红色、光泽强，风味香甜。花序连续抽生能力强，早熟，畸形果少。较耐低温弱光，耐冷凉、雾霾、连阴天。

◎**黔莓二号**：植株高大健壮，分蘖性强。花序连续抽生性好，粗壮，梗长，花朵大。果实短圆锥，红色，光泽好，果肉橙红色，香味浓郁，酸甜适口。耐寒、耐热及耐旱。

◎**太空 2008**：植株高大长势强，根系发达。叶片大，叶色深绿，叶柄长而粗，抗病性强。花大、花粉多。果个大，早熟。果实圆锥形，鲜红有光泽，果味浓香。

◎**白草莓**：喜光，果肉纯白色，外观呈现淡粉色，口感香甜，果皮较薄，充分成熟果肉为淡黄色，吃起来有黄桃的味道。

◎**妙香**：果实呈圆锥形，颜色鲜艳，口感上佳，产量高，抗病率强，甜度稍低。

生活习性

◎**温度**：盆栽草莓要求温度一般为 20~25℃，冬季室温最好不低于 15℃。根系生长适温 15~22℃，茎叶生长适温为 20~25℃，花芽分化期保持 17~25℃，开花期与结果期 15~24℃，最低温度保持 5℃以上。草莓的芽在-15~-10℃发生冻害。

◎**水分**：草莓在不同的生育时期对水分要求不一样，开花期田间持水量保持在 70%以上，果实膨大期需求最多，保持在 80%以上，浆果成熟期应适当控水，保持 70%以上，花芽分化期适当减少水分，保持 60%~70%，以促进花芽分化。

◎**土壤**：草莓喜富含有机质的微酸性沙壤土，适宜 pH 为 5.5~7。草莓不耐涝，要求土壤有良好通透性，宜生长于肥沃、疏松壤土中，过于黏重土壤不宜栽培。盆土腐殖质含量越高越好，一般在 2~3 年后需要及时换盆。

◎**营养**：草莓在生长过程中不仅要提供大量元素（氮、磷、钾），还要注重中量元素（钙、镁、硫）和微量元素（锌、硼、锰、铜、铁等）的补充，均衡营养相当重要。草莓一生中对钾和氮的吸收特别强，旺产期对钾的吸收量要超过对氮的吸收量。对磷的吸收，整个生长过程均较弱。对于提高果实硬度、延长贮运期，一定要注意补充钙元素。

◎**光照**：草莓喜光，也耐荫。盆栽草莓不同生长阶段对日照长短要求各不相同，每天至少需要 6h 的阳光。在花芽分化期，要求每天 10~12h 的短日照和较低温度，在开花结果期和旺盛生长期，需要每天 12~15h 的较长日照管理。

栽培技术

◎**容器选择**：塑料盆、陶瓷盆、木盆、泡沫板材均可，容器大小根据每盆种植的株数来定。株数多可选择大盆，株数少用小盆。一般陶瓷盆比较适合栽植草莓，选用径口 25~35cm，深 30cm 左右。盆底有足够多排水孔，平铺一些小颗粒石子，防止土壤堵塞。

◎**品种选择**：盆栽草莓适宜选用果个较大、风味好、颜色鲜艳、叶片直立、长势较强、休眠期短、开花期长、连续结果能力强、香味浓郁，具有较高观赏效果的抗病品种。如泰尔玛、吉早红、桃熏、小白、越心、红花草莓胭脂红、小桃红、粉佳人等。选用四季草莓品种更好，一年四季都可以开花结果。

◎**配置营养土**：盆土取用含腐殖质多的土壤，可取花园或树林下的表层土，再混合一部分田间土，或用菜园肥沃土与草炭土各一半混合，施入少量复合肥。配制好的培养土可用 0.3% 的高锰酸钾水溶液消毒，放置待用。

◎**定植**：盆栽草莓的种植在一年中任何时候都可以。定植要选择健壮的秧苗，起苗时要多带土，根叶一定要新鲜干净，栽种时要让根系顺直栽入盆土中，深不埋心，浅不露根，之后按实盆土，土面与盆口保持 3~4cm 距离。栽种后浇透水，放置阴凉处 3d，最后搬到光线好的地方养护。

◎**施肥方法**：入盆后 7d 内每天要浇 1 次水，随后每 2~3d 浇 1

次水；四季草莓 1 年多次开花结果，营养消耗多，要加强养分补充。追肥时浓度要小，以防烧根。一般用 0.1%~0.3%尿素溶液或 0.2%磷酸二氢钾液追肥，喷施和浇灌均可，每 7~10d1 次。

◎**植株管理：**盆栽草莓要置于阳光充足的地方，并且要经常转动花盆，使之受光均匀。草莓抽生匍匐茎时，应及时摘除，减少植株体内营养消耗。开花结果时，要及时疏花疏果，每株保留 2~3 个花序，每一花序保留 4~5 个果，有利于果实增加重量，着色好，更具鲜食和观赏的价值。园区进行盆栽，如有条件最好使用蜜蜂授粉，保证果实品质。露天盆栽，可以依靠昆虫和风力授粉。家庭室内养植，要进行人工授粉，10—15 时，可以直接选择两朵花触碰，还可以使用毛笔，蘸上花粉，然后涂抹到花朵上面，将整个花朵都涂抹一遍。

◎**病虫害防治：**盆栽草莓易发生的病虫害主要是蚜虫、粉虱、叶螨和芽枯病。发生蚜虫、粉虱，可用 1：200 的洗衣粉水加上几滴菜油充分搅拌后喷洒、叶螨可用清水擦拭叶片背面或释放捕食螨。发生芽枯病时，要摘老叶，通风透光，降低环境湿度。

◎**换盆培土：**盆栽草莓结果 2 年后，应及时换盆或换盆土。换盆时，先将植株从盆中取出，剪除衰老根、死根和下部衰老根茎，再栽入新的盆土中。由于草莓的茎和根每年都要上移，为了保证新茎基部有发根的适宜环境，须进行培土，厚度以露出苗心为宜。多年种植后，在换盆前，可以选留植株萌发的匍匐茎苗于新盆中，以更换新苗，待生根后长出三叶一心时剪断匍匐茎即可。

◎**防寒越冬：**冬季来临时，可将盆移到室内有阳光的地方，或放在封闭阳台上，再用塑料袋或塑料薄膜把盆套上，保温保湿。也可在地面挖沟连盆摆放其中，盆周用土封严，上面稍加覆盖即可。

推广应用前景

盆栽草莓果实艳丽，芳香馥郁，可净化空气、美化居室，集赏叶、赏花、赏果、品果于一身，具有趣味性、观赏性、食用性、周期变化性与长效性。而城市中的消费者更喜欢亲手栽培来获取新鲜的水果，盆栽草莓可以说是很好的选择，有着广阔的发展空间。

20. 菜 豆

菜豆（学名：*Phaseolus vulgaris* L.），俗称二季豆或四季豆，豆科菜豆属一年生缠绕或近直立草本植物。嫩荚或种子可作鲜菜，也可加工制罐、腌渍、冷冻与干制。

形态特征

根系较发达，但再生能力弱。成株的主根可深达地下 80cm，侧根集中分布在 15~40cm 土层内。根上有根瘤，毛根少，生产上常采取直播方式。茎左缠绕攀缘，蔓生、半蔓生或矮生，矮生型品种株高 40~55cm，主茎伸展至 4~8 节时，生长点产生花芽而封顶；蔓生型品种属无限生长型，主茎可长到 2~3m 或更长，茎可达 50~60 节。幼茎因品种不同而有差异，呈绿色、暗紫色和淡紫红色。成株的茎多为绿色，少数深紫红色。初生真叶为单叶，对生；以后的真叶为三出复叶，近心脏形。总状花序腋生，蝶形花。花冠白、黄、淡紫或紫等色。自花传粉，少数能异花传粉。每花序有花数朵至 10 余朵，一般结荚 2~6。豆荚形状有宽或窄扁条形和长短圆棍形，或中间型，荚直生或弯曲，横断面圆形或扁圆形，表皮密被茸毛，背腹两边沿有缝线，先端有尖长的喙；嫩荚呈深浅不一的绿、黄、紫红（或有斑纹）等颜色，成熟时黄白至黄褐色。随着豆荚的发育，其背、腹面缝线处的维管束逐渐发达，中、内果皮的厚壁组织层数逐渐增多，鲜食品质因而降低。故嫩荚采收要力求适时。每荚含种子 4~8 粒，种子肾形，有红、白、黄、黑及斑纹等颜色；千粒重 0.3~0.7kg。

常用品种

◎**优胜者**：由美国引进，矮生优良早熟品种。植株生长势中等，株高 38cm 左右，开展度 45cm，主枝 5~6 节封顶。花浅紫色。嫩荚近圆棍形，长约 14cm，重 8.6g。肉厚，纤维少，品质好。抗病毒病、白粉病。

◎**供给者**：由美国引进，矮生优良早熟品种。植株生长势较强，株高 42cm 左右，单株有 3~5 条分枝。花浅紫色。嫩荚圆棍形，绿色，长 12~14cm。荚纤维少、质脆，品质好。1 年多茬。

◎**新西兰 3 号**：矮性优良早熟品种。植株生长势强，株高 52cm 左右，单株有 5~6 条分枝。叶色深绿，花浅紫色。嫩荚扁圆棍形，先端略弯，绿色，长 15cm，单荚重约 12.5g。荚肉厚，纤维少，品质较好，较抗病。

◎**双青 12 号**：半蔓性优良品种，较早熟。植株生长势较强，结荚部位较低。荚长 20cm 左右，横径 1.8cm 左右，嫩荚圆棍形，白绿色，纤维少，品质好。陆续结荚性强，产量高而稳定。

◎**早白羊角**：半蔓性优良早熟品种。主茎长 1.2~1.8m，黄绿色。叶片浅绿色，花蓝紫色。嫩荚圆棍形，长 15cm 左右，横径约 1.2cm，单荚重 8g 左右。该品种较耐旱、涝，抗病毒病。

◎**老来少**：半蔓性优良早熟品种。主茎长 1.5~1.8m，黄绿色。叶色浅绿，花淡蓝色。嫩荚白色，长约 15cm，横径 1.3cm，荚圆棍形，柄端部分略扁。纤维少，品质好，直至即将成熟还表现嫩白色，故名老来少。较耐旱耐涝和瘠薄。病害发生少而轻，产量较稳。

◎**丰收 1 号**：由国外引进，蔓性优良早熟品种。植株生长势、分枝性较强。花白色，嫩荚浅绿色、稍扁，表皮光滑，荚面略凹凸不平，长 18~22cm。荚肉厚，纤维少，品质好。较耐热，成熟期集中。

◎**芸丰**：蔓性优良品种。主茎第 1~6 节出现分枝，第 4~7 节坐生第一花序。花白色，旗瓣基部稍带粉红色。嫩荚淡绿色，荚长约23cm，宽和厚约为1.4cm，平均荚重约14g。荚果老熟后亦无革质膜，柔嫩，品质佳。耐旱、耐瘠薄。高抗病毒病（BCTV）、较抗炭疽病和锈病，不抗疫病。

◎**绿丰（绿龙）**：蔓性优良品种。植株生长势强，主茎长3m左右，生2~5条侧枝，第5至第7节坐生第一花序，花白色。嫩荚深绿色，长20~25cm，横径2.5~3cm。产量高，品质好，耐贮运。一般亩产5 000~6 000 kg。

生活习性

菜豆种子发芽适宜温度20~25℃，35℃以上和8℃以下都不能发芽。幼苗生育的适宜气温为18~20℃，地温低于13℃根系不能正常发育。花芽分化的适宜温度为20~25℃，低于15℃或高于27℃时易出现不完全开花现象，30℃以上会产生落花。开花结荚期的适宜温度为18~25℃，温度过高，豆荚变短或畸形，品质粗硬低劣，温度低于10℃，子荚数和每荚种子数减少。

菜豆属短日性蔬菜，但多数品种对日照长短要求不严格，四季都能栽培，故有"四季豆"之称。南北各地均可相互引种。菜豆喜强光，光照不足，开花结荚均减少；光线过弱，植株易徒长。

菜豆对土质的要求不严格，但适宜生长在土层深厚、排水良好、有机质丰富的中性壤土中。适宜的土壤湿度为60%~70%。土壤干旱，开花数减少，产量降低；土壤积水、空气湿度大，落花落荚增多，植株基部叶子提早黄化脱落，以至全株死亡。适宜的土壤以pH值为6.2~7.0。耐盐碱能力较弱，尤其不耐氯化盐的盐碱土。

菜豆生育期中对钾肥的吸收较多，对磷肥的吸收量虽然不大，但缺乏磷肥时，植株和根瘤菌发育不良，开花结荚少，荚内子粒少，产量低。硼和钼缺乏，影响植株正常生长发育。适量施用钼酸铵可以提高菜豆的品质和产量。在幼苗期和孕蕾期要有适量氮肥供应，才能保证丰产。

栽培技术

◎**容器选择**：选用大小为直径 40cm 以上，高 30cm 以上、底下有水孔、透气的塑料盆、瓦盆、紫砂盆、木桶等均可。

◎**基质选配**：：按园土：蚯蚓粪=1：3 或园土：草炭：混土腐熟有机肥=5：3：2 比例配制，并根据植株的实际生长需要添加一定量的磷、钾肥。配好的基质使用前必须先进行消毒灭菌、杀虫的处理。日光消毒法为：将配好的基质放在水泥板或铁板上，薄薄平摊，暴晒 3～15d，可杀死病菌孢子、菌丝、虫卵、成虫和线虫。药剂消毒法为：使用 0.5% 的高锰酸钾和 0.5% 的辛硫磷混合液对培养土进行浇灌翻匀处理，之后盖上塑料布封严，密封 5d 之后揭开备用。家庭用小量的基质还可蒸煮消毒，即把已配制好的基质，放入适当的容器中隔水在锅中蒸煮消毒；也可将蒸汽通入土壤进行消毒，要求蒸汽温度在 100～120℃，消毒时间 40～60min，这是最有效的消毒方法。

◎**品种选择**：选择抗病、优质、高产、商品性好、耐贮运，适合市场需求的新品种。

◎**种子处理**：选取无机械损伤、有光泽且无虫孔的种子，用 1% 比例的福尔马林按 0.3% 的比例浸泡 20min，或用相当于种子重量 0.2% 的多菌灵可湿性粉剂将种子浸泡 30min，将其捞出后冲干净并用 30℃ 的温水浸泡 4～6h，在种子充分吸收水分后就可播种。

◎**生育期管理**：四季豆盆栽种植可直播或育苗移栽，建议育苗移栽比较好。室外盆栽，10cm 地温稳定通过 12℃ 即可播种。室内盆栽，3 月上中旬育苗或直播，4 月上旬定植。

播种前一天，将准备配置好的基质装入 10cm×10cm 规格的塑料育苗钵或者纸筒内 3/4 处，浇足水分。播种时，在育苗钵基质的中央挖穴播种，每穴播 3～4 粒种子，然后在种子上面覆盖 3cm 厚的营养土，这样利于出苗。播种后育苗钵上覆盖塑料薄膜保温保湿。出苗前应保持室温白天 25～30℃，夜间温度 13℃，地温 15℃。

出苗后立即膜揭掉，并适当降温，前 5～7d 室内白天气温保持在 15~20℃, 夜间气温不能低于 10℃, 地温应保持在 13℃, 以防出现高脚苗; 之后室内白天温度应保持在 22~25℃ 的范围之间, 夜间温度应保持在 12~15℃, 地温应保持在 15℃ 即可。在连阴天的天气状况下, 中午时间保持室内的通风。如果在天气出现暴晴的情况下需叶面追肥, 这样能够较好地减少出现叶面萎蔫, 可追施磷酸二氢钾、尿素或叶面宝等。当菜苗长出 1~2 片真叶后进行间苗, 每育苗钵留下最好的一株。

（1）定植前炼苗 当菜苗长到 3~4 片真叶亦即第 1~2 片复叶时, 就可以进行定植了。定植之前先进行 5~7d 的低温锻炼, 即保持室温白天 15~18℃, 夜间逐天降低, 最后使地温保持在 11℃ 左右, 这样能够使秧苗在定植之后能够更好地忍耐短期的低温。

（2）移栽 移栽前一天将配好的基质装入花盆 3/4 处, 浇透水。移栽时在花盆中央挖一穴, 每盆定植 1 株, 长条盆可定植多株。移栽后浇透水。

（3）吊蔓整枝 当主蔓长至 30cm 时, 及时插架或吊蔓。结荚后及时打去底部老叶、病叶、黄叶。如为矮生品种无须支架。

（4）中耕浇水 生长季节每月进行一次松土, 确保其根部始终处于通透良好的状态。梅雨季节, 对搁放于露天环境中的盆栽植株, 每次大的降雨后要及时检查盆土, 发现盆内有积水要尽快排出, 并于盆土干后进行翻盆换土。

由于移栽之前基质里已放足底肥, 基本不需追施肥料, 可在后期半个月左右追施发酵腐熟有机肥一次。

（5）适时采收 当花后 15~20d, 豆荚由细变粗, 颜色由深变浅, 豆粒略显, 大而嫩, 每天清晨或上午, 及时分批采收嫩荚。采收时一手抓住花梗, 另一只手将豆荚掐下, 注意不要硬扯而拽断茎蔓。

推广应用前景

由于食物的营养能提高健康水平、减少疾病和提高人类寿命, 消费者对食物营养要求日益提高。菜豆是最有营养价值的蔬菜种类之一, 在世界范围大面积种植。菜豆是食用纤维、矿物质营养元素、维生素和植物营养素的重要来源。食荚菜豆味道鲜美，除嫩荚鲜食外还可以速冻和干制加工，可周年供应市场，是主要消费的蔬菜种类之一。菜豆适应性较强，栽培简单，而且丰产，很适宜盆栽。盆栽菜豆还可造型各种立体景观，应用前景广阔。

21. 刀　豆

刀豆（学名 *Canavalia gladiata* Dc.），别名巴西豆、刀豆子、大刀豆。豆科刀豆属一年生缠绕草本植物。

形态特征

根系发达，有根瘤，可固氮。刀豆分为蔓性和矮性两种。蔓性品种栽培较多，茎粗壮，长 2~4m，生长期长，晚熟，荚果大而长扁，略弯曲，长 10~35cm，宽 4~5cm，边缘有凸起的隆脊。种子肾形，红色、褐色和白色。矮性刀豆茎直立，生长期短，株高约 1 m，荚果小，产量低，生产中少有栽培。

常见品种有红刀豆、白刀豆。

◎**红刀豆**：株高 3~5m，三叶复出，每叶腋处都萌生新枝，长势强劲，花为蝶形，白色或紫红色，穗状花序，每穗结 2~5 荚，荚长 25~30cm，每荚种子 5~7 粒，红色。嫩荚营养丰富，豆荚脆嫩，肉厚味鲜，是出口创汇的主要蔬菜品种之一。

◎**白刀豆**：株高 2.4m 左右，分枝少，主蔓 4~5 节开花，花为蝶形，白色或紫红色，每花结荚 3~5 个，每荚种子 5~7 粒，白色。豆荚刀形，长 20~25cm，荚绿色，表面光滑，肉厚质嫩。纤维少，耐高温，采收期长，产量高，可供鲜食或加工。

生活习性

刀豆喜温暖，不耐寒。刀豆种子发芽的适宜温度为 25~30℃，植株生长的适宜温度为 20~25℃，开花结果的适宜温度 23~28℃。喜强光，随着光照增强，植株的同化作用也增加，光照不足，会出导致植株现蕾数和开化结荚数减少，落花落荚严重。土壤适应性较强，以通气性好的沙壤土为宜，pH 值 5~7.5 均能生长，但以 pH 5~6 为最佳。土壤水分保持在 70%~80%，水分过多或过少，会导致秧蔓营养生长增加，授粉、受精及荚果发育受到影响。刀豆对氮、钾的需求量较大，生育期要重视氮、钾肥。

栽培技术

盆栽刀豆采取直播方式。

◎**容器选择**：栽培容器要选择质地坚固，容量大，透气性好容器，有利于蔬菜的生长发育。刀豆植株大，生长旺盛，结果实多，盆栽需要准备容量大的盆。家庭阳台、露台或庭院栽培，应选择盆直径 60cm 以上，盆深 50cm 以上的容器。容器的选择要兼顾美观、摆设方便、易挪动。花盆材质可选择塑料花盆、陶瓷瓦盆、木盆等。

◎**基质配制**：应选择保肥性好，透气性好，不易分解的轻质材料。在家庭栽培中，草炭与蛭石或珍珠岩混合配制而成的复合基质使用的相当普遍。如果冬春季栽培，草炭、蛭石、珍珠岩比例为 6：1：3，夏季栽培草碳、蛭石、珍珠岩比例为 6：2：2。生活中常见的炉渣、草炭、茹渣、玉米芯、玉米秸等也可以做为基质原料。炉渣、草炭比例为 6：4 混配，玉米秸、草炭、炉渣以 1：1：3 比例混配，菇渣、草炭以 2：3 的比例混配。栽培基质 pH 值 6~7.5 为宜，酸性栽培基质可以用生石灰调节 pH 值，偏碱性的栽培基质用磷酸氢二钾调节 pH 值。基质使用前要进行消毒处理，可用 1 000 倍液多菌灵，覆膜 1d 消毒，也可以用 40% 的福尔马林，每立方米基质喷洒 400~500ml，覆膜 48h 进行消毒。基质要充分腐熟，基质水分 60%，生产中可以用手握基质能成团，放手后自然松开即可。一吨基质中掺入磷酸二铵 500g，过磷酸钙 10kg，混合均匀后装盆备用。

◎**种子处理及播种**：北京地区露天栽培一般在 4 月下旬至 5 月上旬播种，室内栽培可以在 2 月下旬至 3 月上旬播种。刀豆种皮坚硬，吸水慢，播种前用清水浸泡 24h，使其充分吸水，以利出苗。播种后，一般 7~10d 出苗，出苗后，去掉塑料薄膜。每盆播种两粒种子，播深 2~3cm，覆土。播种时种脐向下，以利水分吸收。

◎**生育期管理**：刀豆开花前不宜多浇水。4 叶时追一次有机肥，每盆 200g。坐荚时第二次追肥，追施复混肥每盆 5g。同时注意浇水，保持土壤湿润。结荚盛期可追施叶面肥 2~3 次，结荚中后期可追施复混肥 1~2 次，以延长结荚期，防止早衰。开花结荚期应适当摘心，摘除侧蔓，以提高结荚率。

刀豆在开花后 15~20d 开始采收，视豆荚生长情况，可以每天采收，也可隔天采收。每采收 3 次，每盆可追施有机肥 200g。

当植株生长到 4~5 片复叶时要及时搭架。搭架可用细竹竿插在容器里，注意不要伤根，每盆插一根，两个相邻容器"人"字捆绑竹竿上部，每排竹竿架顶部横向再捆绑一根竹竿固定，从而形成一排竹竿架。如果空间大，也可以搭成棚架，充分利用空间的同时，有利于植株着光，同时形成一个阴凉棚架。

◎**病虫害防治**：刀豆常见病虫害主要是根腐病和蚜虫。根腐病可用 50% 多菌灵或 70% 甲基托布津 500~700 倍液灌根防治。蚜虫可用吡虫啉乳油 2 500 倍液叶面喷雾防治。

蔓生刀豆在生长到 30~40cm 时，搭架引蔓或吊蔓。

推广应用前景

盆栽蔬菜不仅可以食用，更能起到绿化居室美化环境的作用，能吸收二氧化碳，释放氧气，起到净化空气的作用。整个生育期都管理精细，病虫害控制高，是无公害生产过程，食品安全无污染。盆栽刀豆产量高，植株生长旺盛，可充分利用上层空间。盆栽蔬菜采用基质栽培，基质的材料较轻，因而搬运时会感到很轻便，有利于老人和儿童参与蔬菜管理。基质消毒清洗方便。基质被污染后，可以在消毒后再次利用，也可以定期清洗基质，除去残根或其他废物，这一点是土壤栽培不能做到的。

清洁卫生。基质栽培使用无毒无味的基质和营养液，避免了从栽培容器中散发异味、滋生蚊蝇，而且没有土传病害和地下害虫，保证了家庭环境的清洁和卫生。

22. 荷兰豆

形态特征

荷兰豆（学名：*Pisum sativum* L. var. *saccharatum*）又称荷仁豆、剪豆，豆科豌豆属一年生缠绕草本植物。按其茎的生长习性可分为矮性、半蔓性和蔓性三种类型。荷兰豆株高90~180cm，以食用嫩荚为主。荚果长椭圆形，长5~10cm，宽0.7~14cm，顶端斜急尖，背部近于伸直，内侧有坚硬纸质的内皮；种子2~10颗，圆形，多为青绿色，也有黄白、红、玫瑰、褐、黑等颜色的品种，有皱纹或无，干后变为黄色。偶数羽状复叶，顶端卷须为叶卷须，托叶呈卵形。花白色或紫红色、单生或1~3朵排列成总状腋生，花柱内侧有须毛，闭花授粉，花瓣蝴蝶形。根上生长着大量侧根，主根、侧根均有根瘤。

常用品种

荷兰豆的主要品种有中山青、莲阳双花、爱星9号、万瑞604、大荚荷兰豆、法国大荚等。

◎**中山青**：豆荚肥厚多汁、纤维少、可食荚、营养成分高。株高160~220cm，花白色，单生或双生。荚果弯月形，长6~7cm，宽1.3~1.5cm，厚0.9cm，成熟时豆荚褐黄色，每荚种子4~7粒，色绿而皱缩。

◎**莲阳双花**：软荚种，蔓性，花白色，荚长6~7cm，宽1.3cm，种子圆形，黄白色，嫩荚供食、品质佳。

◎**爱星 9 号**：软荚种，矮生，花红色，双花结比荚，荚长9cm，荚宽1.6cm，单荚重3.3g左右。每荚有种子5~7粒，播种后55d可采收，采收期约90d。

◎**万瑞604**：软荚品牌，蔓生，蔓高2.2m左右，花紫红色，一花结一荚，荚长9cm，荚宽1.3cm，荚淡绿色，单荚重3.3g左右。每荚有种子5~7粒，播种后60d可采收，采收期约90d。

◎**大荚荷兰豆（大荚豌豆）**：软荚种豌豆，蔓长2m左右，分枝3~5个。花紫色单生，荚特大，长12~14cm，宽3cm，浅绿色，荚稍弯凹凸不平，每500g嫩荚约40个。种皮皱缩，呈褐色，嫩荚供食，柔嫩味甜，纤维少。

◎**法国大荚豌豆**：又名荷兰豆、青斑豆，从法国引进。蔓生、茎叶粗大，株高2~3m。花白色，荚长6~7cm，宽3~4cm，淡绿色，每荚种子5~6粒。鲜荚和豆粒均可供菜用，荚脆、清甜，荚粒特大，纤维少、品质佳。

生活习性

◎**温度条件**：荷兰豆为半耐寒蔬菜，不耐热。4℃时种子开始缓慢发芽，在16~18℃时4~6d可出苗。幼苗可耐-6℃低温，茎蔓生长适温为15~20℃，开花结荚期适温为15~18℃，超过26℃产量和品质降低。结荚期要求长日照和较低的温度，忌高温。

◎**水分条件**：荷兰豆在整个生长期都要求较多的水分。种子发芽过程中，若土壤水分不足，种子无法吸水膨胀，会大大延迟出苗期。苗期能忍受一定的干旱气候。开花期若遇空气湿度过低，会引起落花落荚。在豆荚生长期若遇高温干旱，会使豆荚纤维提早硬化，过早成熟而降低品质和产量。所以，在荷兰豆整个生长期内，必须有充足的水分供应才能旺盛生长，荚大粒饱，保质保量。但它又不耐涝，若水分过大，播种后易烂籽，苗期易烂根，生长期易发病。

◎**土壤条件**：荷兰豆对土壤要求虽不严，在排水良好的沙壤上或新垦地均可栽植，但以疏松含有机质的中性土壤为宜，在pH6.0~7.2的土壤中生长为宜。荷兰豆忌连作，一般至少4~5年轮作。

◎**光照条件**：食荚豌豆是性喜冷凉的长日照作物，不耐热。荷兰豆属长日照植物。大多数品种在延长光照时能提早开花，缩短光照时延迟开花。一般品种在结荚期都要求较强的光照和较长时间的日照，但不宜高温，适宜在春夏季交替时期种植。

◎**营养条件**：荷兰豆对土壤肥力要求不高。苗期对养分需求很少，底肥足以满足苗期养分需求。出苗至结荚期，植株对磷钾肥需求增加，应配合浇灌增施磷钾肥。结荚后，植株进入需肥旺期，需加强钾肥施入，同进补充氮磷肥，也可同进配合施入钼、锌、硼等微量元素肥料。

栽培技术

荷兰豆的栽培采取直播方式。春季栽培，3 月中下旬播种。秋季栽培，9 月上旬播种。

◎**容器选择**：栽培容器要选择质地坚固，容量大，透气性好容器，有利于蔬菜的生长发育。家庭阳台、露台或庭院栽培，应选择盆直径 40cm 以上，盆深 30cm 以上的容器。容器的选择要兼顾美观、摆设方便、易挪动。花盆材质可选择塑料花盆、陶瓷瓦盆、木盆等。

◎**基质配制**：应选择保肥性好，透气性好，不易分解的轻质材料。在家庭栽培中，草炭与蛭石或珍珠岩混合配制而成的复合基质使用的相当普遍。如果冬春季栽培，草碳、蛭石、珍珠岩比例为 6:1:3，夏季栽培草碳、蛭石、珍珠岩比例为 6:2:2。生活中常见的炉渣、草炭、茹渣、玉米芯、玉米秸等也可以做为基质原料。炉渣、草炭比例为 6:4 混配，玉米秸、草炭、炉渣以 1:1:3 比例混配，菇渣、草炭以 2:3 的比例混配。栽培基质 pH 值 6~7.2 为宜，酸性栽培基质可以用生石灰调节 pH 值，偏碱性的栽培基质用磷酸氢二钾调节 pH 值。基质使用前要进行消毒处理，可用 1 000 倍液多菌灵，覆膜 1d 消毒，也可以用 40%的福尔马林，每立方米基质喷洒 400~500ml，覆膜 48h 进行消毒。基质要充分腐熟，基质水分 60%，生产中可以用手握基质能成团，放手后自然松开即可。一吨基质中掺入磷酸二铵 500g，过磷酸钙 10kg，混合均匀后装盆备用。

◎**种子处理及播种**：播种前用 40% 盐水选种，除去上浮不充实的或遭虫害的种子。播种前将种子催芽，当种子露芽时，将种子放在 0~2℃ 的低温中处理 15d 后再播种。播种深度 2~3cm，每盆播种 2 粒种子，盆上覆地膜保湿保温。

荷兰豆用根瘤菌拌种，是增产的有效措施。用根瘤菌拌种后，根瘤增加，茎叶生长旺盛，结荚多，产量高。拌种方法：每亩用根瘤菌 10~19g，加水少许与种子拌匀后便可播种。

◎**生育期管理**：播种后白天温度控制在 16~18℃，夜间温度控制在 15℃。出苗后撕破地膜，白天温度控制在 15~20℃，夜间温度 12~15℃。荷兰豆在苗期要抑制肥水，开花时及时浇水，抽蔓时要浇透水，每 7d 浇一次；开花后每 3~4d 浇一次；进入结荚期后，豆荚膨大和茎叶生长需水量大，要重视水分，保持土壤湿润。

荷兰豆生育期需氮肥钾肥较多。株高 10~20cm 时，结合浇水，每盆施入磷酸二铵 2~3g，同时可叶面喷施钼、锌、硼等微量元素肥料，防止植株早衰。在抽蔓开花时第二次追肥，每盆施入有机肥 200g。结荚初期再次追肥，可每盆追施水溶性复合肥（氮：磷：钾为 15：15：30）2~3g。采收期仍需加强肥水管理，通常每采收 3 次追肥一次，每盆施有机肥 200g。荷兰豆在株高 15~30cm 时，及时搭架或引蔓。荷兰豆一般在开花 10d 后，豆荚开始采收，一般每 2~3d 可收 1 次。食豆粒的品种则在豆荚内的种子充分长大而鼓胀时再采收，此时豆荚仍为绿色。若留种或采收干豆，可等豆荚枯黄时再摘下。

◎**病虫害防治**：荷兰豆常见病害有褐斑病、炭疽病、锈病、白粉病、根腐病。盆栽荷兰豆发生病害，应及时摘除病叶。如发生面积大，可配合药剂防治或者清除病株。

褐斑病和炭疽病可用 50% 的甲基托布津 600 倍液、75% 的百菌清 600 倍液，隔 7~10d 喷 1 次，连续 2~3 次；白粉病和锈病可用粉锈净 1 000~2 000 倍液，隔 7~10d 喷 1 次；根腐病可用 50% 多菌灵 600 倍液，隔 7~10d 灌根 1 次，连续 2~3 次。荷兰豆的虫害主要以豌豆潜叶蝇为主，可用 1.8% 的爱福丁 2 000~3 000 倍液，每 7d 喷 1 次，连续 2~3 次。

推广应用前景

盆栽蔬菜不仅可以食用，更能起到绿化居室美化环境的作用，能吸收二氧化碳，释放氧气，起到净化空气的作用。整个生育期都管理精细，病虫害控制高，是无公害生产过程，食品安全无污染。可以因地制宜和自己需求选择品种。盆栽荷兰豆要求的容器小，易于摆放，节省空间。同时，荷兰豆有矮生和蔓生品种，可根据栽培空间条件，选择适宜品种。

盆栽蔬菜采用基质栽培，基质的材料较轻，因而搬运时会感到很轻便，有利于老人和儿童参与蔬菜管理。基质消毒清洗方便。基质被污染后，可以在消毒后再次利用，也可以定期清洗基质，除去残根或其他废物，这一点是土壤栽培不能做到的。

清洁卫生。基质栽培使用无毒无味的基质和营养液，避免了从栽培容器中散发异味、孳生蚊蝇，而且没有土传病害和地下害虫，保证了家庭环境的清洁和卫生。

餐桌上常见的荷兰豆系指豌豆中的软荚豌豆，又称食荚豌豆。其嫩梢、嫩荚、籽粒，质嫩清香极为人们所喜食。荷兰豆富含碳水化合物、蛋白质、胡萝卜素及多种氨基酸，具有多种营养价值，深受人们喜爱。荷兰豆对增强人体新陈代谢功能有十分重要的作用，是西方国家主要食用蔬菜品种之一。豌豆含有一种其特有的植物凝集素、止权素及赤霉素 A20 等，这些物质对增强人体新陈代谢功能有重要作用。由于其营养价值高，风味鲜美，并具有延缓衰老、美容保健功能，在美国、加拿大、澳大利亚、新加坡、马来西亚以及我国香港地区等市场十分畅销。由于荷兰豆易于加工、贮藏、运输，也是很有前途的出口创汇特菜品种之一。

23. 豇 豆

豇豆 [*Vigna unguiculata*（Linn.）Walp.]，俗称角豆、姜豆、带豆、挂豆角，豆科豇豆属一年生缠绕草本植物。

形态特征

豇豆根系发达，根上生有粉红色根瘤。茎缠绕、草质藤本或近直立草本，有时顶端缠绕状，近无毛。羽状复叶具 3 小叶；托叶披针形，长约 1cm，着生处下延成一短距，有线纹；小叶卵状菱形，长 5~15cm，宽 4~6cm，先端急尖，边全缘或近全缘，有时淡紫色，无毛。总状花序腋生，具长梗；花 2~6 朵聚生于花序的顶端，花梗间常有肉质密腺；花萼浅绿色，钟状，长 6~10mm，裂齿披针形；花冠黄白色而略带青紫，长约 2cm，各瓣均具瓣柄，旗瓣扁圆形，宽约 2cm，顶端微凹，基部稍有耳，翼瓣略呈三角形，龙骨瓣稍弯；子房线形，被毛。荚果下垂，直立或斜展，线形，长 7.5~70（90）cm，宽 6~10mm，稍肉质而膨胀或坚实，有种子多颗，色泽有深绿、淡绿、红紫或赤斑等。种子长椭圆形或圆柱形或稍肾形，长 6~12mm，黄白色、暗红色或其他颜色。花期 5—8 月。

常用品种

主要品种有红嘴燕豇豆、美国无架满地红、春秋红豇豆、之豇 28-2 豇豆、铁线青、鳝鱼骨。

◎**红嘴燕豇豆**：植株蔓生，分枝数 3~4 个。叶淡绿色，无茸毛，茎绿色，向阳面紫色。花紫红色，结荚多，嫩荚浅绿色，成对生长，尖端呈浅紫红色，故名红嘴燕。荚长 33~63cm，横径 0.7~0.9cm，细圆棍状，横断面为圆形，单荚重 19~23g。中晚熟品种，播后 70~80d 开始采收。植株生长势中等，抗病力中等，耐热，适应性强，但易受蚜虫为害。嫩荚肉质脆嫩，纤维少，品质好，制作泡菜，滋味尤佳。亩产 1 500 kg。

◎**美国无架满地红**：中早熟品种，株高 50cm，节间短，分枝强，荚长 30~40cm，挑秆，色深红，荚肉厚，喜肥，耐热，品质优，亩产 2 000 kg。

◎**春秋红豇豆**：植株蔓生，攀缘，生长势强，商品荚紫红色，长圆条形，荚长 50~60cm，肉厚纤维少，品质佳。耐热性强，抗病，适应性广，亩产 1 500 kg。

◎**之豇 28-2 豇豆**：植株蔓生，生长势强，生长速度快。叶深绿，花兰紫色，嫩荚淡绿色，荚长 60cm 左右，单荚重 20g 左右，纤维少，不易老化，品质好。适应性较强，较耐病，早熟丰产。采收期集中，生育期 70~100d。亩产 1 500~2 000 kg。

◎**铁线青**：植株蔓性，分枝 2~3 条，主蔓自第 5~6 节开始着花，嫩荚深绿色，长 45~50cm，末端红色，种子浅红色，耐寒性强，品质佳。5 上旬播种，8—9 月陆续采收，品质佳。

◎**鳝鱼骨**：蔓性，分枝性弱，第一花序着生第 4~5 节，荚长 45~66cm，每荚含种子 16~22 粒，种子土红色，稍晚熟，不耐旱，耐涝、荚肉厚，脆嫩，不易老化，品质佳。亩产 1 250kg 左右。

◎**盘香豇**：植株矮生，分枝多，荚长 20~26cm，淡绿带紫色，卷曲如盘香状，品质佳、产量低。

生活习性

生长的豇豆要求高温，耐热性强，生长适温为 20~25℃，在夏季35℃以上高温仍能正常结荚，也不落花，但不耐霜冻，在10℃以下较长时间低温，生长受抑制。豇豆属于短日照作物，但作为蔬菜栽培的长豇豆多属于中日性，对日照要求不甚严格，如红嘴燕、之豇28-2等品种，南方春、夏、秋季均可栽培。豇豆对土壤适应性广，只要排水良好，土质疏松的田块均可栽植，豆荚柔嫩，结荚期要求肥水充足。

栽培技术

◎**容器选择**：选用大小为直径20cm以上、高20cm、底下有水孔、透气的塑料盆、瓦盆、紫砂盆、木桶等均可。每个花盆装填9L基质，浇透水，直至水从底部流出。

◎**基质选配**：按园土：蚯蚓粪=1：3或园土：草炭：混土腐熟有机肥=5：3：2比例配制，并根据植株的实际生长需要添加一定量的磷、钾肥。配好的基质使用前必须先进行消毒灭菌、杀虫的处理。日光消毒法为：将配好的基质放在水泥板或铁板上，薄薄平摊，暴晒3~15d，可杀死病菌孢子、菌丝、虫卵、成虫和线虫。药剂消毒法为：使用0.5%的高锰酸钾和0.5%的辛硫磷混合液对培养土进行浇灌翻匀处理，之后盖上塑料布封严，密封5d之后揭开备用。家庭用小量的基质还可蒸煮消毒，即把已配制好的基质，放入适当的容器中隔水在锅中蒸煮消毒；也可将蒸汽通入土壤进行消毒，要求蒸汽温度在100~120℃，消毒时间40~60min，这是最有效的消毒方法。

◎**种子处理**：选取无机械损伤、有光泽且无虫孔的种子，用1%比例的福尔马林按0.3%的比例浸泡20min，或用相当于种子重量0.2%的多菌灵可湿性粉剂将种子浸泡30min，将其捞出后冲干净并用30℃的温水浸泡4到6h，在种子充分吸收水分中就可播种了。

◎**生育期管理**：豇豆盆栽种植可直播或育苗移栽，建议育苗移栽比较好。因为育苗移栽可以抑制植株前期营养生长而促进生殖生长，达到早结荚、多结荚的效果，而且可集中管理幼苗，掌控其生长，容易培育壮苗，还能灵活掌握定植期。

室外盆栽，10cm 地温稳定通过 12℃ 即可播种。室内盆栽，3月上中旬育苗或直播，4 月上旬定植。

播种前一天，将准备配制好的基质装入 10cm×10cm 规格的塑料育苗钵或者纸筒内 3/4 处，浇足水分。播种时，在育苗钵基质的中央挖穴播种，每穴播 3~4 粒种子，然后在种子上面覆盖 3cm 厚的营养土，这样利于出苗。播种后育苗钵上覆盖塑料薄膜保温保湿。出苗前应保持室温白天 25~30℃，夜间温度 13℃，地温 15℃。

出苗后立即把膜揭掉，并适当降温，前 5~7d 室内白天气温保持在 15~20℃，夜间气温不能低于 10℃，地温应保持在 13℃，以防出现高脚苗；之后室内白天温度应保持在 22~25℃ 的范围之间，夜间温度应保持在 12~15℃，地温应保持在 15℃ 即可。在连阴天的天气状况下，中午时间保持室内的通风。如果在天气出现暴晴的情况下需叶面追肥，这样能够较好地减少出现叶面萎蔫，可追施磷酸二氢钾、尿素或叶面宝等。当菜苗长出 1~2 片真叶后进行间苗，每育苗钵留下最好的一株。当菜苗长到 3~4 片真叶亦即第 1~2 片复叶时，就可以进行定植了。定植之前先进行 5~7d 的低温锻炼，即保持室温白天 15~18℃，夜间逐天降低，最后使地温保持在 11℃ 左右，这样能够使秧苗在定植之后能够更好地忍耐短期的低温。

移栽前一天将配好的基质装入花盆 3/4 处，浇透水。移栽时在花盆中央挖一穴，每盆定植 1 株，长条盆可定植多株。移栽后浇透水。

（如是短蔓品种，则省略此环节。）

豇豆整个生育期的肥水管理原则是前期防止茎叶徒长、后期防止早衰。豇豆抽枝长蔓迅速，长有 5~6 片叶时用竹竿搭架，架高 2.0~2.5m，即每穴插 1 根竹竿，并向内稍倾斜，每两根相交，上部交叉处放竹竿作横梁，呈人字形。豇豆茎蔓的缠绕能力不强，选晴天中午或下午人工引蔓上架，以增加光照且便于采收。

合理整枝是盆栽豇豆获得既高产又美观的主要措施。第一花序以下侧枝长到 3cm 长时，应及时摘除，以保证主蔓生长粗壮；主蔓第一花序以上各节位的侧枝可留 2~3 片叶后摘心，促进侧枝上形成第一花序；当主蔓长到 15~20 节、高 2~2.5m 时，剪去顶部，促进下部侧枝花芽形成。对于长势偏旺的植株，要减少氮肥用量或喷施矮壮素等植物调节剂。及时去掉下部的老叶、病叶或残叶，保障棚架通风透光良好。

豇豆根系比较弱，不耐旱又不耐涝，土壤应经常保持见干见湿为好。结荚期也是豇豆对水肥非常敏感的时期，如果水肥供应不充足，就难以保证其产量和品质。生长季节每月进行一次松土，确保其根部始终处于通透良好的状态。梅雨季节，对搁放于露天环境中的盆栽植株，每次大的降雨后要及时检查盆土，发现盆内有积水要尽快排出，并于盆土收干后进行翻盆换土。由于移栽之前基质里已放足底肥，基本不需追施肥料，可在中后期半个月左右追施发酵腐熟有机肥一次。进入 7 月以后，会出现 30℃ 以上的高温，高温强光会对结荚期豇豆产生不良影响，引发落花落荚和早衰。可选用硼肥和磷酸二氢钾混配喷施的方法减轻不良影响，每亩地用肥液 30kg，间隔 10d 喷施 1 次。

在开花后两周左右，荚便充分长成，此时组织较嫩，适合食用，基本在种子刚刚显露时就要及时采收，如果收得太晚，种子长成后组织便会变老，做菜肴时口感不好，自然销路不好。及时采收，利于幼嫩的豆荚快速生长，提高产量。采摘初期一般间隔为 5d 左右，旺采期一般 2d 就要采收 1 次，采收期能持续 5~6 周，采收时要保证水肥充足，这样才能提高产量。

◎**病虫害防治**：盆栽豇豆病虫发生少。偶有病毒病、锈病发生。病毒病可选用 300 倍的病毒 A 或 500 倍的植病灵喷雾防治，锈病可选用三唑酮喷雾防治。常见虫害主要有蚜虫、红蜘蛛、豆荚螟。蚜虫可选用 10% 吡虫啉防治；红蜘蛛用哒螨灵喷雾防治，喷雾时重点喷施叶片的背部；豆荚螟选用高效氯氟氰菊酯 1 000 倍液防治，每隔 7~10d 喷药 1 次，连续用药 2~3 次。

推广应用前景

随着城市的不断发展，生活节奏不断加快，人们渐渐开始向往体验农事生产活动。加之城市周边土壤资源的稀缺使得阳台农业得以逐渐发展，它已成为城市生态文明建设中的重要组成部分。现在阳台农业的设施栽培有立柱式、阶梯式，最为常见是普通盆栽。豇豆株型美观、坐果期长、果实观赏价值高、适应性较强、栽培简单，很适宜盆栽。盆栽豇豆还可造型各种立体景观，应用前景广阔。

24. 油　豆

形态特征

　　油豆角（*Phaseolus vulgaris* Linn. 'youdoujiao'）豆科菜豆属一年生缠绕草本植物，是中国东北地区的菜豆栽培品种。生长旺盛，分枝能力强，嫩角扁宽形，果实宽而长，一般角长 20~25cm，宽2.5~3.5cm。单角重30g左右，产量极高，80d左右可以开始采收嫩角。油豆角按生长类型可以分为有限生长型（矮生型）和无限生长型（蔓生型），矮生型品种成熟较早，蔓生型品种产量较高。按花的颜色又分为白花和红花两类。白花类品种豆荚品质较好。

　　油豆角是一种优质的豆类蔬菜，它外观靓丽，营养丰富，含人体必需的 18 种氨基酸，特别是赖氨酸含量较高。还含有丰富的膳食纤维，多种维生素和矿物质。具有纤维少，口感好等特点，特别是独特的豆香味是其他蔬菜无法比拟的，可以鲜荚烹饪食用，还可以加工成优质的脱水蔬菜、速冻蔬菜，深受人们的欢迎。

常用品种

　　目前生产上使用的油豆角品种比较多，大约有十几个。盆栽油豆角根据栽培目的和播种时间，可选择不同生育期的品种。抗逆性和抗病性都比较强的、丰产性比较好的品种有一棵树油豆、一点红油豆、龙油豆三号、八月绿、将军油豆等。生育期比较短的品种有紫花油豆、龙油豆一号、龙油豆二号等，可以分期播种，陆续成熟。

◎一棵树架油豆：中晚熟品种，从播种到采收65~70d，植株蔓生，分枝多，生长势强，叶色深绿，嫩荚油绿，有光泽，荚长15~20cm，扁宽，肉厚，水分少，风味好。鲜嫩可口，炖炒易烂，成熟荚绿带紫色，老荚黄白色，耐寒性，抗病性强，产量高，品质优良，比八月绿增产20%。

◎一点红油豆：是由国外引进早熟品种，抗病性强，分枝力强，生长旺盛，蔓生，植株高3m左右，从出苗到结荚收获，在65d左右，荚长30~35cm，荚宽3.5cm，平均单果重35g，产量高，嫩荚为青绿色条纹，无纤维，耐老化，光照强或豆荚长成后周身有红色斑纹。

◎龙油豆三号：中等成熟品种，蔓生，生育期是75~80d，植株生长势比较强，适应性也比较强，可以忍受干旱，忍受低温，抗病能力强。豆荚是长扁条形，荚形比较大，豆荚长度20~25cm，宽2.3cm，单荚重26g左右，嫩荚绿色，有光泽，见光处有红晕，外观美。没有纤维，没有缝线，豆香味很浓，品质很好，它的荚果是典型的油豆类型，不但可以煮食还可以进行速冻或者干制。

◎八月绿：八月绿架油豆是黑龙江省牡丹江市的地方品种，蔓生的，中熟品种，生育期75~80d。荚果深绿色，有光泽，荚面比较鼓，豆荚长20~25cm，豆荚宽2.2~2.5cm，没有纤维，品质比较好，但抗病性一般，每亩产量1 000~1 500 kg。

◎将军油豆：该品种抗病、抗逆性强，适应性广，不早衰，春秋皆可种植。蔓生，生长势强，基部分枝多。中熟，从播种到采收65d。花紫色，嫩荚扁条形，着光部位荚尖有紫红色条纹。平均单荚长20cm，宽2.1cm，单荚重25g，商品性好，肉质厚，无纤维，是典型的优质油豆角。

◎龙油豆二号：蔓生，生育期为55~60d，属于成熟比较早的品种，嫩荚绿色，荚果肉厚，品质鲜嫩，荚长15~18cm，荚宽稍微窄一点，为 1.5~1.8cm，抗病性比较强，能耐干旱。

◎**龙油豆一号**：蔓生的，成熟比较早，生长发育的时间在 60d 左右，荚果绿色，表面有光泽，豆荚扁平。豆荚长 15~18cm，豆荚宽 1.8~2.0cm，没有纤维，品质好。抗病性一般。

◎**紫花架油豆**：蔓生，成熟比较早，生育期 55~60d，荚果绿色，见光的地方有红晕，豆荚扁平。豆荚长 20~25cm，豆荚宽 2~2.2cm，没有纤维，品质比较好，抗病性比较强，适应的范围广。

生活习性

◎**温度条件**：油豆角是喜温作物，对温度的适应范围广。油豆角生长发育最适温度 18~26℃，种子萌发期低于 8℃，高于 32℃，不发芽，幼苗期低于 13℃停止生长。开花结荚期低于 15℃，高于 30℃降低开花结荚率。出苗前白天温度控制在 20~25℃，夜间温度控制在 15~16℃，防止徒长，促进根系发育。开花结荚期温度保持在 20℃左右。

◎**水分条件**：油豆角性喜湿润，适宜的土壤湿度为相对持水量 60%~70%。

◎**土壤条件**：油豆角对土壤条件要求不高，以通气性好、保水保肥的壤土为宜。pH 值为 6~7.5。

◎**营养条件**：油豆角在整个生育期需要较多的氮、钾肥，对磷需要不多，但也是必不可少的。还需要较多的钙。

◎**光照条件**：油豆角是短日照植物。在幼苗期需要较长时间的强日照，栽培时应尽量满足苗期有充足的光照。

栽培技术

油豆角的栽培可以采取育苗和直播两方式。育苗栽培能够促进早熟，生产中经常采用。盆栽多采取直播方式。

◎**容器选择**：栽培容器要选择质地坚固，容量大，透气性好容器，有利于蔬菜的生长发育。家庭阳台、露台或庭院栽培，应选择盆直径 40cmc 以上，盆深 30cm 以上的容器。容器的选择要兼顾美观、摆设方便、易挪动。花盆材质可选择塑料花盆、陶瓷瓦盆、木盆等。

◎**基质配制**：应选择保肥性好，透气性好，不易分解的轻质材料。在家庭栽培中，草炭与蛭石或珍珠岩混合配制而成的复合基质使用的相当普遍。如果冬春季栽培，草炭、蛭石、珍珠岩比例为 6:1:3，夏季栽培草碳、蛭石、珍珠岩比例为 6:2:2。生活中常见的炉渣、草炭、茹渣、玉米芯、玉米秸等也可以作为基质原料。炉渣、草炭比例为 6:4 混配，玉米秸、草炭、炉渣以 1:1:3 比例混配，菇渣、草炭以 2:3 的比例混配。栽培基质 pH 值 6~7.5 为宜，酸性栽培基质可以用生石灰调节 pH 值，偏碱性的栽培基质用磷酸氢二钾调节 pH 值。基质使用前要进行消毒处理，可用 1 000 倍液多菌灵，覆膜 1d 消毒，也可以用 40% 的福尔马林，每立方米基质喷洒 400~500ml，覆膜 48h 进行消毒。基质要充分腐熟，基质水分 60%，生产中可以用手握基质能成团，放手后自然松开即可。一吨基质中掺入磷酸二铵 500g，过磷酸钙 10kg，混合均匀后装盆备用。

◎**种子处理及播种**：播种时选择大粒饱满种子，用 1% 福尔马林浸种 20min，然后用清水淘洗干净。用 25~30℃ 温水浸泡 3~4h，捞出后放在 25~27℃ 条件下催芽，当胚根顶破种皮时即可播种。播种深度 2~3cm，每盆播种两粒种子，盆上覆地膜保湿保温。

◎**生育期管理**：播种后白天温度控制在 20~25℃，夜间温度控制在 15℃。出苗后撕破地膜，白天温度控制在 15~20℃，夜间温度 12~15℃。苗期约 30d 左右。从定植到结荚前，控制好水分，保持土壤湿润，防止茎蔓徒长而引起落花。油豆角幼苗耐旱，苗期补水 2~3 次，保持土壤湿润即可。当植株生长到 4~5 片复叶时要及时用尼龙绳吊蔓或搭架。吊蔓可在植株上方空间选一固定物，放下绳（尼龙塑料绳均可）至容器高度，用小夹子把绳夹在植株主茎上，使抽蔓能攀缘上长。搭架可用细竹杆插在容器里，注意不要伤根，每盆插一根，两个相邻容器"人"字捆绑竹竿上部，每排竹竿架顶部横向再捆绑一根竹竿固定，从而形成一排竹竿架。如果空间小，可以每 3 个竹竿捆绑一组，方便移动和小空间利用。

追肥：第一片复叶展开时，可以喷一次 0.2% 磷酸二氢钾等叶面肥。油豆角抽蔓后开始追肥,每盆施入磷酸二铵 2~3g。采摘开始后,每采摘 3 次,每盆追施 3~4 g 复合肥或200g 有机肥。

◎**病虫害防治**:油豆角主要病害有锈病、细菌性疫病、菌核病、炭疽病。盆栽油豆发生病害,应及时摘除病叶。如发生面积大,可配合药剂防治或者清除病株。

(1)锈病 15%粉锈宁可湿性粉剂 2 000~3 000 倍液,10~15d 喷 1 次。

(2)细菌性疫病 农用链霉素 3 000~4 000倍液,5~7d 喷 1 次,连续 2~3 次。

(3)菌核病 用 50%速克灵可湿性粉剂 1 500~2 000 倍液,7~10d 喷 1 次,连续 2~3 次,及时铲出有病植株。

(4)炭疽病 用 75%百菌清 600 倍液,或用 70%甲托 500 倍液,7~10d 防治 1 次,连续 2~3 次。

(5)蚜虫防治 黄板诱杀蚜虫,浏阳霉素 10%乳油 1 500 倍液,2.5%鱼藤精 600 倍液,喷雾 1 次,施药距采收间隔 30d 以上。

(6)菜青虫、红蜘蛛 施用 2.5%鱼藤酮乳油 1 000 倍液喷施。

推广应用前景

盆栽蔬菜不仅可以食用,还能起到绿化居室美化环境的作用,能吸收二氧化碳,释放氧气,起到净化空气的作用。整个生育期都管理精细,病虫害控制高,是无公害生产过程,食品安全无污染。可以因地制宜和自己需求选择品种。盆栽油豆要求的容器小,易于摆放,节省空间,同时,蔓生油豆生长旺盛,株高 2~3m,可以充分利用空间。盆栽蔬菜采用基质栽培,基质的材料较轻,因而搬运时会感到很轻便,有利于老人和儿童参与蔬菜管理。基质消毒清洗方便。基质被污染后,可以在消毒后再次利用,也可以定期清洗基质,除去残根或其他废物,这一点是土壤栽培不能做到的。

清洁卫生。基质栽培使用无毒无味的基质和营养液,避免了从栽培容器中散发异味、滋生蚊蝇,而且没有土传病害和地下害虫,保证了家庭环境的清洁和卫生。

25. 冬寒菜

冬寒菜（*Malva verticillata* L.），别名冬苋菜、滑滑菜、葵菜、冬葵等，为锦葵科锦葵属2年生草本植物。冬寒菜以嫩茎叶为食用，且全株可入药。

形态特征

冬寒菜根系发达，直播主根深达30~35cm，侧根水平分布直径60cm左右。茎直立，具星状柔毛或无毛，高50~90cm。摘梢后分生能力强。叶互生，具长柄，叶片圆扇形，基部心形掌状，5~7浅裂，裂片短而广钝头，有圆锯齿，叶均有密毛茸，特别是叶脉基部毛茸更多。花淡红色，簇生于叶腋。小苞片3片，有细毛。萼杯状，5齿裂。花瓣5瓣，顶端凹。果实为扁圆形蒴果，由10~12个心室组成，成熟时彼此分离。种子淡棕色，扁平肾脏形，表面粗糙，千粒重8g。

生长习性

冬寒菜喜冷凉湿润气候，不耐高温和严寒，但耐低温，耐轻霜，低温还可增进品质。植株生长适温为15~20℃。对土壤要求不严，但以排水良好、疏松肥沃，保水保肥的土质更佳。不宜连作，需要间隔3年。种子8℃开始发芽，发芽适温为25℃，30℃以上的高温，病害严重，低于15℃植株生长缓慢。以氮肥为主，需肥量大，耐肥力强。

常用品种

◎**紫梗冬寒菜**：紫梗冬寒菜茎绿色，节间短，节间及主蔓均紫褐色。叶柄基部的叶片部分亦呈紫褐色，有明显紫色掌状脉，主脉7条，叶柄较长，约16cm，叶大肥厚，一般长25~28cm，宽20~29cm，叶面有微皱。生长势很强，较晚熟，开花期迟，生长期长。适宜春播。如重庆的大棋盘、福州的紫梗冬寒菜、湖南的糯米冬寒菜和红叶冬寒菜。

紫梗冬寒菜依其叶的大小、颜色深浅等又可划分为：大叶紫梗冬寒菜和小叶紫梗冬寒菜。大叶紫梗冬寒菜叶片大，长约35cm，宽29cm，叶面稍皱，叶脉基部紫褐色；小叶紫梗冬寒菜，叶较前者小，长约25cm，宽20cm，叶面平滑，叶脉基部浓紫褐色。

◎**白梗冬寒菜**：白梗冬寒菜枝叶形态与紫梗冬寒菜相似。茎绿色。叶片扇形绿色，较薄较小，一般长25cm，宽19cm，叶柄较短，约12cm，茎和叶均附生白色细茸毛。较耐热，较早熟，适合早秋播种。如重庆的小棋盘、福州的白梗冬寒菜、浙江丽水冬寒菜。

盆栽技术

◎**容器选择**：盆栽冬寒菜容器深度15cm以上，直径30cm以上，越大越好。容器质地要求不严，塑料花盆、瓦花盆、紫砂花盆、木桶、泡沫箱、无纺布育苗袋等均可，为达美化效果，也可根据自己喜好进行容器外部装饰。

◎**基质选配**：基质选择园子土加蚯蚓粪，比例为1∶3；或草炭加蛭石，比例为2∶1，再混入5%的腐熟有机肥。

◎**品种选用**：根据口感需求和美化环境需要，自由选择，常用品种介绍见上。

◎**播前处理**

（1）晒种　选择晴天用晒匾晒种2~3d，以促进酶的活力，提高发芽势和发芽率，注意不能将种子直接放在水泥地上直晒。

（2）浸种　用20~25℃温水浸种8~12h，以种子吸足水分为宜。

（3）催芽 将种子捞出，冲洗干净，在 25~30℃ 的环境中催芽 40~48h（其间每天用温水冲洗 1~2 次），待种子露白时，准备播种。

（4）育苗盘和基质准备 选择 50 孔的育苗盘，放入准备好的基质。

◎**播种**：将装好基质的育苗盘（量小也可直接在盆中播种）在前一天浇一次透水，每孔中放入有芽的种子 1 粒，然后上面覆盖 1.5cm 左右的基质土。

◎**苗期管理**：出苗前（播种后 5d 左右）注意保温保湿，真叶出生后，注意浇水、透气和增强光照，浇水注意见干见湿。

◎**移栽**：（直接播种于花盆中省去此工序）

基质装盆：用备好的基质装至盆中 3/4 的位置。

移栽：当真叶 4~5 片时，选择晴天上午，将小苗放入盆中间，然后再填入基质至盆满，栽后及时浇透水。

◎**调节温度和光照**：早春要在温棚移栽，移栽后 5~7d，尽量提高棚室温度，白天 25~30℃，夜间 18~20℃ 为宜，气温超过 30℃ 才可开窗通风，夏季要注意遮阳、开窗、防高温。

◎**浇水**：浇水时间在 8—9 时前或 18—19 时后。浇水量以保持基质湿润为宜，忌过干或过湿。不要浇水太多，原则上不干就不浇水，等冬寒菜慢慢长大。

◎**施肥**：冬寒菜耐肥力强，需肥量大，在种植之前施足底肥，后期每收割 1 次，要追肥 1 次。冬季植株生长缓慢，植株小需肥少，收割前追肥不能过浓过量，半瓢稀粪肥对水一瓢施用。春季生长旺盛，随着不断采收，此时植株需肥力增强，应追施足量浓肥，施用稀粪肥一瓢或一瓢半。

◎**病虫害防治**：盆栽冬寒菜病虫害发生少。偶有虫害有地老虎、斜纹夜蛾和蚜虫等，可采用毒饵诱杀或敌百虫防治，蚜虫可用 10% 吡虫啉可湿性粉剂 1 000~1 500 倍液防治。

病害有炭疽病、根腐病等，可用 50% 复方甲基硫菌灵可湿性粉剂 1 000 倍液或 75% 百菌清可湿性粉剂 1 000 倍液加 70% 甲基硫菌灵可湿性粉剂 1 000 倍液或 2%农抗 120 水剂 200 倍液喷雾防治炭疽病。根腐病可用 50%多菌灵可湿性粉剂 500 倍液或 40%多硫悬浮剂 400 倍液喷雾防治。

◎**采收**：当冬寒菜株高 20~25cm 时，可进行第一次采收，如果季节适宜，出苗后 25~30d，即可开始采收。春季生长旺盛期，7~10d 采收 1 次，采收时茎基部留 1~2 节，以免侧枝过多，影响产量和品质；秋季气温较低，采收期长，可 15~20d 采收 1 次，在茎基部留 4~5 节，以提高抗寒力；冬寒菜春季可采收 4~5 次，秋季可采收 3~4 次。

推广应用前景

冬寒菜是一种供应期较长的绿叶蔬菜。其营养丰富，含胡萝卜素极高，是目前食用的百余种蔬菜中最高的，维生素 C 和钙含量较高，可促进食欲，提高人体免疫力，特别适宜孕妇和儿童食用。冬寒菜嫩茎叶可炒食、凉拌或做汤等，口感滑润，味道清香，深受人们的喜爱。冬寒菜还容易栽培种植，病虫害较少。因而，近几年在阳台蔬菜中逐渐兴起。

26. 黄秋葵

黄秋葵（*Hibiscus esculentus* L.），别名秋葵、羊角豆，为锦葵科秋葵属一年生草本植物。黄秋葵属短日照蔬菜，终年都可以盆栽种植，花期主要为6—8月，夏季是其产量高峰季节。

形态特征

黄秋葵为直根系，根系
发达，根深达1m以上；茎
秆直立粗壮，圆柱形，木质
化程度高，基部节间较短，
有侧枝，多为绿色或暗紫红
色，矮秆型株高1.0m以上，
高秆型株高2.0m以上。叶互

生，叶面有茸毛，呈掌状3~5裂，叶缘有锯齿；叶柄细长，中空，有刚毛。花单生，二性花，着生于叶腋，由下部逐渐向上开放，花冠黄色，直径7~10cm，瓣基褐红色，花瓣、萼片各5个，花萼表面有少量茸毛。果为蒴果，先端细尖，略有弯曲，形似羊角。果长10~25cm，横径1.9~3.6cm，嫩果有绿色和紫红色2种，果面覆有细密白色绒毛。种子球形，大小似绿豆，灰黑色至褐色，外皮粗，被细毛，千粒重约55~75g。

生长习性

黄秋葵喜温耐热，怕寒不耐霜冻。25~30℃条件下适合种子发芽、生长，当温度低于12℃时，植株生长矮小，叶片狭窄，开花少且落花。随着温度升高，植株生长加快。温度达到26~28℃时，黄秋葵开花多，坐果率高，果实发育快，产量高，品质好。黄秋葵不仅喜光，而且要有一定的光照强度，光照充足有利于果实的生长发育。黄秋葵耐旱、耐湿、不耐涝，结果期水分充足利于果实发育，反之植株长势差，果实品质劣。黄秋葵对土壤适应性广，且具有一定耐盐性，在黏土、沙质或滨海盐碱土壤中均可正常生长。植株生长前期以氮肥为主，中后期以磷钾肥为主。但氮肥要适量，过多、过少都会影响开花结实。

常用品种

◎**红丰2号**：属中早熟类型，从出苗至开始采收65d。植株长势强，整齐度一致；茎秆紫红色，茸毛较少，平均株高125.0cm；开展度72.8cm，叶色绿，叶脉紫红色，缺刻较深；叶柄淡紫红色，后期呈现紫红色，绒毛较多；花朵5瓣，花瓣浅黄色，基部有紫红斑，花药乳黄色，柱头紫色，柱头高于雄蕊；植株分枝数3~5个，单株结荚30~45个；嫩荚红色，八棱形，棱角不明显，嫩荚长12.5cm，横径2.3cm，单荚质量12.3g。

◎**红玉**：植株美观，茎秆、叶脉、果实均呈鲜艳的红色。成熟植株平均株高1.5m，茎粗4.0cm，节间长3.2cm，生长势旺盛。叶片大、厚、紫红色，叶面粗糙。叶柄长43cm，叶长25cm，叶宽36cm。开花后4~6d采摘嫩果。果实平均长14.5cm，横径2.0cm，嫩果7棱，平均单果质量22.5g。播种至鲜果采收约60d，采收期120d左右。

◎**绿空**：早熟性好，低节位开始坐果，连续坐果性强，成品率高。植物长势旺盛，株高可达1.5~1.8m，采收期长，高产。果实棱角清晰，果形整齐，浓绿色，风味好，深受欢迎。嫩荚长7~10cm为采收适期。

◎**爱丽五角**：杂交一代极耐寒。嫩荚颜色浓绿且有光泽。果形状好，光滑顺直，叶柄带有绿色萼片。弯曲果少，成品率高。生长旺盛，节间短。叶片中小适合密植。坐果多，产量高。结果节位低，初期产量多，在第1~2果收获后及时施肥。生育初期注意避免过湿，预防立枯病发生。

◎**超五星**：杂交一代品种。果色特浓绿，蒴果五角，发生弯曲果少、小疙瘩色素很少，所以收获高等级果比率高。节间极短。侧枝 2~3 条，适宜密植栽培。结果节位低，初期产量多。注意初期湿度不宜过大，收获 2~3 果后应施追肥。

◎**东京五角**：该品种植株长势强，株高 1.5m 左右，开度 60~80cm。蒴果五棱，绿色，果长 12~15cm，粗 2cm，单果重 25g 左右，品质好、耐热、抗病虫。

◎**翠娇**：该品种早生，植株中高，叶形较小，深裂，节间短，适宜密植。荚果五角形，适收期单荚重 13.7g 左右，荚纵径 11cm 左右，荚横径 2cm 左右。果色特浓绿，无刚毛，形色优美，品质优良。

◎**赛瑞特**：从印度引进的杂交一代黄秋葵。植株粗壮，中等高。分权能力强。叶片五裂掌状。荚果五角，比一般品种较细。果色翠绿有光泽，品质佳，商品性好，市场销售较一般品种快。极早熟品种，播种到初收约 50d 左右，采收期长，该品种栽培密度少。

◎**瑞多星**：从印度引进的杂交一代早熟秋葵品种。植株中等高度，分权能力极强。侧枝座果多，叶片为五裂掌状。荚果五角，果色翠绿，明亮有光泽。果品质佳，商品性好。

栽培技术

◎**容器选择**：黄秋葵生长对容器要求不高，只要透气、底下有水孔，大小为直径 40~50cm，高 35cm 即可，塑料花盆、瓦花盆、紫砂花盆、木桶、泡沫箱、无纺布育苗袋等均可。为达美化效果，也可根据自己喜好进行容器外部装饰。

◎**基质选配**：基质选择园子土加蚯蚓粪，比例为 1:3；或草炭加蛭石，比例为 2:1，再混入 5%的腐熟有机肥。

◎**品种选用**：选择观赏性强、产量高、品质好、抗性强的品种。如超五星、红玉等。

◎**播前处理**：

（1）晒种　选择晴天用晒匾晒种 2~3d，以促进酶的活力，提高发芽势和发芽率，注意不能将种子直接放在水泥地上直晒。

（2）浸种　用 20～25℃ 温水浸种 8～12h，以种子吸足水分为宜。

（3）催芽　将种子捞出，冲洗干净，在 25～30℃ 的环境中催芽 40～48h（其间每天用温水冲洗 1～2 次），待种子露白时，准备播种。

（4）育苗盘和基质准备　选择 50 孔的育苗盘，放入准备好的基质。

◎**播种**：将装好基质的育苗盘（量小也可直接在盆中播种）在前一天浇一次透水，每孔中放入有芽的种子 1 粒，然后上面覆盖 1.5cm 左右的基质土（基质加沙土）。

◎**苗期管理**：出苗前（播种后 5d 左右）注意保温保湿，真叶出生后，注意浇水、透气和增强光照，浇水注意见干见湿。

◎**移栽**：（直接播种于花盆中省去此工序）

（1）基质装盆　用备好的基质装至盆中 3/4 的位置。

（2）移栽　当真叶 3～4 片时，选择晴天上午，将小苗放入盆中间，然后再填入基质至盆满，栽后及时浇透水。

◎**调节温度和光照**：移栽后 5～7d，早春要在温棚移栽，尽量提高棚室温度，白天 25～30℃，夜间 18～20℃ 为宜，气温超过 30℃ 才可开窗通风，夏季要注意遮阳、开窗、防高温。

◎**浇水**：黄秋葵整个生长期间，需水量较大，当气温在 26～28℃ 时，每天浇水 1 次；高于 28℃ 时每天浇水 2 次。浇水时间在 8—9 时前或 18—19 时后。浇水量以保持基质湿润为宜，忌过干或过湿。

◎**施肥**：黄秋葵的根系发达，地上部较大，需肥量也较多，整个生长期要经常施肥。黄秋葵移栽成活后及时追施齐苗肥，每盆施尿素 10g；第二次施提苗肥，在定苗或定植后开穴施入，每盆施复合肥 30 g；苗高 30cm，进入结果期时，重施追肥，每盆施复合肥 40g 或一瓢稀粪水；生长中、后期，酌情多次少施追肥，采果后每 10d 淋 1 次稀粪水，防止植株早衰。

◎**除草和培土**：黄秋葵幼苗定植后，要避免幼苗与杂草争肥争水，及时除草。每7~10d进行1次。开花结果后，植株生长加快，每次浇水、追肥后用小勺铲均匀松土培土，防止植株倒伏。夏季暴雨多风地区，最好选用1m左右的竹竿、树枝插于植株附近，再用绳子绑成"8"字形，防止倒伏。

◎**植株调整**：黄秋葵植株生长前期，应及时摘除侧枝，有利于主茎早结果和提高产量。生长前期营养生长过旺，也可以采取扭叶柄的方法，将叶柄扭成弯曲状下垂，控制营养生长；生长中后期，对已采收嫩果以下的各节老叶及时摘除，既能改善通风透光条件，减少养分消耗，又可防止病虫害蔓延；采收种果应及时摘心，可促使种果老熟，以利籽粒饱满，提高种子质量。

◎**促花坐果**：当黄秋葵长高10~15cm后，开始用200~300倍的EM原露喷洒叶面，至开花前再喷水1次，以后每采收1次果后10~15d喷1次，喷时用EM原露200倍液加0.1%磷酸二氢钾溶液（两者可同时混合喷洒）。经过采取这样的措施，黄秋葵开花坐果多、果壮大、果浆多、品质甘甜嫩软，且收获期延长，增产幅度大。

◎**病虫害防治**：盆栽黄秋葵病虫害较少，偶尔有蚜虫、螟虫、蚂蚁和地老虎为害。最好采用挂频振式杀虫灯和黄板诱杀成虫。如发现螟虫为害，采取人工捕杀。可选用50%抗蚜威或辟蚜雾可湿性粉剂2 000~2 500倍液喷雾防治。防治地老虎，可在根际周围灌90%敌百虫500倍液，毒杀幼虫。阴雨季节，枝叶出现较多病斑，可在天转晴后，及时在植株基部附近撒施石灰，防止病害蔓延。

◎**适时采收**：黄秋葵从第4~8节开始节节开花结果，在温度适宜的条件下，花谢后2~4d可采收嫩果，一般嫩果长到10~15cm长、25g左右，果色以浓绿开始转为淡绿色，种子稍膨大而果实内种子未老化前（此时顶尖部未纤维化即手感柔软）时即可采收。采收过早产量低，采收过迟易纤维化、品质降低、不宜食用。收获前期一般2~3d采收1次，中后期一般3~4d采收1次。采收宜在早晨或傍晚进行，采收时在果柄处剪下，以免伤害枝干。黄秋葵茎、叶、果实上都有刚毛或刺，采收时应戴上手套，否则皮肤被刺，奇痒难忍。

推广应用前景

　　黄秋葵全身都是宝，根、茎、叶、花、果都能食用，具有营养、保健、美容、防病等功能，被誉称为"黄金植物""绿色人参""植物伟哥"等。黄秋葵生长期长，单株独秆且分蘖少，适于容器生长，同时黄秋葵有益于环境绿化、观赏性强。因具有较高的营养价值和药用价值而深受广大消费者的青睐；又以其良好的适应性广和较低的栽培要求而适于阳台和庭院盆栽。黄秋葵阳台和庭院种植可为城镇居民提供营养、绿色食品，绿色生活环境和愉悦的心情。只要做好肥水管理，就能在家中享受自食其力的果实。因此，黄秋葵适宜盆栽推广种植。

27. 胡萝卜

胡萝卜（*Daucus carota* L. var. *sativa* Hoffm.），又称红萝卜或甘荀，伞形科，一年生或二年生的根菜。原产地中海沿岸，中国栽培甚为普遍，以山东、河南、浙江、云南等省种植最多，品质亦佳，秋冬季节上市。胡萝卜肉质细密，质地脆嫩，有特殊的甜味，并含有丰富的胡萝卜素、维生素 C 和 B 族维生素。胡萝卜供食用的部分是肥嫩的肉质直根，以质细味甜，脆嫩多汁，表皮光滑，形状整齐，心柱小，肉厚，不糠，无裂口和病虫伤害的为佳。胡萝卜的品种很多，按色泽可分为红、黄、白、紫等数种，北京栽培最多的是红、黄两种。按形状可分为圆锥形和圆柱形。

形态特征

一、二年生草本，高 15~120cm。茎单生，全体有白色粗硬毛。基生叶薄膜质，长圆形，二至三回羽状全裂，末回裂片线形或披针形，顶端尖锐，有小尖头，光滑或有糙硬毛；茎生叶近无柄，有叶鞘，末回裂片小或细长。复伞形花序，有糙硬毛；总苞有多数苞片，呈叶状，羽状分裂，少有不裂的，裂片线形，伞辐多数，结果时外缘的伞辐向内弯曲；花通常白色，有时带淡红色；果实圆卵形，长 3~4mm，宽 2 mm，棱上有白色刺毛。花期 5—7 月。

常用品种

胡萝卜较小的品种通常比标准长度品种更适应容器生长，因此盆栽种植适宜选择生长日期较短，根茎较短的品种。常见品种如下：

◎**迷你指形胡萝卜**：叶片长势弱，叶色浓绿，叶片直立，肉质根呈小圆柱形，根长约10cm，直径约1.5cm，生长期70d左右，为极早熟的袖珍迷你指形胡萝卜。表皮光滑，皮、肉、心柱呈鲜红色。心柱细，水分多，肉质细腻，口感脆甜，可作为特菜生食。抗抽薹性极强，适合春、秋季露地种植，或秋、冬、春季保护地栽培，气候温和地区可四季栽培。

◎**红小町人参**：肉质根近似球形，直径3cm左右，皮肉均为红色，品质好，早熟，生育期50~70d。

◎**三寸人参**：肉质根短圆锥形，长10cm左右，顶端直径2cm，皮肉均为鲜红色，早熟，生育期50~70d。

◎**小丸子**：肉质根圆球形，直径3~4cm，皮肉均为红色，重20~30g，早熟耐抽薹，生育期60d左右。

◎**球形胡萝卜**：小胡萝卜品种，形状似樱桃水萝卜，所以称球形胡萝卜。叶簇直立，叶色深绿，叶小，肉质根粗3~4cm，根呈圆球形，表皮、肉、芯均为橙色。肉质根膨大较快，地上不易露头，收尾好，生长期70d左右。肉质细腻，味甜可口，品质佳，适合鲜食、西餐料理，属早熟迷你型胡萝卜。

生活习性

◎**气候**：胡萝卜喜欢冷凉气候，适宜生长温度是15~25℃，喜强光照和相对干燥的空气条件，土壤要求干湿交替，水分充沛，并疏松、通透、肥沃。

◎**湿度**：胡萝卜苗期要求土壤最大持水量30%~50%，若水分过多，地上部分生长过旺，会影响肉质根膨大生长；肉质根膨大期要求土壤最大持水量的60%~80%，此期若水分不足，则直根不能充分膨大，致使产量降低。

◎**温度**：当土壤温度稳定在 8℃ 以上就能播种，在 15℃ 以上就开始萌芽，最适宜生长的温度是白天 23~25℃，夜间 12~15℃。温差大有利于肉质根形成，决定胡萝卜品质优劣，糖度、胡萝卜素、茄红素增加。温度过高、过低均对生长不利。

◎**土壤**：胡萝卜肉质根肥大，因此土壤要疏松深厚，才有利于肉质根膨大生长。pH 值 5~8 较为适宜。过于黏重的土壤或施用未腐熟的基肥，都会妨碍肉质根的正常生长，产生畸形根。注意雨涝地块、玉米、胡麻等用过除草剂地块、生荒地块不易种植胡萝卜。

栽培技术

◎**容器选择**：根据种植需求选择种植容器，通常塑料盆、营养钵、套盆、木盆、种植槽均可，容器大小可根据每盆种植的株数来定。株数多可选择大盆，株数少用小盆。一般批量生产用塑料盆、营养钵比较实惠；家庭种植选用套盆比较美观；露台种植选择种植槽比较适宜。无论选择哪种容器只要有足够的深度（30cm左右），让食用的根可以很好地生长到土壤中，并保持土壤湿润，以最大限度地增长就可以了。盆底要有足够多排水孔以防止多余的水导致胡萝卜腐烂。

◎**基质准备**：胡萝卜是根菜类作物，应选择肥沃、灌排水良好基质。家庭常用比例，园土：泥炭：细沙：有机肥 = 10：6：3：1，把配置好的基质放入准备好的容器中备用。

◎**播种**：春播北京地区一般在 4 月初播种，品种应选用耐抽薹、品质较好、产量较高，中早熟的品种。秋季适宜的播种期是 7 月中、下旬至 8 月上、中旬。播种前种子晒干后应将毛搓掉。播种量：每平方分米的盆播种 15 粒种子。胡萝卜春播过早容易抽薹；过晚播种导致肉质根膨大处在 25℃ 以上的高温期，产生大量畸形根，胡萝卜肉质根膨大的适宜温度在 18~25℃。根据生产上的经验，在选用耐抽薹春播品种的前提下，可在日平均温度 10℃ 与夜平均温度 7℃ 时播种。播前盆土浇一次透水，播种后浅覆土，深度约为 2cm，注意保持土壤湿润，在 18~25℃ 的环境中过 10d 左右的时间即可发芽。

◎间苗除草：播种后要保持土壤湿润，创造有利于种子发芽和出苗的条件，幼苗出齐后要及时间苗。第 1 次间苗在 1~2 片真叶时进行，去掉劣苗、弱苗与过密苗，株距在 3cm 左右，在行间浅中耕松土，并拔除杂草，促使幼苗生长；第 2 次在 3~4 片真叶时进行，结合中耕除草进行定苗，株距 6~8cm。另外中耕时注意培土，防止肉质根顶端露出地面形成青肩。

◎浇水：胡萝卜出苗后至肉质根膨大期应该少浇水，土壤保持见湿见干，以免幼苗徒长；肉质根膨大期隔 5~7d 浇一次水。

◎追肥：整个生育期要浇水追肥 1~2 次。第 1 次在定苗后 5~7d 进行，结合浇水进行。第 2 次在 8~9 片真叶时即肉质根膨大初期，也是需水量最多时期，结合浇水进行。生长期间叶面喷肥 2~3 次来快速补充营养，可以选用 0.3%浓度的磷酸二氢钾用温水溶解后喷施，夏秋季节在晴天要避开中午时间喷施，以免蒸发过快影响效果。

◎病虫害防治

（1）黑腐病 黑腐病主要发生在叶片、叶柄及茎。叶片受害，多形成暗褐色不规则形坏死斑，相互连接成坏死大斑，最后造成叶片枯死。叶柄和茎上病斑为梭形至长条形，边缘初期不明显，后期呈暗褐色，空气潮湿病斑表面产生黑色霉层。黑腐病病菌多来自土壤中病残体，也可由种子传带。此外，如果水肥管理不当、植株生长衰弱、害虫防治不及时或暴风雨天气较多时，病害发生严重。

防治方法：选用无病种子或用药剂进行种子处理，可以选用47%加瑞农可湿性粉剂按种子重量 0.3%的比例拌种；首先在生长期加强田间管理，适时浇水、施肥和防治害虫，减少各种伤口。其次在发病初期进行药剂防治，可以选用农用链霉素 5 000 倍液喷雾，10~15d 防治 1 次，根据病情防治 1~3 次。

（2）绵腐病 绵腐病在袖珍胡萝卜的全生育期均有发生，块根、叶柄和叶片均可受害。幼苗染病多从根茎和叶柄处侵染，病部呈水渍状腐烂，表面产生白色霉层。随着病害发展全部块根腐烂，地上部茎叶枯死。

防治方法：首先科学浇水，避免大水漫灌；增施钾肥，不过量施用氮肥；发现病株及时清除。其次发病初期进行药剂防治，可选用72.2%普力克水剂800倍液喷雾。

（3）蚜虫　菜蚜多为浅绿色、浅黄色和绿黄色。在华北地区一年可发生10多代。北京地区蔬菜常在春、秋出现两个发生高峰。

防治方法：根据有翅蚜虫喜欢黄色，可在盆栽上方挂设黏虫黄板诱集有翅蚜虫，或距地面20cm左右架黄色盆，内装0.1%肥皂水或洗衣粉水诱杀有翅蚜虫。其次适时进行药剂防治，可选用1%印楝素水剂800~1 000倍液喷雾。

◎**采收**：采收时期因品种不同而异，胡萝卜成熟时表现为叶片不再生长，不见新叶，下部叶片变黄，有的根头稍露出土表。一般早熟品种播种后70d左右即可采收，中晚熟品种多在播后90~130d收获。注意一定要适时收获，如果早收，根未充分长大，甜味淡，产量低，影响品质；晚收则心柱变粗，肉质根容易木栓化，质地变劣。

推广应用前景

胡萝卜是传统的农作物，素有"小人参"之称，不仅是质脆味美、营养丰富，而且叶行优美、独特是很好的盆栽观赏蔬菜之一。近几年，一些优良品种出现，明显地提高了胡萝卜的观赏与食用品质，再加上胡萝卜栽培技术容易掌握，适应性强，全国各地几乎均可种植，因此，有着非常广阔的种植前景。

28. 芹　菜

芹菜（*Celery coriandrum sativum linn*），伞形科植物。别名旱芹、香芹、蒲芹、药芹菜、野芫荽，为伞形科芹菜属中一、二年生草本植物。原产于地中海沿岸的沼泽地带，世界各国已普遍栽培。中国芹菜栽培始于汉代，至今已有 2 000 多年的历史。起初仅作为观赏植物种植，后作食用。

形态特征

芹菜为浅根性根系，主要分布在 10~20cm 土层，横向分布 30cm 左右，所以吸收面积小，耐旱、耐涝能力较弱。但主根可深入土中并贮藏养分而变肥大，主根被切断后可发生许多侧根，所以适宜于育苗栽培。营养生长期茎短缩，叶着生于短缩茎上，为 1~2 回羽状全裂，小复叶 2~3 对，小叶卵圆形分裂 边缘缺齿状。总叶柄长而肥大，为主要食用部分，长 30~100cm，有维管束构成的纵棱，各维管束之间充满薄壁细胞，维管束韧皮部外侧是厚壁组织。在叶柄表皮下有发达的厚角组织。优良的品种维管束厚壁组织及厚角组织不发达，纤维少，品质好。在维管束附近的薄壁细胞中分布油腺，分泌具有特殊香气的挥发油。茎的横切面呈近圆形、半圆形或扁形。叶柄横切面直径：中国芹菜为 1~2cm，西芹为 3~4cm。叶柄内侧有腹沟，柄髓腔大小依品种而异。叶柄有深绿色、黄绿色和白色等。秋播的芹菜春季抽薹开花，伞形花序，花小、白色，花冠有 5 个离瓣，虫媒花，通常为异花授粉，也能自花授粉。果实为双悬果，圆球形，结种子 1~2 粒，成熟时沿中缝开裂，种子褐色，细小，千粒重 0.4g。

类型和品种

根据叶柄的形态，芹菜可以分为本芹、西芹和彩芹三种。

（一）本芹

又叫中国芹菜，经过不断地驯化培育，形成了细长叶柄型芹菜栽培种。本芹在中国各地广泛分布，而河北遵化、山东潍县和桓台、河南商丘、内蒙古集宁等地都是芹菜的著名产地。常用品种如下。

◎**津南冬芹**：该品种叶柄较粗，淡绿色，香味适口。株高 90cm，单株重 0.25kg，分枝极少，最适冬季保护地生产使用。

◎**铁杆芹菜**：植株高大，叶色深绿，有光泽，叶柄绿色，实心或半实心。

（二）西芹

叶柄肥厚而宽扁，多为实心，味淡、脆嫩，耐热性差，产量高。

◎**加州王（文图拉）**：植株高大，生长旺盛，株高 80cm 以上。对枯萎病、缺硼症抗性较强。定植后 80d 可上市，单株重 1Kg 以上，亩产达 7 500kg 以上。

（三）彩芹菜

◎**红芹一号**：有着非常漂亮的红色或紫红色的茎，叶片和其他品种的芹菜一样是绿色的。因为茎是红色的，所以其中铁元素的含量也要高一些。红芹菜吃起来口感特别嫩，芹菜的香气也要更浓郁一些。作为盆栽其具有生长期短，观赏效果更好的优点。

◎**白杆一号**：中等株型，株高 40~60cm，叶片嫩绿，叶柄白色，根系发达，生长周期短。白芹香辛味浓，可作细香芹食用。

叶柄白嫩可增加食欲，观赏效果更好。

四季香芹：生长快速，四季栽培，一般定植后 50d 左右上市。抗病，抗倒伏，高产，黄绿色，纤维少，质脆鲜嫩，清香无苦味，口感好。株高 60cm 左右。观赏食用极佳的品种。

生活习性

◎**温度**：芹菜性喜冷凉、湿润的气候，属半耐寒性蔬菜；不耐高温。干燥可耐短期 0℃ 以下低温。种子发芽最低温度为 4℃，发芽最适温度 15~20℃，25℃ 以上发芽延迟，30℃ 以上几乎不发芽，幼苗能耐 -5~-4℃ 低温，属绿体春化型植物，3~4 片叶的幼苗在 2~10℃ 的温度条件下，经过 10~30d 通过春化阶段。西芹抗寒性较差，幼苗不耐霜冻，完成春化的适温为 12~13℃。

◎**光照**：芹菜对光照强度要求不严格，较耐阴。在高温长日照条件下，可促进抽薹开花。而短日照可延迟开花的进度，促进营养生长，有利于改善品质。

◎**水分**：芹菜根系不发达，较浅，蒸发水分多，因此要求较高的土壤湿度和空气湿度，要经常保持土壤的湿润。缺水容易老化，甚至出现空心。

◎**土壤养分**：芹菜适宜在富含有机质，保水、保肥能力强的土壤中生长。生长期间要求氮、磷、钾均衡供应，但以氮肥为主。前期施磷肥，可促进幼苗健壮生长；后期施钾肥可使叶柄脆嫩，有光泽，提高品质。芹菜对硼肥敏感，缺硼肥时易发生叶柄劈裂或心腐病，可用叶面喷硼砂来解决。

盆栽芹菜栽培技术

◎**栽培盆的选择**：盆栽芹菜的可以选择长方形或者圆形的塑料盆、木盆或者泡沫箱等，应具有重量轻、透水气性强等特点。花盆口径和高度在 30~40cm 为宜，底部必须有排水孔。

◎**基质的选择**：盆栽芹菜的栽培基质应具有孔隙度适宜、容重小、保水和透气性能好，营养元素含量高，偏微酸性等特点。盆栽基质由草炭、椰糠、珍珠岩与蛭石混合而成。因为草炭营养含量高且容重较小，因此草炭所占配比为 50%~80%。椰糠纤维长度可以增加基质的透气性，所占比例为 10%~30%。蛭石或者珍珠岩占 10%~20%。有实验证明，菇渣基质对芹菜育苗的效果很显著，叶片和叶柄都长于其他基质育出的芹菜苗。在有条件的时候可以适量添加菇渣，以有利于芹菜的苗期生长。

◎**育苗技术**：芹菜种子小，千粒重仅有 0.4 g，顶土能力弱，加之外皮革质化，含抑制发芽的挥发油，透水性极差，因此发芽十分缓慢且不整齐，不适合直播。在芹菜盆栽生产中可以选择基质穴盘育苗。

在育苗生产过程中，选择 105 或者 128 的穴盘，机器播种，可以达到每穴 1 粒种子，种子表面覆盖 0.5cm 厚的蛭石。播种后浇透水，覆盖上遮阳网保持湿度一般 5~7d 即可出苗，去掉遮盖物。

种子出苗前要保持基质的湿润，出苗后湿度保持在 70% 以上，以小水勤浇为原则，出苗后露心之前不宜浇水过多，防止冲伤、漫苗、死苗。白天温度控制在 20~23℃，不能超过 25℃，夜间18℃。芹菜出苗以后要适当控水，每天早、晚适量喷水 1~2 次，配合喷水每隔 15~20d 喷施，0.20%尿素溶液，以利于幼苗生长。

◎**病虫防治**：芹菜幼苗期病害主要有猝倒病和叶斑病。猝倒病发病初期，用 96% 的恶霜灵原液 4 000 倍液或 25%甲霜灵可湿性粉剂 500~800 倍液、64%恶霜灵锰锌可湿性粉剂 500 倍液每隔 5~8d 交替喷施2~3 次。叶斑病发病初期喷施 50%的多菌灵 800 倍液，或 50%甲基硫菌灵可湿性粉剂 500 倍液、77%可杀得可湿性粉剂 500 倍液，每隔 7~10d 喷施 1 次，连续交替使用2~3 次。

◎**适期定植**：芹菜的苗龄较长一般在 60~90d，一般在 6~8 片叶，株高 12~15cm 时定植。根与品种的不同确定株距，西芹的定植株距 8~10cm，30cm 的盆中定植 6~8 株。本芹和香芹的密度可以适当增加，株距 5cm 左右，太密影响通风透光，太稀会影响观赏效果和产量。

◎**定植后管理**

（1）肥水管理　芹菜定植后要及时浇水，基质盆栽要保持基质的湿润，根据天气每隔 1~2d 浇一次。以小水勤浇为宜，不适合忽干忽湿。心叶变绿后开始蹲苗，结合浇水追施尿素，肥水比例2‰~3‰为宜促进生根。定植后15~20d，芹菜开始快速生长，此时可以冲施水溶性三元复合肥，每盆撒施20~30g，或者配制成2%~4%的营养液进行浇灌。以后每隔15~20d追肥1次，以溶解的尿素、水溶性肥料为主。

（2）温度管理　芹菜喜冷凉，多在秋冬和冬春栽培，夏季栽培需要加盖遮阴和降温。白天温度保持在20~23℃，超过25℃及时通风换气，夜间保持在12℃，低于10℃及时加盖保温。11月初随气温下降保温被应早揭晚盖，每天尽可能保持7~8h的光照，使揭帘前的棚内温度比揭帘后棚内温度低1~2℃，盖帘后棚内温度比盖帘前棚内温度高1~2℃。

◎**病虫害防治**：芹菜的主要病害有软腐病、斑枯病、叶斑病，主要害虫有蚜虫、夜蛾类害虫、潜叶蝇、白粉虱等。防治上要实行农业防治、生物防治与化学防治相结合的办法，通过综合防治的手段，减少病虫害的发生。

◎**采收**：芹菜采收是要根据芹菜的生长情况和市场需求，合理掌握采收时间。芹菜除地下老根外，全株皆可食用，生产上一般有两种方法：一种是芹菜的株高达到一定高度时整株采收，洗去根部的泥土，除去老叶和黄叶，捆扎上市。另一种是擗叶采收，在芹菜生长过程中，株高30~40cm时，从基部擗去外层1~3片叶上市。擗叶后加强肥水管理，是芹菜个叶片得以充分生长，可采收3~4次，后不用擗叶，待长大后整株采收。

在盆栽芹菜生产时，香芹、红芹、白芹多采用第一种方法采收。本芹和西芹多用第二种方法采收。

29. 球茎茴香

球茎茴香（*Foeniculum dulce* Do. ）是伞形科茴香属茴香种的 1 个变种，别名甜茴香，原产意大利南部，主要分布在地中海沿岸及西亚。从意大利、荷兰等国家引进，以柔嫩的球茎和嫩叶供食用。其茎上部的叶鞘膨大，形成扁、高扁球形脆嫩鳞茎和嫩叶供食用，具有独特的芳香和甜味。

形态特征

球茎茴香植株较高大，一般为 60~80cm，为浅根性蔬菜，主根入土 20~30cm，根群主要分布在 7~10cm 处，横向分布 20cm，吸收面积较小。茎短缩，由叶鞘基部层层抱合形成扁球形的脆嫩"球茎"成熟时，球横茎 12~15cm，纵茎 11~15cm，厚 4~7cm。球茎可达 250~1 000 g，为主要的食用部位。叶为具三回羽状深裂的细裂叶，裂片细如丝状，绿色，叶面光滑，无毛。叶数 12~15 片，当新叶展开 10 片时，叶柄基部开始肥大成球状。复伞形花序，异花授粉。双悬果，长椭圆形，具有浓香味。

常见品种

球茎茴香根据球茎的形状可分为圆球形和扁球形两种类型。生产上应选择球茎外形美观、耐低温、耐弱光的品种。

◎**意大利茴香：**由意大利引进的杂交种。属于扁球类型，叶色绿，植株生长旺盛，叶鞘基部膨大呈扁球形，淡绿色，外层叶鞘较直立，左右两侧短缩茎明显，外部叶不贴地面，球茎偏小，单球重 300~500g。抗病性较强，早熟，适宜密植，保护地、露地均可种植。

◎**楷模**：由法国引进的杂交种。株高 80cm 左右，球茎白色，紧实，圆球形，整齐度高，单球质量 0.5~1kg。

◎**玛斯**：荷兰 bejo 种子公司，成熟期 70d，球形为椭圆形，早熟，株型整齐，叶直立，鲜绿色，球形丰满，洁白光滑。

◎**罗娜多**：荷兰 bejo 种子公司，成熟期 75d，球形为椭圆形，早熟，株型整齐，叶直立，鲜绿色，球形光滑。

◎**球苗 2 号**：由北京市小汤山地热开发公司育成的品种，植株生长势强，株高 90~100cm，球茎白色、紧实，圆球形，整齐度较高，单球质量 0.4~0.8kg。

◎**球苗 3 号**：北京市小汤山地热开发公司育成的品种，株高 80cm 左右，球茎白色或黄白色，紧实，圆球形，整齐度高，单球质量 0.4~0.8kg，适宜密植。

生活习性

球茎茴香喜凉爽气候，适应性广，耐寒、耐热力均强。种子生长适温为 16~23℃，茎叶生长适宜度 15℃~20℃，超过 28℃时生长不良，生育期长达 4~6 个月，高温促进抽薹开花。

球茎茴香对水分要求严格，尤其在苗期及叶鞘膨大期，土壤应保持湿润，不宜干旱的空气湿度利于生长，否则生长缓慢，叶鞘中机械组织发达，品质、产量都下降。一般空气相对湿度以 60%~70%为宜，土壤湿度以达到最大持水量的 80%为好。

球茎茴香属长日照植物，全生长过程都需要充足的光照，充足的阳光有利于植株的生长和养分积累，促进球茎膨大，球茎膨大期阴天和田间郁闭对膨大有影响。

球茎茴香对土壤要求不太严格，偏酸至中性土壤都能正常生长，喜欢疏松、肥沃、保水保配、通透性好的沙壤土，汲取养分全面，苗期不能适应土壤中过高的肥料浓度，球茎膨大期需肥量大，其中对氮、钾更为迫切。

栽培技术

◎**播种育苗**：球茎茴香可以直播，但一般采用育苗移栽，以利于培育壮苗。用 72 穴穴盘或 6cm×6cm 规格的营养钵育苗，以草炭、蛭石为基质。播种后覆基质 0.5cm。4～8d 后种子陆续出苗。出苗后要注意肥水管理，出苗后调节好温度和湿度，春季要注意防寒保温；夏季防高温暴雨，覆盖遮阳网，并保持苗床湿润。夏、秋季防止温度过高以免茎叶徒长。出苗 25～30d 后，幼苗长出 4～5 片真叶时即可移栽到 20cm 口径以上的花盆中。

◎**水肥管理**：上盆移栽后 3～4d 浇缓苗水，但水不宜过大，缓苗以后，进行蹲苗 4～5d 左右，以便促进根系下扎。由于球茎茴香根的吸收能力较弱，对水分的要求较严格。生长前期适量浇水，保持幼苗适度生长。在叶梗基部膨大前，苗生长过快会造成生长不齐。要经常保持盆内基质湿润，防止忽干忽湿造成球茎外层开裂。球茎膨大后期应适当控水。保护地栽培要注意温度与湿度调控，适当放风，防止湿度过高或过低。

待苗生长到 30cm 高时，第 1 次追肥，每盆追施复合肥 3～5g；球茎开始膨大时（8～9 叶片），追施第 2 次肥，每盆追施复合 3g、尿素 1g、硫酸钾 1g；球茎迅速膨大期，再追施第 3 次肥，每盆追施优质复合肥 3g 和尿素 1～2g。

◎**病虫防治**：球茎茴香生产主要病虫害有菌核病、灰霉病、白粉病、蚜虫。

（1）菌核病　该病是秋冬茬、冬春茬生产中较为常见的病害。主要危害球茎，严重时叶柄也可受害。在定植前通过向育苗穴盘喷 70%甲基托布津 600 倍液或 40%菌核清 1 200 倍液或 65%甲霜灵 600 倍液予以防治。

（2）灰霉病　冬季生产如果棚室内湿度大时易发生此病，主要侵染叶片和叶柄。防治上注意加强通风排湿；发病初期，可喷洒 50%速克灵可湿性粉剂 2 000 倍液或 65%甲霜灵 600～800 倍液，或 50%多霉灵 800 倍液，喷雾防治，阴雨天用速克灵烟剂熏治。

（3）白粉病　发病初期，喷洒40%福星乳油6 000倍液。

（4）蚜虫　发生初期，可用10%虫螨腈乳油，母施用40mL对水喷雾防治。

◎**采收：**当球茎长至250g以上，叶鞘基部的最大直径长到10cm左右，球茎停止膨大、外观老化成黄白色时产量最高，质量最佳，即可采收。采收时，将整株拔出，摘去老叶，切净根盘，留5cm长叶柄。采收时还要注意轻拿轻放，避免过多的机械损伤，影响球茎茴香质量。

推广应用前景

球茎茴香含有较为全面的营养物质，每百克鲜食部分中含有蛋白质1.1g、脂肪0.4g、糖类3.2g、纤维素0.3g、维生素C1.4mg、钾654.8mg、钙70.7mg，此外每千克茎叶中还含有90mg的茴香脑，茴香脑有健胃促进食欲、祛风邪等食疗作用。球茎茴香含高钾低钠盐，并含有黄酮苷、茴香苷，不但营养丰富，人们经常食用还有增进食欲，具有温肝胃、暖胃气、散寒结的保健功能。球茎茴香鲜嫩质脆味清甜，切成细丝放入调味品凉拌生食，也可配以各种肉类炒食。其外形新颖独特，很受各阶层消费者的欢迎，市场销量不断增多，推广前景好。

30. 莳　萝

　　莳萝，学名（*Anethum graveolens* L.），是伞形科（Umbelliferae）莳萝属一年生或二年生草本植物，别名土茴香、草茴香、小茴香等。全株具芳香，以嫩叶供食用。原产地中海沿岸地区，欧美各国栽培较广泛栽培，中国新疆栽培较多，华南地区也有栽培，上海等大城市郊区近年有零星种植，一般都作为香辛蔬菜用。

形态特征

　　莳萝全株具芳香气味，一般株高 20～50cm，有分枝。茎短缩，浅根生。叶轮生，三回羽状分裂，裂片狭长成线状，绿色，具较长的叶柄。花小，淡黄色，无花被。伞形花序，花期较短。果实为双悬果，棕黄色，无刺毛，椭圆形、扁平，长 3～4mm，宽 2～3mm，果实翅状，可随风传播。果实含种子 2 粒，种子千粒重 1.2～2.6g，发芽力可保持 3 年或稍长。

生活习性

　　莳萝生长适温为 20～25℃，不耐高温，也不耐寒，耐旱力略强。莳萝喜光，在充足的光照下生长旺盛。对土壤要求不严，但以肥沃、排灌方便、光照条件良好的地块为宜。在低温下通过春化阶段，在长日照和较高温度下抽薹开花。春秋两季均可播种。

栽培技术

莳萝喜欢冷凉、湿润的气候，若只收获小苗，生长期较短，播种后30~40d即可收获，可在温度适合时分期播种。秋季栽培只采收嫩苗及叶片，不能采种。如收获种子为主，应春季栽培。北方露地春、秋栽培，冬季可在温室内栽培。

◎**水肥管理**：播种时，可用105或120穴盘育苗，采用商品基质或草炭、蛭石自配基质，10~15d出苗，待苗高5cm左右时可选用30cm口径以上规格的花盆移栽上盆，每盆可栽多株。也可在花盆内直接散播，苗期可间拔过密苗。苗高5~10cm时，看长势追施薄肥，一般施尿素。追肥按分枝肥、抽薹肥、再生肥分次施用，每隔20d施1次肥。

◎**病虫防治**：莳萝抗逆性强，并具有特殊的风味，病虫害很少发生。主要有根腐病、茎腐病、黄萎病和蚜虫、切根虫等。生产上主要以苗期喷施多菌灵防病。在高温干旱情况下，会发生蚜虫及红蜘蛛为害。可通过加强管理，高温干旱期采取喷灌或喷雾器喷水，能防止或减少虫害的发生。必要时用药剂喷洒，如阿维菌素、浏阳霉素等防治害螨虫。

◎**采收**：菜用莳萝在出苗后30~40d，苗高20~30cm时，可陆续采摘叶片或采收全株，食其嫩叶；如作调味香料则在抽薹开花后采收。莳萝的花期较长，种子成熟时间不一致，必须分批采摘。一般于6月中旬开始陆续进入采收期，7月上中旬采收结束，先成熟先采收，确保籽粒饱满。

推广应用前景

莳萝含各种矿物元素及维生素。全株具芳香，芳香油的含量很高，莳萝精油具有杀菌健脾、开胃消食和治疗肌肉麻痹等功效，还有改善睡眠的功能。莳萝茎叶性味辛、温，能祛风散寒。莳萝子含丰富的微量元素，尤其是锌、锰、铜等，还含有丰富的蛋白质、纤维素、碳水化合物等，具有补肾、壮筋骨等保健功效。

　　莳萝青苗、嫩叶均可炒食，或用沸水焯后作凉拌菜，可生吃，也可作调料，洗净切碎后放于煮好的肉，蛋汤中，或撒于鱼肉等荤菜上，既解腥气又能添色增香。莳萝子也可用于调味，还可用于腌制泡菜如泡黄瓜等，能延长泡菜的保质时间。

31. 菜用甘薯

甘薯（*Ipomoea batatas*（L.）Lam）又名甜薯、地瓜、番薯、白薯、红薯等，旋花科甘薯属缠绕草质藤本。

形态特征

◎**根**：甘薯根可分为纤维根、柴根和块根 3 种形态。

（1）纤维根　又称细根，呈纤维状，细而长，上有很多分枝和根毛，具有吸收水分和养分的功能。纤维根在生长前期生长迅速，分布较浅；后期生长缓慢，并向纵深发展。纤维根主要分布在 30cm 深的土层内，少数深达 1m 以上。

（2）柴根　又叫粗根、梗根、牛蒡根，根长 0.3～1m，粗 0.2～2m。柴根是由于受到不良气候条件（如低温多雨）和土壤条件（如氮肥施得过多，而磷、钾肥施得过少）等的影响，使根内组织发生变化。中途停止加粗而形成的。柴根徒耗养分，无利用价值，应防止其发生。

（3）块根　也叫贮藏根，是根的一种变态。它就是供人们食用、加工的薯块。红薯块根既是贮藏养分的器官，又是重要的繁殖器官。块根是蔓节上比较粗大的不定根，在土壤空气好，肥、水、温等条件适宜的情况下长成的。红薯块根多生长在 5~25cm 深的土层内，很少在 30cm 以下土层发生。单株结薯数、薯块大小、与品种特性及栽培条件有关。块根通常有纺锤形、圆形、圆筒形、块状等几种形状。块根形状虽属品种特性，但亦随土壤及栽培条件发生变化。皮色有白、黄、红、紫等几种基本颜色，由周皮中的色素决定。薯肉基本色是白、黄、红或带有紫晕。薯肉里胡萝卜素的含量影响肉色的浓淡。块根里有乳汁，俗称白浆。

◎茎：甘薯的茎通常叫作蔓或藤。主蔓上长的分枝叫作侧蔓。蔓的长相即株型一般分为匍匐型和半直立型 2 种。蔓的长短因品种不同差异很大，最短的仅 0.7m，最长的可达 7m 以上。土壤肥力、栽插期和密度对茎长也有很大影响。短蔓品种分枝多，先丛生而后半直立或匍匐生长；长蔓品种分枝少，生长期间多为匍匐生长，且茎节着土生根较多。茎粗一般为 0.4~0.8cm。茎的颜色有纯绿、褐绿、紫绿和全紫几种，也有绿色茎上具有紫色斑点的。茎的表面有茸毛，茎上有节。茎节有芽和根原基，能长枝发根。茎的皮层部分分布有乳管，能分泌白色乳汁。采苗时如乳汁多，表明薯苗营养较丰富，生活力较强，可作为诊断薯苗质量的指标之一。

◎叶：甘薯属双子叶植物。实生苗最先露出 2 片子叶，接着在其上发生真叶。叶有叶柄和叶片而无托叶。叶的两侧都有茸毛，嫩叶上的更密。叶片长度 7~15cm，宽 5~15cm。长、宽都因栽培条件而有很大差异。叶片与叶柄交接处有 2 个腺体。叶柄长度 6~23cm。叶片形状很多，大致分为心脏形、肾形、三角形和掌状等，叶缘又可分为全缘和深浅不同的缺刻。红薯叶形变异多，不仅品种间变异显著，而且同一植株在不同生育阶段和不同着生部位的叶形也有较大的变异。叶片、顶叶、叶脉（叶片背部叶脉）和叶柄基部颜色可概分为绿、绿带紫、紫等数种，为品种的特征之一，是鉴别品种的依据。

◎花：甘薯的花单生，或数朵至数十朵丛集成聚伞花序，生于叶腋和叶顶。呈淡红色，也有紫红色的。其中形状似牵牛花（呈漏斗状）。一般较小。花萼 5 裂，长约 1cm。花冠直径和花筒长 2.5~3.5cm，蕾期卷旋。甘薯花是两性花，花粉囊 2 室，呈纵裂状。花粉球形，表面有许多对称排列的小突起。雌蕊1个，柱头多呈2裂，子房上位，2室，由假隔膜分为4室。甘薯花晴天在早晨开放，到下午闭合凋萎。甘薯为异花授粉作物，自交结实率很低。

◎**果实**：甘薯的果实和牵牛花的果实相同，是圆形或扁形的蒴果，直径在5~7mm，果皮在不成熟时为绿色或紫色，成熟时变成枯黄色或褐色。每个蒴果里有黄褐色或黑色种子1~4粒，直径约3mm。种子大小和形状与一个蒴果里的种子数目有关系。一般是一个蒴果里结1粒种子的为圆形，结2粒的为半圆形，结3粒以上的为不规则的三角形。以结2粒种子的最常见，很少有结4粒的。种子皮较厚而坚硬，不容易吸水，发芽比较困难，一般不用于生产，多用于选育新品种。必须先磕破种皮或用浓硫酸浸种以后，洗净放在清水里使它吸水，再给予适宜温度催芽，才能播种。

生长习性

◎**温度**：甘薯喜温怕冷，栽秧时5~10cm地温在10℃左右不发根，15℃需5d发根，17~18℃发根正常，20℃3d发根，27~30℃只1d即可发根。气温25~28℃时茎叶生长快，30℃以上时茎叶生长更快，但薯块膨大慢。38℃以上呼吸消耗多，茎叶生长慢，20℃以下时茎叶生长也快，15℃时停止生长，10℃以下持续时间过长成遇霜冻，茎叶枯死。地温在21~29℃温度越高，块根形成越快，数目越多，但薯块较小。22~24℃的地温较有利于块根的形成。20~25℃的地温最适宜于块根膨大，低于20℃或高于30℃时膨大较慢，低于18℃有的品种停止膨大，低于10℃易受冷害，在-2℃时块根受冻。块根膨大期间较大的日夜温差有利于块根膨大和养分的积累。

◎**光照**：甘薯喜光，在光照充足的情况下，叶色较浓，叶龄较长，茎蔓粗壮，茎的输导组织发达，产量较高。如果光照不足，则叶色发黄，落叶多，叶龄短，茎蔓细长，输导组织不发达，同化形成的有机营养向块根输送少，产量低。

每天受光时间长对茎叶生长有利，茎蔓变长，分枝数增多。每天受光12.5~13h较适于块根膨大。每天受光8~9h对现蕾开花有利，但不适于块根膨大。

◎**水分**：甘薯是耐旱作物，但是，水分过多过少均不利于增产。甘薯怕淹，特别是在结薯后受淹对产量影响很大。土壤干湿不定造成块根内外生长速度不均衡，常出现裂皮现象。总之，甘薯既怕涝，又怕旱，群众说："干长柴根，湿长须根，不干不湿长块根。"要获得甘薯高产，应根据具体条件适时适量灌水，及时彻底排涝，旱地要加强中耕保墒。

◎**养分**：甘薯吸肥能力强，耐瘠薄，但要高产必须施足肥料。除氮、磷、钾外，硫、铁、镁、钙等也有重要作用。在三要素中甘薯对钾的要求最多，氮次之，磷最少。据分析，每500kg甘薯中含氮1.75kg，磷0.875kg，钾2.8kg。因此，增施钾肥，适时适量施用氮、磷肥有显著增产作用。

◎**土壤**：以土层深厚，含有机质丰富，疏松、通气、排水性能良好的沙壤土与沙性土为好。土质黏重时，块根皮色不好，粗糙，薯形不整齐，产量低，不耐贮藏。但沙壤土和沙性土一般肥力较低，保水力差，应通过施肥等措施逐步培肥地力，方能获得高产。甘薯较耐酸碱，适应pH值范围为4.5~8.5，但以5.2~6.7为宜。土壤含盐量超过0.2%时，不宜栽种甘薯。

常用品种

◎**薯绿1号**：植株呈半直立型，分枝多，叶片心形，顶叶黄绿色，叶基色和茎色均为绿色。薯块纺锤形，白皮白肉，薯块萌芽性好。顶芽采摘后，腋芽快速生长，腋芽整齐度好。茎尖无茸毛，烫后颜色翠绿至绿色，无苦涩味，微甜，有滑腻感，食味好。高抗茎线虫病，抗蔓割病。在国家区域试验3个月时间内每亩产量1 800 kg左右，如在保护地条件下可周年生产，每亩产量在5 000kg以上。

◎**莆薯53**（GPGS1069）：为空心菜型观赏菜用甘薯。短蔓半直立型，基部分枝多，顶叶、叶及叶脉均为绿色，叶形深裂复缺刻。茎绿色，茎端茸毛少，茎尖柔嫩。薯皮粉红色，肉淡黄色，薯块下纺锤形。萌芽性好，出苗早而多。生长势强，后期不早衰。

单株结薯 3~4 个，上薯率高，薯块烘干率 21.6%。具有耐旱、耐盐碱、耐短时间水渍，适应性广等优点。茎尖每 100g 鲜重含维生素 C 31.28mg，维生素 B1 0.09mg，β-胡萝卜素 2.13mg；以干样计含粗蛋白 19.5%，磷 0.46%，钙 0.45%，铁 31.75mg/100g。莆薯53 的株型、叶形、颜色、长势极像空心菜，茎尖熟化后色、香、味俱佳。

◎**福薯 7-6**（GPGS0912）：为木耳菜型观赏菜用甘薯。株型半直立，短蔓，茎绿色，基部淡紫色，基部分枝 10 个。叶片心脏形，顶叶、叶色、叶脉色及叶柄均为绿色。单株结薯 3 个左右，薯块纺缍形，粉红皮橘黄肉，结薯习性好，薯块萌芽性好。鲜嫩茎叶（鲜基）维生素 C 含量 14.87mg/100g，粗蛋白（烘干基）30.8%，粗脂肪（烘干基）5.6%，粗纤维（烘干基）14.2%，水溶性总糖（鲜基）0.06%。福薯 7-6 的株型、叶形、颜色、长势和食感极像木耳菜，茎尖熟化后色、香、味具佳。

盆栽技术

◎**容器选择**：甘薯盆栽对容器要求不高，只要透气、底下有1~3 个出水孔，盆口直径 35~40cm，盆底直径 20~25cm，盆高 30~35cm 即可，塑料花盆、瓦花盆、紫砂花盆、木桶、泡沫箱、无纺布育苗袋等均可，为达美化效果，也可根据自己喜好进行容器外部装饰。

◎**基质选配**：基质要求肥沃、疏松、透气，具有良好的孔隙度和保水、保肥能力，有利于根系吸收营养和诱导结小薯。一般盆栽基质为壤土、有机肥、细沙配比为 1:1:1，混合均匀装入花盆至 3/4 处，以利于浇水、施肥和日常管理。

◎**品种选用**：要求具有很强的分枝能力、生长速度快、质地嫩、口感滑、茎秆细、叶片长势偏肥大。

◎**育苗**（如购买薯苗，省去此工序）：3 月底或 4 月初，根据生产需要在温室里准备一个育苗炕，将种薯以 45°整齐排列在炕上，再覆细沙土 5cm，最后炕上盖上薄膜，保证温度 35℃左右，促进薯块发芽；当薯芽露土后将炕温降至 28℃；一个月后，薯苗的长度即达到 30 cm 左右时，22℃左右炼苗 2～3d，及时将芽苗上的第一段斜剪下来种植。剪苗时将前端的 5cm 内的分枝都保留下来，切记保留的长度不可过长，为新苗的尽快萌发创造良好的条件。剪苗可循环进行，根据种植的菜用甘薯面积而定。

◎定植：选择阴天下午，将培育出来的薯苗或市场上购买的薯苗剪取 10cm 左右的小段，扦插到准备好的花盆土壤中，扦插深度 5cm 左右，一般每盆扦插 5 株，栽后及时浇透水。

◎浇水：菜用甘薯为喜阳植物，夏季植株蒸腾作用加强，失水量过大，对菜用甘薯的正常生长极为不利，严重的可造成植株的死亡，因此要多浇水，勤管理，每 1～2d 浇水 1 次，最好配置在高秆作物或藤本架下。其他季节植物的蒸腾作用不强，不要浇水过勤，维持土壤中处于湿润的水平即可，一般自然雨水即可满足菜用甘薯正常生长的需求。

◎施肥：盆栽菜用甘薯除观赏外，主要目的是摘取新鲜、安全的嫩叶食用，不需要收获薯块，因此种植要持续供给有机肥，促进菜用甘薯营养器官的生长。在采摘 2～3 次后一定要追肥 1 次，将肥料以浇入或者埋在根系周围的方式施入，一般 7d 后红薯叶生长又会进入旺盛生长期。

◎松土、除草：勤观察，一旦发现杂草，要及时清除干净，防止其与菜用甘薯争夺养分、光照条件。如果土壤出现板结，要及时松土，及时疏松土壤，以促进菜用甘薯植株根系的生长。

◎植株调整：用于收获嫩叶的菜用甘薯长势很快，老化的速度也比较快，因此采收要及时；而且与土壤距离越远的茎节萌芽能力越弱，因此不可在主茎上保留过多的分枝，长度也不易过长，每次采摘嫩叶后，每根主茎上保留长度约 5cm 的分枝 3～5 根即可，其余全部剪除。

◎病虫害防治：盆栽甘薯病虫害发生概率极小，偶尔会发生地老虎、卷叶虫等虫害。由于量比较少，可采取人工的方式捕捉，确保菜用甘薯食用的安全性。

土壤中的土传性病害可能会使菜用甘薯发生病害，因此每年最好将上年种植过菜用甘薯的土壤全部换掉，或者采取与花卉或其他蔬菜轮作的方式。一茬完后，土壤要彻底翻整 1 遍，施肥、重新种植。

◎**花盆更新**：大田是观赏甘薯的原生环境。长期栽于花盆而冬季置于智能温室，会引起部分甘薯品种现蕾、开花。环境变化是否会导致甘薯种性变异还有待进一步研究。但目前常采用两年更新一次花盆的方法来保持甘薯品种的一致性。

推广应用前景

盆栽甘薯对土壤要求不严，耐肥、耐瘠、耐旱，病虫害少，繁殖能力强，若进行特色规模种植或与其他常绿植物、花卉作板块种植，有望成为农民增收的一个新途径，同时也是把中国丰富的甘薯品种资源优势转变为经济优势，对甘薯品种的优异资源进行创新利用。

菜用甘薯与普通甘薯的区别是，菜用甘薯是指植株地上部分枝多、茎叶生长快、再生能力强、茎端茸毛少、无苦涩味、口感嫩滑、营养成分丰富的甘薯品种；甘薯菜用即把甘薯的叶、嫩茎、叶柄等部位作为蔬菜食用，实际上一般是将甘薯蔓茎生长点以下长 12cm 左右的鲜嫩茎叶作为蔬菜食用。菜用甘薯在日本、东南亚和中国台湾、中国香港等地的蔬菜市场上，属畅销的营养保健蔬菜，备受广大消费者的青睐，具有广阔的发展前景。

32. 空心菜

空心菜（*Ipomoea aquatica* Forsk.），又名蕹菜、竹叶菜、藤菜、通菜，是旋花科番薯属一年生或多年蔓生草本植物，因其梗中空而得名。

形态特征

空心菜属蔓生植物，根系分布浅，为须根系，再生能力强。茎蔓生，茎扁圆或近圆，中空，柔软，浓绿至浅绿，茎粗 1~2cm；旱生类型茎节短，水生类型节间长。茎有节，每节除腋芽外，还可长出不定

根，节间长为 3.5~5cm，最长的可达 7cm。子叶对生，马蹄形。真叶互生，叶面光滑，全缘，极尖，叶脉网状，中脉明显突起，叶为披针形，长卵圆形或心脏形。叶宽 8~10cm，最宽的可达 14cm，叶长 13~17cm，最长可达 22cm。叶柄较长，约为 12~15cm，最长者为 17cm。中空呈凹形，果为蒴果，近圆形，种子黑褐色，千粒重 32~37g。空心菜以种子或嫩茎繁殖，北方以种子繁殖。

生长习性

空心菜性喜高温多湿环境。种子萌发需 15℃以上；茎节腋芽萌发初期须保持在 30℃以上，这样出芽才能迅速整齐；茎叶生长

适温为 25~30℃，温度较高，茎叶生长旺盛，采摘间隔时间愈短。空心菜能耐 35~40℃高温；15℃以下茎叶生长缓慢；10℃以下茎叶生长停止，不耐霜冻，遇霜茎叶即枯死。茎窖藏温度宜保持在10~15℃，并有较高的湿度，不然种藤易冻死或枯干。空心菜喜较高的空气湿度及湿润的土壤，环境过干，茎纤维增多，粗老不堪食用，大大降低产量及品质。空心菜喜充足光照，但对密植的适应性也较强。空心菜对土壤条件要求不严格，但因其喜肥喜水，仍以比较黏重、保水保肥力强的土壤为好。空心菜的叶梢大量而迅速地生长，需肥量大，耐肥力强，对氮肥的需要量特大。

常用品种

◎**泰国空心菜**：由泰国引进。叶片竹叶形，呈青绿色，梗为绿色；茎中空，粗壮，向上倾斜生长。耐热耐涝，夏季高温多湿生长旺盛，不耐寒。适于高密度栽培。在北方宜春夏露地栽培。嫩枝可陆续采收 2~3 个月，质脆、味浓，品质优良，亩产 3 000kg/亩。

◎**白梗**：茎粗大，黄白色，节疏，叶片长卵形，绿色，生长壮旺，分枝较少。品质优良，产量高。耐肥，适于污肥水田栽培。旱地栽培要勤淋水。播种至始收 60~70d，产 5 000 kg/亩。

◎**吉安蕹菜**：江西地方品种。植株半直立，茎叶茂盛，株高42~50cm，开展35cm。叶大，心脏形，深绿色，叶面平滑，全缘。茎管状，绿色，中空有节。生长期较长，播种至始收 50d，可延续收获70d，产 3 000~3 500 kg/亩。

◎**青梗子蕹菜**：湖南省地方品种。植株半直立，株高 25~30cm，开展度 12cm。茎浅绿色，叶戟形，绿色，叶面平滑，全缘，叶柄浅绿色。早熟，播种后 50d 可采收，生长期210d，产2 500~3 000 kg/亩。

◎**青叶白壳**：广州市农家品种。其植株生长健旺，分枝较多。茎粗大，青白色，微有槽纹，节细且较密。叶片长卵形，上端尖长，基部盾形，深绿色。叶脉明显。叶柄长，青白色。适应性强，可旱地或浅水栽培。品质柔软而薄，质量好，产量高，产 7 000

kg/亩。

◎**丝蕹**：又名细叶蕹菜。植株矮小，叶片较细，呈短披针形，叶色深绿。茎细小，厚而硬，节密，紫红色，叶柄长，抗逆性强，耐寒、耐热、耐风雨，适于旱地栽培，亦可浅水中栽培。其质脆、味浓，品质甚佳，但产量稍低。从播种至始收 60～70d，延续采收可达 180d 以上，产约为 2 500kg/亩。

盆栽技术

◎**容器选择**：盆栽空心菜容器深度 15cm 以上，直径 30cm 以上，越大越好。容器质地要求不严，塑料花盆、瓦花盆、紫砂花盆、木桶、泡沫箱、无纺布育苗袋等均可，为达美化效果，也可根据自己喜好进行容器外部装饰。

◎**基质选配**：基质选择园子土加蚯蚓粪，比例为 1：3；或草炭加蛭石，比例为 2：1，再混入 5% 的腐熟有机肥。

◎**品种选用**：根据个人喜好和景观设计需要选配，详见常用品种介绍。

◎**播种育苗**

（1）播前处理　选择晴天用晒匾晒种 2～3d，以促进酶的活力，提高发芽势和发芽率，注意不能将种子直接放在水泥地上直晒。播种前先浸种催芽，即将种子放入 30℃ 左右的温水浸种 16～20h，用清水冲洗，然后用纱布包好，放在 30℃ 条件下进行催芽。催芽期间要保持湿润，每天用清水冲洗种子 1 次，当种子露白时即可播种。

（2）播种　可采用营养钵育苗和直播两种方式。

营养钵育苗：选用 10cm×10cm 的营养钵，装入 3/4 的配置好的基质，播种前一天浇透水，每钵播 1 粒露白的种子，盖细土 1.0cm 厚，约 1 周发芽，其间必须保持土壤湿润。出苗后控制好温度，白天 20～25℃，夜间 12～15℃；3 叶 1 心后，白天 25℃ 左右，夜间 10℃ 以上，注意通风控温，防止徒长。

直播：将盆栽容器装入 3/4 的基质，播种前一天浇透水，每盆浅挖 4～5 个穴，每穴撒入 2～3 粒露白的种子，用土压实，以利增温保湿。

◎**移栽**（直接播种于花盆中省去此工序）：当苗长至 15~20cm 时即可定植。用备好的基质装至盆中 3/4 的位置。选择晴天上午，将小苗放入盆中间，然后再填入基质至盆满，栽后及时浇透水。空心菜盆栽种植一般每穴定植 2 株，单株定植适当密植。

◎**栽培管理**

（1）调节温度和光照　空心菜是喜光喜温作物，因而保温防寒是确保空心菜获得高产的关键。空心菜生长期间应该放在阳光充足环境下以利于植株成长。早春要在棚室移栽，移栽后及时密封好大棚，保证棚内温度高于 10℃，而在晴天阳光充足、温度较高时，应及时通风降温降湿，尽量避免大棚内的温度高于 35℃，防止植株发生病害，以保持植株的旺盛生长，提高产量。大棚内湿度较高时必须及时揭开大棚两端或四周的薄膜进行通风降湿。

（2）肥水管理　空心菜生长期间叶梢大量而生长迅速，对水肥需求量也大，因此除施足基肥外，还要进行追肥，并且要经常浇水，保持土壤的湿润。浇水后表土见干时，应该及时进行锄化、松土，保持土壤墒情。每次采摘后都要追施 1~2 次肥，追肥时应该先淡后浓，以氮肥为主，如尿素等都可以，追肥后应该进行锄化、浇水。

◎**病虫害防治**：坚持"预防为主，综合防治"的原则，采用农业、物理、化学等综合防控措施防治病虫害的发生。及时清除田间病残体、杂草及枯叶，加强田间温湿度管理，采用黄板、防虫网等物理措施防治病虫害。

空心菜苗期病害主要有猝倒病和茎腐病，可用瑞毒霉或卡霉通防治；生长期病害有白锈病、褐斑病和花叶病。白锈病可用 58%甲霜灵·锰锌可湿性粉剂 500 倍液，或 64%杀毒矾可湿性粉剂 500 倍液防治，褐斑病可用 50%甲霜铜可湿性粉剂 600~700 倍液，或 72.2%普力克水剂 800 倍液进行防治，花叶病可用病毒 A 或植病灵防治。

主要虫害有螨类和红蜘蛛，可用克螨特或卡死克防治。

◎**适时采收**：一般播后 35~45d，当空心菜植株高 35cm 时即可采收。如一次性采收，可于株高 20~35cm 时收获上市。如多次采收，可在株高 12~15cm 时间苗，间出的苗可上市；当株高 18~21cm 时，结合定苗间拔上市，留下的苗可多次采收上市。当秧苗高 33cm 时，第 1 次采摘，茎部留 2 个茎节，第 2 次采摘茎部留下的第 2 茎节，第 3 次采摘茎基部留下的第 1 茎节，以促进茎基部重新萌芽，保持以后采摘的茎蔓粗壮。采摘时，用手掐摘较合适，若用刀等铁器易出现刀口部锈死。若出现分枝过多、过密、过细，则要疏剪。在初收期及生长后期，每隔 7~10 d 采收 1 次，生长盛期 5~7 d 采收 1 次。一般一次性收获产量可达 22.5 t/hm²，多次收获产量可达 75 t/hm²。

推广应用前景

空心菜不但是良好的蔬菜种类，也可作浅水处绿化布置，与周围环境相映，也别有一番风趣。空心菜不仅有着很好的营养价值和药用价值，而且和其他种类蔬菜比较，空心菜栽培具有管理简单、投入少，病虫危害轻、经济效益高的特点。因此，空心菜的种植有着广阔的前景。

空心菜富含维生素、矿物质和食物纤维。且味道鲜美，爽脆嫩滑，清香可口。空心菜性微寒，味甘。有清热解毒、凉血止血、润燥滋阴、除湿通便等功效。空心菜中粗纤维含量极为丰富，可增进肠道蠕动，加速排便，对于防治便秘及减少肠道癌变有积极的作用；空心菜中有丰富的维生素 C 和胡萝卜素，有助于增强体质，防病抗病；紫色空心菜中含胰岛素成分而能降低血糖，可作为糖尿病患者的食疗佳蔬。

33. 百里香

百里香〔*Thymus przewalskii*（Kom.）Nakai〕为唇形科百里香属多年生小灌木，是一种著名的小型香草。可以提取精油用于芳香疗法，并可制作香水、香皂、漱口水等日化用品；部分品种可以食用，是西餐中重要的调味料之一，经常与迷迭香配合使用，尤其适合用于烤制肉类、海鲜类时调味；还可用作茶饮，可助消化，消除胃胀气；百里香株型小巧精致，适合作居室型盆栽，部分匍匐性强的品种也可在园林绿化中用作地被。

形态特征

百里香为唇形科百里香属多年生小灌木，株高约 20 ~ 40cm，全株具有芳香味道；下部茎木质化丛生常呈匍匐状，嫩茎直立；叶对生，细小，依品种不同有三角形、长椭圆形或披针形，叶色依品种不同有灰绿色、嫩绿色等；轮伞状花序顶生，唇形花冠，花色依品种不同，有白色、粉红色等，花期一般 5—7 月。

生活习性

百里香也是典型的地中海型香草，喜冬季温暖潮湿，夏季凉爽的气候条件；性强健，对温度要求不严，较耐寒，一般在 10 ~

25℃温度条件下均可正常生长。喜光，也稍耐阴。百里香较耐旱，不择土壤，喜排水良好的沙质壤土。

百里香主要原产地为南欧、地中海地区、非洲北部和温带亚洲。中国是部分原生种的原产地之一，多产于黄河以北地区，特别是西北地区。

栽培技术

百里香播种出苗率偏低，一般多采用无性繁殖，可田间土地种植，也可盆栽在阳台或摆放庭院。

（一）土地种植

◎**繁殖育苗**：百里香的繁殖方法主要有种子繁殖、扦插繁殖、分株繁殖。

（1）播种繁殖　春季3—4月播种育苗。由于百里香种子细小，育苗地一定要精细整地，土要细碎平整，然后稍加镇压，浇水后撒播，然后覆盖一薄层细土，并支小拱棚盖塑料薄膜以保温保湿。经10~12d出苗，气温适时揭膜。苗期应注意保持土壤湿润并要剔除杂草。当苗高10~15cm时可直接按行、株距（30~45）cm×（25~30）cm定植于大田，栽后浇水。

（2）扦插繁殖　用扦插法极易发根，很容易繁殖，大量生产时为求品质一致，以剪取3~5节、约5cm长带顶芽的植条扦插，不带顶芽的枝条或已木质化的枝条扦插虽可成活，但发根速度慢，根群也较少。扦插时应插在直径为2cm的纸筒苗盘中，便于成活后移植。压条及分株法使枝条接触地面，自动长出根系，直接切取就是独立的一棵植株，较适合家庭园艺种植者采用。

（3）分株繁殖　选3年生以上植株，于3月下旬或4月上旬尚未发芽时将母株连根挖出，然后根据株丛大小，分成4~6份，每一株丛应保证有4~5个芽，即可栽植。另外，还有分簇繁殖法。在生长期间，将匍匐茎切断后移栽。

◎**选地整地**：百里香对土壤要求不严，除了过酸和过碱的土壤外都能栽培。选择有排灌条件的，土质肥沃，地势平坦为好。整地、深翻地，施腐熟的堆肥、土杂肥等作基肥，耙细，浅锄一遍，把肥料翻入土中，碎土，耙平做畦宽100cm。

◎**移栽定植**：按行距30cm开沟，沟深8cm。将种苗按20～30cm株距排在沟内盖土、踩实、浇水即可。

◎**田间管理**

（1）查苗补栽　田间基本全苗后，应及时查苗，对缺苗或苗稀的点、片要进行补栽。

（2）中耕除草　全苗后，行间中耕除草，株间人工除草，以保墒、增（地）温、消灭杂草、促苗生长。封行前中耕除草2～3次。

（3）肥水管理　定植后应立即浇水，并要注意保持土壤湿润，直至缓苗。生长期可每月浇水1次，并要及时中耕松土，雨季应注意排水。结合浇水，可根据生长情况追施尿素1～2次，每次每亩用量5kg左右。

◎**病虫防治**：百里香一般病虫害较少，应注意防治白粉虱等小型害虫。病害较少，但高温闷热时容易出现生理性枯萎。

（二）盆栽技术

◎**选土**：百里香对于土质的要求不高，但叶厚、带肉质的特性，使它不耐潮湿，需要排水良好的介质，所以若采用泥炭土为栽培材料，应加入大约20%易于排水的介质成分。

◎**选盆**：普通瓷盆、塑料瓶、泡沫箱、木盆均可。

◎**移栽**：一般育苗移栽为好，以每盆1～3株最好。

◎**环境控制**：百里香喜光，也稍耐阴，充足的光线可使花量增多。百里香性强健，对温度要求不严，较普通百里香更耐寒，夏季要注意温度不能过高，一般在10～25℃温度条件下均可正常生长。

◎**定植后管理**：百里香耐旱不耐湿，浇水要见干见湿，一般浇水频率控制在15d左右浇一次为宜，夏季可适当增加浇水次数。定植和换土时可使用少量基肥，生长期一般不需特意追肥。

推广应用前景

百里香整株具有芳香的气味，很早的时候就作为一种香料蔬菜、蜜源植物出现在人们的生活中，是人类从古至今应用的天然的调味香料之一。中国早在元朝就有用百里香作调味香料的记载。在烹调海鲜、肉类、鱼类等食品时，可加入少许百里香粉，以除去腥味，增加菜肴的风味；腌菜和泡菜时加入百里香，能提高它们的清香和草香味，1970 年，国际标准化组织（International Standard Organization）公布百里香可以用作食物香辛料。百里香与普通蔬菜中的营养物质进行对比分析，发现其碳水化合物、蛋白质、维生素 C、硒、铁、钙、锌含量均高于普通蔬菜，尤其是百里香中含有大量的单萜等挥发性成分，对人体具有极高的食用营养价值。百里香蜜浓度较高，香气浓郁，百里香蜂蜜中氨基酸含量较高，对人体大有益处。

34. 薄 荷

薄荷（*Mentha haplocalyx* Briq）为唇形科薄荷属多年生宿根草本植物，是一类常见的香草，具有很广泛的用途。从其花、叶、茎、根部等可萃取精油，在工业中用做糖果、饮料等食品的调味剂，也可添加牙膏、香皂等日化用品。薄荷在餐饮中也有广泛的应用，如拌沙拉、做甜点以及煎炸烧烤等。其叶片可做香草茶冲泡，具有清凉去火的功效。薄荷还可作为居室盆栽、庭园植物及景观地被植物。

形态特征

薄荷为多年生宿根草本植物，直立或匍匐状，多具匍匐根状茎，地上茎四棱形，多分枝。叶对生，叶片长圆状披针形，披针形，椭圆形或卵状披针形，稀长圆形，长 3 ~ 8cm，宽 0.8 ~ 3cm，先端锐尖，基部楔形至近圆形，边缘在基部以上疏生粗大的齿状；轮伞花序，着生于叶腋内，或密集成顶生的头状或穗状花序；唇形花冠，花色依品种不同有白色、淡紫色、紫色、粉红色等，小坚果卵珠形，黄褐色，花期一般 8—10 月。

生活习性

薄荷喜阳光充足、温暖湿润的气候，生长适合温度为 15 ~ 30℃，部分品种耐寒性较强，根茎宿存越冬，能耐 -15℃ 低温。薄荷为长日照作物，性喜阳光。日照长，可促进薄荷开花，且利于薄荷油、薄荷脑的积累。耐湿性较强，但也忌长时间水涝，不耐旱。对土壤要求不严，土层深厚富含有机质、排水良好的偏酸性沙质土壤为佳。

薄荷广泛分布于北半球亚热带和温带地区，欧洲地中海地区及西亚一带盛产。现主要产地为美国、西班牙、意大利、法国、英国、巴尔干半岛等，中国河北、江苏、浙江、安徽、四川等地都有规模性栽培。

栽培技术

由于薄荷出苗率偏低，一般多采用田间土地种植，也可盆栽在阳台或摆放庭院。

（一）土地种植

◎繁殖育苗

（1）根茎繁殖　培育种根于 4 月下旬或 8 月下旬进行。在田间选择生长健壮、无病虫害的植株作母株，按株行距 20cm×10cm 种植。在初冬收割地上茎叶后，根茎留在原地作为种株。

（2）分株繁殖　薄荷幼苗高 15cm 左右，应间苗、补苗。利用间出的幼苗分株移栽。

（3）扦插繁殖　5—6 月，将地上茎枝切成 10cm 长的插条，在整好的苗床上，按行株距 7cm×3cm 进行扦插育苗，待生根、发芽后移植到大田培育。

◎选地整地：薄荷对土壤要求不严，除了过酸和过碱的土壤外都能栽培。选择有排灌条件的，光照充足，土质肥沃，地势平坦为好。沙土、干旱或积水的土地不易栽种。种过薄荷的土地，要休闲 3 年左右，才能再种。因地下残留根影响产量。整地、深翻地，施腐熟的堆肥、土杂肥和过磷酸钙、骨粉等作基肥，耙细，浅锄一遍，把肥料翻入土中，碎土，耙平做畦宽 200cm。

◎**移栽定植**：薄荷多第二年早春尚未萌发之前移栽，早栽早发芽，生长期长，产量高。栽时挖起根茎，选择粗壮、节间短、无病害的根茎作种根，截成 7~10cm 长的小段，然后在整好的畦面上按行距 25cm，开 10cm 深的沟。将种根按 10cm 株距斜摆在沟内盖细土、踩实、浇水。

◎**田间管理**

（1）查苗补栽　田间基本全苗后，应及时查苗，对缺苗或苗稀的点、片要进行补栽。

（2）中耕除草　全苗后，行间中耕除草，株间人工除草，以保墒、增（地）温、消灭杂草、促苗生长。封行前中耕除草 2~3 次。收割前拔净田间杂草，以防其他杂草的气味影响薄荷油的质量。

（3）适时追肥　在苗高 10~15cm 时开沟追肥，每亩施尿素 10kg，封行后亩喷施 5ml 喷施宝+磷酸二氢钾 150g+尿素 150g 两次。

（4）合理灌溉　薄荷前中期需水较多，特别是生长初期，根系尚未形成，需水较多，一般 15d 左右浇一次水，从出苗到收割要浇 4~5 次水。封行后应适量轻浇，以免茎叶疯长，发生倒伏，造成下部叶片脱落，降低产量。收割前 20~25d 停水。

（5）摘心打顶　5 月当植株旺盛生长时，要及时摘去顶芽，促进侧枝茎叶生长，有利增产。

◎**薄荷病虫防治**

（1）病害防治　薄荷主要病害是黑胫病，发生于苗期，症状是茎基部收缩凹陷，变黑、腐烂，植株倒伏、枯萎。防治上可在发病期间亩用 70%的百菌清或 40%多菌灵 100~150g，对水喷洒。薄荷锈病，5—7 月易发，用 25%粉锈宁 1 000~1 500 倍液叶片喷雾。

斑枯病，5—10 月发生，发病初期喷施 65%的代森锌 500 倍液，每周 1 次即可控制。

（2）虫害防治　薄荷主要害虫有"造桥虫"，为害期在 6 月中旬左右、8 月下旬左右。一般虫口密度达 10 头/m²，每亩可用敌杀死 15~20ml，喷洒 1~2 次，或用 80%敌敌畏 1 000 倍喷洒。

（二）盆栽技术

◎**选土**：可以用普通的田园土或者草炭土。加充分发酵的有机肥和一定比例的珍珠岩、蛭石、多菌灵搅拌均匀即可。

◎**选盆**：普通瓷盆、塑料瓶、泡沫箱、木盆均可。

◎**移栽**：一般直接扦插种植即可，以每盆 5~8 株为好。

◎**环境控制**：薄荷喜光照充足的环境，但在半荫蔽条件下也能保持良好生长喜温暖环境，对低温有一定的耐受力。喜湿，但忌长期水涝和干旱。应保持土壤湿润，一般每一周左右浇一次为宜。

◎**定植后管理**：比较喜肥，定植前应施足底肥，生长期需勤施薄肥，以偏氮复合肥为宜。薄荷一般病虫害较少。注意排水通风，及时修剪残枝即可防止白粉虱、白粉病等病虫害的发生。

推广应用前景

薄荷是中国常用中药，幼嫩茎尖可作菜食，全草又可入药，治感冒发热喉痛，头痛，目赤痛，肌肉疼痛，皮肤风疹瘙痒，麻疹不透等症。此外对痈、疽、疥、癣、漆疮亦有效。薄荷含有薄荷醇，该物质可清新口气并具有多种药性，可缓解腹痛、胆囊问题如痉挛，还具有防腐杀菌、利尿、化痰、健胃和助消化等功效。大量食用薄荷可导致失眠，但小剂量食用却有助于睡眠。

35. 罗　勒

罗勒（*Ocimus basilicum* L.）为唇形科罗勒属一年生草本植物，是世界著名的香料植物，由于其独特的花序很像王冠的形状，因此罗勒也有着"香草之王"的称号。罗勒在原产地印度被视为一种神圣的香草，在法庭上发誓的时候，必须以它为誓，人们亦认为佩戴罗勒叶片可以避邪。罗勒香味强烈，特别适合作为调味料使用，可增进食欲，是意大利菜和东南亚菜系中的常用到的香草；用罗勒提取的精油也可运用在芳香疗法中。很多品种的罗勒株型美观自然，也可用作园林绿化和居室盆栽。

形态特征

罗勒为唇形科罗勒属一年生草本植物，株高 40～100cm，全株具芳香。茎直立，四棱形；叶对生，卵圆形至长卵圆形，叶片肥厚，全缘或具齿，叶背面腺点丰富。轮伞状花序，排列成顶生的具长梗的穗状花序，轮次分明，很像中国古代的宝塔状，在中国有着"九层塔"的雅号。小花唇形花冠，喉部常膨大呈钟形，花色依品种不同，有白色、淡粉色、淡紫色等，自然花期7—10月。

生活习性

◎**生长特性**：罗勒原产于亚热带地区，喜温暖湿润气候，耐热不耐寒，在日平均气温 25~30℃ 时生长最快，日平均气温 10~12℃ 时生长缓慢，日平均气温 8~10℃ 时叶片停止生长，遇 0℃ 左右低温或霜冻植株即枯萎。为喜光植物，光照不足植株茎秆细弱，分枝差，花穗少，产量和精油含量降低。罗勒喜潮湿，耐旱性较差。喜排水良好的土壤，较喜肥。

◎**分布状况**：罗勒原产于热带亚洲和非洲。意大利、法国、印度、泰国、马来西亚等国主要栽培，中国的安徽、湖南、江苏、浙江、广东等省栽培较多。

栽培技术

罗勒可田间土地种植，也可盆栽在阳台或摆放庭院。

（一）地栽技术

◎**繁殖育苗**：育苗期一般在 4 月中下旬进行播种。将种子放入纱布袋里，用力将水甩净，用湿毛巾或纱布盖好，保温保湿，放在 25℃ 左右的温度下进行催芽。在催芽过程中，每天用清水漂洗 1 次，控净，如种子量大，每天翻动 1~2 次，使温度均衡，出芽整齐。催芽前期温度可略高，促进出芽，当芽子将出（种子将张嘴）时，温度要降 3~5℃，使芽粗壮整齐。芽出齐后，如遇到特殊天气，可将芽子移到 5~10℃ 的地方，控制芽子生长，等待播种。

◎**选地整地**：罗勒为深根植物，其根可入土 50~100cm，故宜选择排水良好，肥沃疏松的沙质壤土。栽前施足基肥，整平耙细，做 130cm 左右的平畦或高畦。

◎**直播或移栽**：北方 4 月下旬至 5 月播种，播种要选择晴天上午进行，将营养土装入播种盘内，用热水或温水浇透，等水渗下后，撒 1 层药土，将出芽的种子均匀播于盘内，上面覆 1cm 厚药土，盖上塑料薄膜，保温保湿。条播按行距 35cm 左右开浅沟，穴播按穴播按穴距 25cm 开浅穴，均匀撒入沟里或穴里，盖一层薄土，并保持土壤湿润，每亩用种子 0.2~0.3kg。亦可采用育苗移栽，北方可于3月份温室育苗，苗高10~15cm时带土移栽于大田。移栽后踏实浇水。

◎ **田间管理**

（1）间苗　在苗高6~10cm时进行间苗、补苗，穴播每穴留苗2~3株，条播按10cm左右留1株。

（2）肥水管理　幼苗期怕干旱，要注意及时浇水。为使植株根系健壮和枝叶茂盛，在生长期每半月施肥1次，可喷施磷酸二氢钾稀释液，花前增施磷钾肥1次。

（3）摘心打顶　植株长出4对真叶时留2对真叶摘心，促发侧枝花诟摘除花序，仍能抽枝继续开花。

（4）中耕除草　一般中耕除草2次，第一次于出苗后10~20d，浅锄表土。第二次在5月上旬至6月上旬，苗封行前，每次中耕后都要施入人畜粪水。

◎ **采收加工**：罗勒茎叶采收在7—8月，割取全草，除去细根和杂质，晒干即成。当植株20cm高、封垄后进行收获，选择未抽薹的幼嫩枝条前端采收，长度5~10cm，每7~15d采收一次。提炼精油用在花序出齐时进行。收割时用镰刀离地面20~25cm植株部位割下，避免摇动根系，以免影响再生能力，随后加强肥水管理，促其重新萌发新的茎叶。

◎ **病虫防治**

（1）虫害　主要有蚜虫、日本甲虫、蓟马、潜叶蝇、蜗牛及蛞蝓。采有机栽培可用喷水驱离蚜虫，用手捉日本甲虫丢进肥皂水中，至于蛞蝓及蜗牛可用小的啤酒容器诱杀或者在距植株基部5cm处（10cm处更佳）绑铜片，由于铜片与蛞蝓黏液作用，致使入侵昆虫退却。

（2）病害　罗勒对于真菌性萎凋病（*Fusarium oxysporum*）呈高度感染。病原菌从根的微管束侵入，阻害植株生育，导致叶片萎凋。病原菌在土中可潜伏多年。一般田间栽培可选择耐真菌性之 F_1 杂交品种，至于 *Ocimum americanum* 及丁香罗勒是耐真菌性萎凋病。另外，高湿及排水不良也较易感染真菌性叶斑驳。

（二）盆栽技术

◎**选土**：甜罗勒喜疏松肥沃、排水良好的土壤，喜肥，应施足底肥。

◎**选盆**：普通瓷盆、塑料瓶、泡沫箱、木盆均可。

◎**移栽**：一般育苗移栽为好，以每盆1~3株最好。

◎**环境控制**：罗勒喜阳光充足的环境，光照不足导致植株生长细弱，开花减少，严重影响观赏和药用价值。罗勒喜热怕冷，25℃以上有利于其生长发育，低于15℃则会生长缓慢，生长适温为18~30℃。罗勒为喜湿植物，忌干旱，平时可常浇水以保持土壤湿润，炎热季节尤其注意补水防止叶片萎蔫。一般浇水频率控制在一周左右浇一次为宜，夏季可适当增加浇水次数。

◎**定植后管理**：罗勒比较喜肥，定植前应施足底肥，生长期需勤施薄肥，以偏氮复合肥为宜。注意排水通风，及时修剪残枝即可防止白粉虱、白粉病等病虫害的发生。

推广应用前景

罗勒叶子呈椭圆尖状，花朵为紫白色，蒸馏其叶子及花朵可得透明无色的精油，香味很像丁香、松针之综合体。是一个庞大的家族，不同种的罗勒因特色或独特香气而命名。罗勒的很多研究着重于香料的提取和成分分析方面。其主要用于意式、法式希腊料理，在东方的印度及泰国烹调也经常使用。罗勒在中国国内一般作为蔬菜而栽培，其作为一种新型的特种蔬菜具有很大的发展空间。罗勒具有特殊香味特征（一般而言会散发出如丁香般的芳香，也有略带薄荷味，稍甜或带点辣味的，香味随品种而不同）。嫩叶可食，亦可泡茶饮，有驱风、芳香、健胃及发汗作用。可用作比萨饼、意粉酱、香肠、汤、番茄汁、淋汁和沙拉的调料。许多意大利厨师常用罗勒来代替比萨草，也是泰式烹旺中常用的调料。干燥罗勒可以和薰衣草、薄荷、马郁兰、柠檬马鞭草共3大匙制成解压花草茶。

36. 迷迭香

迷迭香（*Rosmarinus officinalis* L.）为唇形科迷迭香属多年生常绿灌木，是一种古老而名贵的天然香料植物。迷迭香作为西餐中最重要的调味食材之一，广泛的应用于各种菜品烹调中，烧烤肉时佐以迷迭香可以有效去除肉腥味；其花、叶亦可作为香草茶或泡酒之材料；迷迭香中富含天然抗氧化物质，其枝叶可用于提取精油，是芳香疗法中重要的恢复系精油，还可用于调制香水、沐浴露、洗涤剂等日用化工用品；迷迭香株型紧凑美观，适应性强，适合作为庭院植物或居室盆栽植物。

形态特征

迷迭香为唇形科迷迭香属多年生常绿灌木，株高 60~180cm，直立丛生或半匍匐状，以此特征迷迭香可分为直立系和匍匐系两大品系；其嫩茎为典型的四棱形，枝条木质化非常迅速；叶对生、无柄，叶正面深绿色，背面为灰白色，依品种不同叶形有长椭圆状、披针状和针状；唇形花冠，依品种不同花色有蓝、粉、白、淡紫等，花期一般为 11 月至翌年 3 月。

生活习性

迷迭香属于典型的地中海类型香草，喜夏季凉爽，冬季温暖，日夜温差较大的环境。生长适合温度为 15~25℃；喜阳光充足和良好的通风良好环境，忌水涝，较耐干旱，尤忌高温高湿的闷热环境。迷迭香对土壤要求不严格，喜弱碱性土壤，耐土壤贫瘠。

迷迭香原产于欧洲及北非地中海沿岸地区。现已广泛种植于英国、法国、意大利、南非和澳洲，中国南北方部分省份有引种。

栽培技术

迷迭香播种出苗率偏低，一般多采用无性繁殖，可田间土地种植，也可盆栽或摆放庭院。

◎育苗繁殖

（1）种子繁殖　一般于早春温室内进行育苗。土法育苗、穴盘育苗均可。土法育苗需先整理好苗床。苗床可平畦或小高畦，床土应整碎耙平，施足发酵底肥，浇足底水。撒播或条播均可。但种子尽量稀播，或与细干土拌匀，播于苗床上，浇小水，使种子与土壤充分接触。种子具好光性，将种子直接播在介质上，不需覆盖，在畦面上搭小拱棚，既保证地温，又使土壤表层不易板结。种子靠苗床底水发育，但要一直保持土壤表层湿润。待芽顶出土，再浇水，以小水勤灌为原则。种子发芽适温为 15~20℃。2~3 周发芽。当苗长到 10cm 左右，大约 70d，即可定植。穴盘育苗将草炭、蛭石按 3∶1 的比例混匀，即可播种。上覆一薄层蛭石，浇一次透水。上搭小拱棚，其后管理同土法育苗。不同的是，待迷迭香出苗后，要时常移动穴盘，以免根沿着穴盘下方的孔，扎入地下，定植时伤根。迷迭香芽率很低，一般只有 10%~20%，在第一年，迷迭香的生长极为缓慢，即使到了秋季，植株大小比刚定植时的植株大不了很多，形成大批产量要在 2~3 年以后，速度很慢。所以，生产上一般采用无性繁殖方式。但由种子开始栽培的，气味较芬芳，故采用何种繁殖方式，要视需要而定。

（2）扦插繁殖　多在冬季至早春进行。选取新鲜健康尚未完全木质化的茎作为插穗，从顶端算起 10~15cm 处剪下，去除枝条下方约 1/3 的叶子，直接插在介质中，介质保持湿润，3~4 周即会生根，7 周后可定植到露地，扦插最低夜温为 13℃。

（3）压条繁殖　利用迷迭香茎上能产生不定根的特性，把植株接近地面的枝条压弯覆土，留顶部于空气中，待长出新根，从母体剪下，形成新的个体，定植到露地。

◎选地整地：迷迭香对土壤要求不严，除了过酸和过碱的土壤外都能栽培。选择有排灌条件的，土质肥沃，地势平坦为好。整地、深翻地，施腐熟的堆肥、土杂肥等作基肥，耙细，浅锄一遍，把肥料翻入土中，碎土，耙平做畦宽 100cm。

迷迭香的大田移栽苗是扦插生根成活的种苗。移栽株行距为 40cm×40cm，每亩种植数量为 4 000~4 300 株。平整好的土地按株行距先点挖 10cm 左右小坑，就可以移栽。移栽后要浇足定根水，浇水时不可使苗倾倒，如有倒伏要及时扶正固稳。栽植迷迭香最好选择阴天、雨天和早、晚阳光不强的时候。

（1）查苗补栽　田间基本全苗后，应及时查苗，对缺苗或苗稀的点、片要进行补栽。

（2）中耕除草　全苗后，行间中耕除草，株间人工除草，以保墒、增（地）温、消灭杂草、促苗生长。封行前中耕除草 2~3 次。

（3）肥水管理　迷迭香较耐瘠薄，幼苗期根据土壤条件不同在中耕除草后施少量复合肥，施肥后要将肥料用土壤覆盖，每次收割后追施一次速效肥，以氮、磷肥为主，一般每亩施尿素 15kg，普通过磷酸钙 25 kg。迷迭香非常耐旱，忌水涝，定苗后一般不需要特别浇水，雨季时应注意排涝。

（4）株型修剪　迷迭香种植 1 个月就可修枝，过分的强剪常常导致植株无法再发芽，比较安全的做法是每次修剪时不要超过枝条长度的一半。迷迭香植株虽然每个叶腋都有小芽出现，将来随着枝条的伸长，这些腋芽也会发育成枝条，长大以后整个植株因枝条横生，不但显得杂乱，同时通风不良也容易遭受病虫为害，因此，定期整枝修剪十分重要。直立的品种容易长得很高，为方便管理及增加收获量，在种植后开始生长时要剪去顶端，侧芽萌发后再剪 2~3 次，这样植株才会低矮整齐。

◎**采收**：在南方或北方的设施保护地迷迭香一次栽植，可多年采收，采收以枝叶为主，可用剪刀或直接以手折取。但必须特别注意伤口所流出的汁液很快就会变成黏胶，很难去除，因此采收时必须戴手套并穿长袖服装。采收次数可视生长情况，一般每年可采 3~4 次。

◎**病虫防治**：在潮湿的环境里，根腐病、灰霉病等是迷迭香常见病害。如果栽培基质还是潮湿的时候，迷迭香植株出现萎蔫，需要把植株立即移出温室。最常见的虫害是红叶螨和白粉虱，最为理想的方法是使用生物防治。应重在预防，可以从卫生状况、合适的水分管理、合理的温度和光照上着手，并且需经常观察、及时淘汰病弱株。

盆栽技术

◎**选土**：迷迭香对于土质的要求不高，但叶厚、带肉质的特性，使它不耐潮湿，需要排水良好的介质，所以若采用田园土+泥炭土为栽培材料。

◎**选盆**：普通瓷盆、塑料瓶、泡沫箱、木盆均可。

◎**移栽**：一般育苗移栽为好，以每盆 1 株最好。

◎**环境控制**：迷迭香为极喜光的香草，所以一点要保障充足的直射光照射，可使其叶色更为浓绿，株型更饱满。喜温暖的环境，对高温有较好的耐受力，耐寒性不如普通迷迭香，生长适温为 15~30℃。

◎**定植后管理**：迷迭香对水分需求比普通迷迭香略强，但也不可长期保持土壤含水过多，一般浇水频率控制在 10d 左右浇一次为宜，夏季可适当增加浇水次数。迷迭香一般在换盆时加适量的膨化鸡粪或其他底肥，在生长过程中也可追施少量复合肥，花期可适当追施少量磷钾肥。

推广应用前景

迷迭香是一种名贵的天然香料植物，生长季节会散发一种清香气味，有沁心提神的功效。它的茎、叶和花具有宜人的香味，花和嫩枝提取的芳香油，可用于调配空气清洁剂、香水、香皂等化妆品原料，最有名的化妆水就是用迷迭香制作的，并可在饮料、护肤油、生发剂、洗衣膏中使用。迷迭香具有镇静安神、醒脑作用，对消化不良和胃痛均有一定疗效。有较强的收敛作用，调理油腻的肌肤，促进血液循环。在西餐中迷迭香是经常使用的香料，在牛排、土豆等料理以及烤制品中特别经常使用。清甜带松木香的气味和风味，香味浓郁，甜中带有苦味。

37. 牛　至

　　牛至（*Origanum vulgare* L.）牛至为唇形科牛至属多年生小灌木，是欧洲著名的香草种类。自中世纪以来，人们就被牛至的特殊香味所深深的吸引，不但将其作成香袋随身携带，在料理及花茶领域里牛至也占有一席之地。作为西餐中最重要的香草食材之一，牛至常用于意大利比萨饼及其他西餐料理，因此也被称作"披萨草"；新鲜或干制的牛至叶可用作香草茶饮用，也可提取精油用于芳香疗法。在园林应用方面，牛至可用作地被植物，也可作庭院植物或居室盆栽植物使用。

形态特征

　　牛至为唇形科牛至属多年生小灌木，株高 20~60cm；茎较柔软，四棱形；叶对生，多为卵圆形或长卵圆形，全缘；穗状花序由很多小花密集组成，有覆瓦状排列的小苞片，唇形花冠，冠筒稍伸出于花萼外，花色依品种不同有白色、粉红色等，自然花期一般 7—9 月。

生活习性

　　牛至喜夏季凉爽，冬季温暖气候，要求日照充足、通风良好的生长环境，生长适合温度为 18~25℃；适宜生长在排水良好的中性到弱碱性土壤中，较耐瘠薄；牛至耐旱也较耐湿，在高温多雨的季节仍能旺盛生长，对环境适应力较强。

原产于地中海沿岸、北非和亚欧大陆一些温带地区，主要栽培地区有法国、美国、意大利等地。中国广东、广西壮族自治区、上海等地有一定规模性种植。

栽培技术

牛至可田间土地种植，也可盆栽在阳台或摆放庭院。

（一）地栽技术

◎**繁殖育苗**：牛至可采用种子、扦插、压条及分株繁殖。生产上主要采用种子繁殖进行批量生产；扦插繁殖也较为容易，一般选在春秋季节为宜，选用 10cm 左右新生枝条做插穗，扦插后浇透水，一般 9~15d 可生根；由于牛至类植株的丛生性较强，也可在春季进行分株繁殖。

◎**选地整地**：宜选择排水良好，肥沃疏松的沙质壤土。栽前施足基肥，整平耙细，做 100cm 左右的平畦或高畦。

◎**直播或移栽**：直播法于春季 3 月播种，将种子与细沙混合后，按行株距 25cm×20cm 开穴播种。条播按行株距 25cm 开条沟，将种子均匀播入。

北方多采用育苗移栽，可于 3 月温室内育苗，苗高 10~15cm 时带土移栽于大田。移栽后踏实浇水。

◎**田间管理**

（1）肥水管理　牛至幼苗期怕干旱，要注意及时浇水。为使植株根系健壮和枝叶茂盛，在生长期每半月施肥 1 次，可喷施磷酸二氢钾稀释液，花前增施磷钾肥 1 次。

（2）摘心打顶　植株长出 6 对真叶时留 4 对真叶摘心，促发侧枝使株型丰满。

（3）中耕除草　全苗后，行间中耕除草，株间人工除草，以保墒、增（地）温、消灭杂草、促苗生长。封行前中耕除草 2~3 次。

◎**病虫防治**：苗的病害有根腐病、菌核病，虫害有地老虎等，栽培过程要注意防治。在收割后根部经过 4~7d 伤流期，愈伤组织形成期 20d 左右，便开始新芽分化，形成多枝的株丛。伤流期至新芽分化不宜浇水，以防烂根。同时，要提升抗灾害能力，减少农药化肥用量，降低残毒。

（二）盆栽技术

◎**选土**：牛至对土壤要求不高，一般的园土就可以基本满足其营养素需求，定植和换土时可使用少量基肥。

◎**选盆**：普通瓷盆、塑料瓶、泡沫箱、木盆均可。

◎**移栽**：一般育苗移栽为好，以每盆 1~3 株最好。

◎**环境控制**：牛至性喜阳光充足的环境，光照不足导致植株生长细弱，影响观赏和药用价值。喜温暖环境，不耐寒，生长适合温度为 15~25℃。

◎**定植后管理**：喜湿，也较耐干旱，一般浇水频率控制在 10d 左右浇水一次为宜，夏季可适当增加浇水次数。生长期一般不需特意追肥。花期可追施一些磷钾肥。

推广应用前景

全草又可提芳香油，鲜茎叶含油 0.07%~0.2%，干茎叶含油 0.15%~4%，含醇量（以香草醇计）2%~3%，含酚量（以麝香草酚计）约含 7%，除供调配香精外，亦用作酒曲配料。此外它又是很好的蜜源植物。

38. 鼠尾草

鼠尾草（*Salvia japonica* Thunb）为唇形科鼠尾草属多年生宿根植物或小型灌木，在欧洲是使用相当广泛的一类香草，也是十分古老的药用植物，已有1 000多年的药用历史。鼠尾草作为香辛料很受人们欢迎，适合作肉类和鱼类的调味料，尤其适合于香肠和肉罐头中的使用。其叶和花可作为香草茶饮用，欧洲人经常把鼠尾草作为酒的配香材料。鼠尾草种类和花色繁多，也是很好的观赏植物材料，可用作花坛、花境作地被植物，也可作为居室盆栽植物。

形态特征

鼠尾草为多年生宿根植物或小型灌木，株高30~80cm；根木质，茎基部木质，嫩茎四棱形；叶对生，长椭圆形或卵圆形，依种类不同，叶面光滑或粗糙，叶全缘或具齿；唇形小花由轮伞花序组成总状花序，花色依品种不同有白色、粉色、红色、蓝色、紫色等。花期一般4—10月。

生活习性

（一）生长特性

鼠尾草喜温暖且比较干燥的气候，也较抗寒，生长适合温度为 12~25℃；有较强的耐旱性，不喜水涝；喜日照充足和通风良好的环境；对土壤要求不严，一般土壤均可生长，偏爱排水良好的微碱性石灰质沙壤土。

（二）分布状况

鼠尾草原产地中海沿岸地区及南欧，现主要栽培国有意大利、法国、德国、瑞士、俄罗斯和叙利亚等国。中国于 20 世纪 50 年代引种，目前陕西、河北、浙江、江苏、江西等省均有栽培。

栽培技术

鼠尾草可田间土地种植，也可盆栽在阳台或摆放庭院。

（一）地栽技术

◎**繁殖育苗**

（1）播种　播种时一般在春、秋两季。育苗期为每年的 9 月到翌年 4 月。由于鼠尾草种子外壳比较坚硬，播种前需要用 40℃ 左右的温水浸种 24h，种子发芽适宜温度为 20~25℃，一般 10~15d 出苗，直播或育苗移栽均可。直播，每穴 3~5 粒，株高 5~10cm 时需间苗，间距 20~30cm。

（2）扦插　保护地于 3 月开始进行。插条选枝顶端不太嫩的茎梢，长 5~8cm，在茎节下位剪断，摘去基部 2~3 片大叶，上部叶片摘去一半（以减少水分蒸发），插于沙质土或珍珠岩的苗床中，深度 2.5~3cm。插后浇水，并盖塑料膜保湿，20~30d 长出新根后可定植，苗床要求光线充足，土壤湿润、疏松，扦插苗成活率一般在 95% 左右。

◎**选地整地**：鼠尾草对土壤要求不严，除了过酸和过碱的土壤外都能栽培。选择有排灌条件的，光照充足的土地即可。整地、深翻地，施腐熟的堆肥、土杂肥和过磷酸钙、骨粉等作基肥，耙细，浅锄一遍，把肥料翻入土中，碎土，耙平做畦宽 120cm。

◎**移栽定植**：一般 5 月中旬定植，在整好的畦面上按行距 45cm，开 10cm 深的沟。将种根按 35cm 株距斜摆在沟内盖细土、踩实、浇水。

◎田间管理

（1）肥水管理　生长期施用稀释 1 500 倍的硫铵，效果较好，低温下不要施用尿素。为使植株根系健壮和枝叶茂盛，在生长期每半月施肥 1 次，可喷施磷酸二氢钾稀释液，花前增施磷钾肥 1 次。

（2）株型整理　植株长出 4 对真叶时留 2 对真叶摘心，促发侧枝花诉摘除花序，仍能抽枝继续开花。

（3）中耕除草　全苗后，行间中耕除草，株间人工除草，以保墒、增地温、消灭杂草、促苗生长。封行前中耕除草 2~3 次。

◎病虫防治：主要病害有叶斑病、立枯病、猝倒病等，幼苗期多发，用 50% 甲基托布津可湿性粉剂或用 75% 百菌清可，湿性粉剂 500 倍液防治。虫害常见的有蚜虫、粉虱等，可药剂喷杀。

（二）盆栽技术

◎选土：基质选择疏松通气性好的园土加有机肥和复合肥，也可用泥炭 7 份加园土 3 份混合。

◎选盆：普通瓷盆、塑料瓶、泡沫箱、木盆均可。

◎移栽：一般直接扦插种植即可，以每盆 1 株为好。

◎环境控制：鼠尾草喜光照充足的环境，不耐阴，对低温比较敏感，应注意保温，温度适当降低到 18℃，过 1 个月可降至 15℃。如温度在 15℃ 以下，叶片就会发黄或脱落；温度在 30℃ 以上，则会出现花叶小、植株停止生长的现象，炎热的夏季需要进行适当遮阴，幼苗期加强光照防止徒长。鼠尾草不耐水涝，较耐干旱，一般每一周至两周浇一次为宜。

◎定植后管理：比较喜肥，定植前应施足底肥，生长期需勤施薄肥，以偏氮复合肥为宜。鼠尾草一般病虫害较少。注意排水通风，及时修剪残枝即可防止白粉虱、白粉病等病虫害的发生。

推广应用前景

叶片具有杀菌灭菌抗毒解毒、驱瘟除疫功效，可凉拌食用；茎叶和花可泡茶饮用，可清净体内油脂，帮助循环，养颜美容。还可以当作料食用，但不宜大量长期食用（因其含有崔柏酮，长期大量饮用会在体内产生毒素）。精油及其衍生物用于日用香精中，鼠尾草还可制成香包。园林绿化方面可作盆栽，用于花坛、花境和园林景点的布置。同时，可点缀岩石旁、林缘空隙地，显得幽静，摆放自然建筑物前和小庭院，因适应性强，临水岸边也能种植，群植效果甚佳，适宜公园、风景区林缘坡地、草坪一隅、河湖岸边布置，既绿化城市也闻香。

39. 香蜂草

香蜂草（*Melissa officinalis* L.）多年生草本植物。唇形科，蜜蜂花属，又叫柠檬香蜂草，柠檬香薄荷。原产俄罗斯及中亚各国，伊朗至地中海及大西洋沿岸，目前被广泛引种栽培。开花前采收新鲜叶子可用于烹饪，泡茶等，可缓解感冒、促进发汗、抗抑郁、止痛、降压、对呼吸系统和消化系统有保健作用。孕妇忌用。

形态特征

香蜂草是多年生草本植物。根系发达，具有根状茎。地上茎呈直立或接近状态，具有多分支，大多在茎中部或以下，作塔形开展。叶对生，具长细叶柄，被长柔毛，叶片卵圆形，具有柠檬香气，在茎上的一般长达5cm，宽3~4cm，枝上叶较小，长1~3cm，宽1~2cm，先端急尖或钝，基部圆形至近心形，边缘具锯齿状圆齿或钝锯齿，具有明显网状脉。轮伞花序，腋生，花多数，小型，花冠白色或淡红色。坚果长椭圆形，黑褐色有光泽，顶端有白色的芽眼，花期6—8月。

生活习性

香蜂草喜温暖以及日照充足的环境，发芽适宜温度为15~25℃，生长适宜温度为18~30℃。耐寒能力强，比较耐热，喜排水性良好的土壤，耐轻度盐碱。

盆栽栽培技术

◎繁殖

（1）**育苗**　香蜂草 3 月下旬至 4 月初在温室内育苗。苗床土需细碎平坦，先浇透底水后撒一薄层细药土，用苗菌敌 20g/ 袋加过筛的细沙土 20 ~ 30kg 后再播种。播种后覆土约 0.3cm 的药土，苗床上盖地膜保温保湿%。白天苗床温度控制在 25℃ 左右，夜间 10℃ 左右。1 周即可出苗，出苗后即揭去覆盖物充分见光。待苗 2 ~ 3 片真叶时可定制移栽。

（2）**扦插**　选取粗壮、无病害的茎枝剪成约 5cm 长的茎段，插于消毒过的沙土或珍珠岩中，当即浇透水。扦插后必须保证浇水，并遮光 50%，以促进发根成活。2 ~ 3 周后可移栽。

◎**定植移栽**：用疏松透气良好的基质与沙壤土和充分腐熟的有机肥混匀，选取表面积较大的浅花盆，将香蜂草移栽到花盆中。移植后，要施以适量的肥水，保证生长所需。

◎**盆栽养护方法**：定植后，要经常浇水，保持土壤湿润，日常浇水根据盆土干燥情况，3 ~ 4d 浇 1 次，定植两周后追肥 1 次，之后每月施用 1 次有机肥。另外保证充足的光照的同时，也要在炎热的正午为其适当的遮阳。移栽 15d 以后就可以摘心，以促进分枝，连续摘心 2 ~ 3 次，可保证其生长良好。在夏季香蜂草生长旺盛时候，注意及时修剪。当香蜂草开花时会导致生长缓慢，如果有花絮出现，应立即摘除。

◎**病虫害防治**：香蜂草抗逆性较强，很少出现病虫害。在日常养护中，注意保持水分，经常修剪，预防病虫害。如果出现虫害，可以喷洒肥皂水驱虫。

◎**采收**：香蜂草叶子在定值摘心之后随时都可以采收。在夏季生长旺盛时，要经常采收，如果想采收更多的叶片，可以在刚出现花苞时候将其剪掉。

推广应用前景

香蜂草作为香草类植物，具有迷人的柠檬香味，叶片可作为芳香药草茶饮用，不仅味道沁人心脾，亦有不错的养生功效，能消除肠胃胀气、帮助消化，治疗失眠、抗忧郁、减压镇静，还可治疗慢性支气管黏膜炎、气喘、感冒发烧和头痛，病后多喝可增强体力等诸多功效。另外，香蜂草中还含有1%的凤仙花油，而这种油对烧伤有特别的功效，对于治疗刀伤也很有效果，可以拿来治疗外伤。

盆栽香蜂草不仅具有诸多的药用价值和食用价值，而且养护方便易于栽培。从视觉、味觉、嗅觉都能给人带来愉悦的心情，配合漂亮的容器也可以营造出文艺清新的感觉。不管是对于年轻人文艺生活还是中老年人的疾病预防都有着很广阔的推广价值。

40. 紫 苏

紫苏（*Perilla frutescens* L. Britt.），属唇形科紫苏属，一年生草本植物，可兼用于药、食、油、菜、香料等。

形态特征

紫苏为一年生直立草本植物，茎绿色或紫色，高 0.3~2m，钝四棱形具四槽，密被长柔毛。叶阔卵形或圆形，长 7~13cm，宽 4.5~10cm，先端短尖或突尖，基部圆形或阔楔形，边缘在基部以上有粗锯齿，膜质或草质，两面绿色或紫色，或仅下面紫色，上面被疏柔毛，下面被贴生柔毛，侧脉 7~8 对；叶柄长 3~5cm，背腹扁平，密被长柔毛。轮伞花序 2 花，组成长 1.5~15cm、密被长柔毛、偏向一侧的顶生及腋生总状花序；苞片宽卵圆形或近圆形，长宽约 4mm，先端具短尖，外被红褐色腺点，无毛，边缘膜质；花梗长 1.5mm，密被柔毛。花萼钟形，10 脉，长约 3mm，直伸，下部被长柔毛，夹有黄色腺点。花冠白色至紫红色，长 3~4mm，外面略被微柔毛，内面在下唇片基部略被微柔毛，冠筒短，长 2~2.5mm，喉部斜钟形，冠檐近二唇形，上唇微缺，下唇 3 裂，中裂片较大，侧裂片与上唇相近似。雄蕊 4 枚，几不伸出，前对稍长，离生，插生喉部，花丝扁平，花药 2 室，室平行，其后略叉开或极叉开；雌蕊 1 枚，子房 4 裂，花柱基底着生，柱头 2 室；花盘在前边膨大；柱头 2 裂。果萼长约 10mm。花柱先端相等 2 浅裂。小坚果近球形，灰褐色，直径约

1.5mm，具网纹。花期8—11月，果期8—12月。

品种分类

　　紫苏有皱叶紫苏和尖叶紫苏两个变种。皱叶紫苏叶片大呈卵圆形，紫色多皱，叶柄紫色，茎秆外皮紫色。尖叶紫苏叶片长椭圆形，叶面平，绿色多茸毛，叶柄绿色，茎秆绿色。通常根据叶色又分为赤字苏、皱叶紫苏和绿叶紫苏；根据种子颜色又分为紫苏和白苏。

生活习性

　　紫苏具有耐寒、耐瘠薄、抗病虫适应性强的特性，适宜在富含腐殖质的壤土、中性或微碱性排水良好壤土，紫苏对光照的要求不严格，在较阴的地方也能生长，在长日照、阳光充足地方更有利于叶片生长。紫苏喜欢湿润环境，如果过于干旱会导致茎叶粗硬，纤维增多，品质变差。有机肥与复合肥混合施用具有明显促进紫苏生长的作用，单株产量和总产量由高到低均表现为：混合施肥、复合肥和有机肥。

盆栽栽培技术

　　◎育苗

　　（1）种子处理　紫苏种子萌发地温需在5℃以上，发芽温度为18~23℃，5~18℃生长缓慢，夏季高温生长旺盛，适宜花期22~28℃。紫苏种子萌动发芽需50~75℃积温，紫苏种壳松脆，含油脂较多，发芽较慢，通常需要15d以上。在育苗前期可采用60~70℃温水浸泡3~5 h，其间纱布包裹轻搓3~5次，亦用浓度200 mg/L的赤霉素20~25℃下浸泡种子8~10h催芽，以缩短育苗周期，提高发芽率及整齐度。

　　（2）苗盘育苗　以育苗基质与大田土3∶1的比例充分混匀后，喷水湿润土壤，趁墒撒种，每孔3~5粒种子。适量喷水保湿，播种后5~10 d即可出苗，出苗前期喷水保湿即可，出苗及三叶期后，根据幼苗生长状况可适时喷洒叶面肥，以便促进生长和壮苗。

如遇干旱可浇透水 1 次，但需严格控水控肥，苗高控制在 15cm 左右。

◎**定植移栽：**

（1）容器选择　选择透气性好，直径 20cm 左右的容器。

（2）移栽　将草炭、蛭石、珍珠岩（2：1：1）混合，在紫苏长成四对叶子时候即可移栽，移栽后浇透水。

◎**盆栽管理技术：**移栽 2d 后松土保墒，注意保温。天气干旱时 2~3d 浇一次水，以后逐渐减少浇水，促使其根部生长。紫苏两个半月即可收获全草，期间可追施 3 次有机肥。紫苏分枝性很强，每株分枝 30 个左右，叶片 300 多片。当植株长到 0.5m 左右时，要及时摘除花芽顶端，阻止其开花，以维持茎叶的旺盛生长。

◎**采收：**紫苏叶片要及时采收（5cm 左右），否则口感变差，同时要及时摘除已经进行花芽分化的顶端，抑制开花，促进茎和叶片的生长。

◎**病虫害防治：**北京地区露地栽培紫苏常发虫害为紫苏野螟、甜菜夜蛾，为害高峰期为 7—8 月；设施栽培紫苏的常发虫害为红蜘蛛，为害高峰期为 6—9 月。紫苏的常发病害为斑枯病，露地栽培模式下在 6—10 月发生，其中 7—9 月发病最为严重；设施栽培模式下发病主要集中在 5—10 月，其中 6 月下旬到 9 月下旬发病最为严重。

（1）斑枯病　为害叶片，发病初期叶面出现黑褐色小斑点或病斑，病斑干枯后常形成孔洞，严重时致叶片脱落，高温高湿、种植过密及通风透光差时较易发病。可用 70% 甲基托布津可湿性粉剂 600 倍液喷雾防治。

（2）红蜘蛛　为害紫苏叶子。6—9 月天气干旱、高温低湿时发生最盛。红蜘蛛成虫细小，一般为橘红色，有时黄色。红蜘蛛聚集在叶背面刺吸汁液，被害处最初出现黄白色小斑，后来在叶面可见较大的黄褐色焦斑，扩展后，全叶黄化失绿，常见叶子脱落。发病初期，可选用 40% 乐果乳剂 2 000 倍液、73% 炔螨特乳油 1200 倍液等喷雾防治。收获前 15~20 d 停止。

（3）夜蛾　7—8 月幼虫为害紫苏，叶子被咬成孔洞或缺刻，老熟幼虫在植株上作薄丝茧化蛹。防治方法用 90% 晶体敌百虫 1 000 倍液喷雾。

推广应用前景

紫苏叶片颜色有绿色和紫色两种，味道清新，紫色花束观赏性高，开展度小适合在家庭阳台上种植。并且紫苏抗逆性强，便于养护。紫苏具有很高的营养价值和药用价值。在中国常入药，紫苏叶可以解表散寒，行气和胃，紫苏梗可以行气宽中，防止呕吐，可以用来治疗脾胃气滞导致的消化不良。紫苏籽可以镇咳平喘，祛痰化瘀，出的油可以食用，对治疗冠心病和高血脂有明显疗效，推广盆栽紫苏具有很好的市场欢迎度。

41. 番 茄

　　樱桃番茄（学名：*Lycopersicon esculentum* Mill），是茄科番茄属一年生或多年生草本植物。一般常用于盆栽的为樱桃番茄，又名迷你番茄、小番茄等，是番茄半栽培亚种中的一个变种。

形态特征

　　体高 0.6~2m，全体生黏质腺毛，有强烈气味。茎易倒伏。叶羽状复叶或羽状深裂，小叶极不规则，大小不等，卵形或矩圆形，边缘有不规则锯齿或裂片。花序总梗长 2~5cm，常 3~7 朵花；花梗长 1~1.5cm；花萼辐状，裂片披针形，果时宿存；花冠辐状，直径约 2cm，黄色。浆果扁球状或近球状，肉质而多汁液，橘黄色或鲜红色，光滑；种子黄色。花果期夏秋季。原产于南美洲，在中国南北广泛栽培。

　　盆栽樱桃番茄宜选择抗病、抗逆性强、品质较好、易坐果的品种。如矮生红铃、红色情人果、红珍珠、千禧、红太阳、黄珍珠、绿宝石、黑珍珠等。

生活习性

　　樱桃番茄具有喜温、喜光、耐肥及半耐旱的特点。

　　◎温度：属于喜温性蔬菜，生长适温为白天 22~28℃，夜间15~18℃。当温度高于 35℃ 或低于 15℃ 时不能开花或开花后授粉不良。

◎**水分**：番茄喜水，但前期需水量较少，果实膨大期需要均匀的水分供应，一般保持土壤湿度 60%~80%，如果忽干忽湿，容易形成裂果，适宜的空气湿度为 45%~60%。

◎**土壤**：适应能力强，对土壤要求不严苛。适宜在土层深厚、排水良好、富有有机质的土壤中生长。

◎**光照**：喜光，光饱和点为 70 000 lx。适宜的光照强度为 30 000~50 000lx。在此范围内，光照越强，光合作用越旺盛，生长越好。如果光照不足易造成生长不良而落花落果。

栽培技术

◎**容器和基质选择**：可以选用一般的塑料花盆、泥瓦花盆作为栽培容器，也可以选用木桶、泡沫箱、瓦罐等容器进行栽培。注意选择的容器单株应当满足直径和深度在 20cm×20cm 以上，过小的盆不利于樱桃番茄生长及结果，可根据栽培容器的大小确定定植数量。同时，选择的容器必须要透水透气，必要时可以在容器底部钻孔。

栽培基质可以采用园田土、商品基质或者自配基质。自配基质可以以 2:1 的草炭和蛭石，再加入 5%~10% 的腐熟有机肥；可以用 50% 的草炭加 25% 园田土加 20% 沙土加 5% 的腐熟有机肥；也可以使用 60%~70% 的园田土加 30%~40% 的腐殖土。

◎**育苗及上盆定植**：盆栽樱桃番茄最好采用育苗移栽的方式，为了保证种子有较高的发芽率，可以使用穴盘、营养钵、育苗块等集中进行育苗。

（1）播种时间确定　一般情况下，樱桃番茄从播种到第一穗果着色成熟需要 120d 左右，应当根据上市时间来确定播种时间。例如，如果在春节期间上市，可以将播种期安排在 9 月上旬，如果想在国庆节期间上市，则可以将播种期安排在 5 月上旬。根据上市时间，安排播种期有助于园区利用节庆精准安排生产、分批上市，获得较好收益。

（2）育苗　育苗前一般采用浸种催芽方法。即将种子放入 50~55℃温水中，不断搅动，使种子均匀受热，维持 20~30 分钟后捞出。再放入30℃水中浸泡3~5h，待种子吸足水分后捞出，用纱布包好放在托盘里。托盘的底部和表面用毛巾覆盖，然后在25~28℃环境中催芽30h左右，即可出芽。出芽后可在穴盘、营养钵、育苗块中播种。

播种前准备好营养土，可以以2：1的草炭和蛭石，再加入5%~10%的腐熟有机肥混合均匀，浇透水后再播种。如果使用育苗块，在使用前一天要给育苗块浇透水。将催芽的种子放在穴盘、营养钵、育苗块中，每个放1~2粒，然后覆上一层0.5~0.8cm厚的潮湿细沙土。

（3）上盆定植　当番茄苗长出2~3片真叶时可以进行分苗或间苗。当苗龄40~50d，苗高15~20cm，具有4~6片真叶时即可定植。定植前提前装好配置好的经过消毒处理的营养土，定植当天用广谱性的杀菌、杀虫剂喷洒幼苗全株，防止种苗染病。根据容器大小，将番茄苗移栽至盆中，栽后及时浇足水。

◎**温度管理**：定植后一周内以保温为主，棚室温度超过30℃时才可放风。当看到幼苗生长点附近叶色变浅，表明已经缓苗，开始生长。此时可以适当进行通风降温，保持白天20~25℃，夜间10~15℃。开花以后可以适当提温，白天最高不超过28℃，夜间保持在15℃左右。冬季要注意保温，夏季则要注意遮阳降温，必要时可以通过开关风口和遮阳等物理措施调节至适宜温度。

◎**水肥管理**：定植缓苗后，浇水不宜过多，盆内湿度不宜过大，以保持盆土湿润稍干为宜。一般定植时浇足水，缓苗后浇一次小水，到第一穗果坐住浇一次小水。在果实膨大期要保证水分供应，根据不同季节、天气、植株长势确定浇水次数。当清晨叶尖有水珠时，表明水分充足，当心叶颜色变得浓绿时可以进行浇水。一般情况下，夏秋季节每3~5d浇一次水，冬春季节8~10d浇一次水。果实膨大期间水分不可忽干忽湿，防止裂果产生。

从第一穗果膨大时开始追施第一次肥，以后每隔20d左右视植株长势和结果情况追施一次，每株每次施用1~3g。肥料品种可以是氮磷钾复合肥、有机肥液等，同时注意补充钾肥促进果实品质提升。

◎**搭架整枝**：生长过程中使用专业绑支架或用 4 根竹竿插成方形架，高度 1~1.2m，并及时绑蔓打杈，去除下部老叶和黄叶。对于有限生长品种，可以采用双干整枝法，除主枝外，再留取第 1 花序下生长出来的第一侧枝，把其余侧枝全部摘除，培养两个枝条，增加其坐果数。对于无限生长品种，当植株结 4~6 穗果时，及时摘除顶部生长点，最上部果穗保留 2~3 片叶。为了加强通风透光、减少病害发生、提高品质，可以摘除采收完毕果穗下部的老叶。

◎**辅助授粉**：当每穗花朵数量开放达到 2/3 时，在晴天上午用木棍轻轻敲打花柄来辅助授粉促进坐果，也可以使用专用电动振荡器或者在棚室内释放熊蜂或其他种类的蜜蜂辅助授粉。樱桃番茄开花坐果能力较强，最好不要使用 2, 4-D 或防落素处理，以免造成畸形果影响观赏效果。当果实较多植株不能负载时，可以进行疏花疏果。

◎**病虫防治**：樱桃番茄生长健壮、抗病性强，在通风良好的栽培环境条件下基本不会发病，整个生长周期可实现无农药栽培。虫害主要是蚜虫、烟粉虱和潜叶蝇等。要以预防为主，定植前对温室、栽培基质、栽培容器等进行闷棚和药剂消毒，杀死虫源。在温室风口处覆盖防虫网，防止害虫进入。虫量少时，可以悬挂黄蓝板进行诱杀，虫量较多时可以喷施矿物油、辣根素或除虫菊酯等生物农药进行防治。

◎**果实采收**：樱桃番茄要完全转色时才能采收食用。由于樱桃番茄属于边开花、边坐果、边成熟的作物，定植后 50~70d 就可以采收转色的果实，采收期可达两个多月。

推广应用前景

樱桃番茄形状多样、色彩丰富、酸甜可口、食用方法多样，同时富含胡萝卜素、维生素等多种营养物质，深受广大消费者的喜爱。随着人民生活水平的提高以及对健康绿色的向往，观赏食用兼备的盆栽蔬菜在国内悄然兴起。樱桃番茄既是蔬菜又是水果，形态优美，有花有果，成为盆栽蔬菜的首选品种之一，受到消费者的青睐，具有良好的推广应用前景。

42. 观赏茄

观赏茄（*Solanum melongena* L.）茄科茄属，一年生草本植物。茎直立，紫、浅紫或绿色，高约30cm。单叶互生。花单生或簇生，花冠紫色，径约1.8cm。浆果卵形，果皮平滑光亮。起源于亚洲东南部热带。观赏茄是以观赏果实为主的茄科植物，单株结果可达20~30个，成熟后形成果实累累，红果绿叶的夺目盆景。观赏茄挂果时间间长，果不易脱落，观赏性较强，具有较高的栽培前景和经济价值。观赏茄是茄果类蔬菜的一种，其品种繁多，外形乖巧美观，果色艳丽，观赏期长，深受市民和观光游客欢迎，具有广阔的市场开发前景。它既可用于庭院、阳台种植，也可以作为观光旅游农业中的主栽品种。

形态特征

观赏茄子根系发达，主根粗而壮，主要根群分布在30cm的土层内。根系木质化早，具一定的抗旱能力。茎直立粗壮，木质化，为假二杈分枝，呈绿色、紫色、绿紫色。单叶互生，卵圆形或椭圆形。花白色或紫色。浆果，呈深紫、鲜紫、白、绿、大红等颜色。种子扁平，圆形或卵形。

常见品种

介绍两个适宜盆栽种植的观赏茄。

◎**非洲红茄**：非洲红茄即平茄、赤茄，原产于南美巴西、秘鲁等地，为一年生草本，适应性及抗逆性较强。一般株高50~70cm，株幅较大，叶片性状、颜色、大小与普通的菜茄相似。叶长12~15cm、宽8~10cm，叶缘呈钝尺状，叶片深绿色，叶脉紫色，叶脉上有刺，花序聚生或串生，有花3~10朵。花冠白色或淡紫色，雌雄同花，自花授粉。果实开始呈绿色或黄绿色，后变橙色，最后为深红色。果长2~4cm、宽2~3cm，果实扁圆形到圆形，果表皮有明显的棱纹，单果重20g左右。单株结果数多，结果节位在8~10节，花后坐果率高，果实量多，成熟的果实像一串串宝石悬挂在枝叶间，观赏价值极高，生育期为180d左右，观赏期较长，不可食用，仅供观赏，可盆栽及插花配景。非洲红茄喜温暖，喜光照，喜肥水，不耐寒，要求肥沃的沙壤土。非洲红茄生长适宜温度为12~18℃，开花结果温度为15~35℃。

◎**鸡蛋茄**：鸡蛋茄即金银茄、白蛋茄，为一年生草本，起源于亚洲东南热带，无限生长类型，植株生长势强。一般株高20~40cm，株幅较小，叶片长圆形，单叶互生，花单生或簇生，叶脉绿色，茎叶上有刺，茎自立，为紫、浅紫或绿色，花冠紫色，嫩果白色，熟果淡黄色，果长5~6cm、宽3~4cm，果实椭圆形，形似鸡蛋，果表皮光滑，单果重20~30g，结果节位在7~9节，观赏价值较高。生育期为240d左右，观赏期很长，可盆栽观赏。鸡蛋茄喜温，不耐寒，要求土层深厚、保水性强、富含有机质的肥沃土壤。鸡蛋茄生长适宜温度为20~30℃，对光照时间长短不敏感，但果实发育需要一定光照。

生活习性

观赏茄具有普通茄子特性。茄子是果菜中极耐高温的蔬菜，生长适温24~28℃，夜温12~16℃，地温14~23℃；种子发芽适温25~30℃，开花适温为20~35℃；花芽分化适温白天为24~30℃，夜温为17~25℃；果实发育适温白天为25~28℃，夜温为13~17℃。气温20℃以下停止生长，35℃以上花器发育受阻，落花现象增加。属短日照植物，对日照时间要求不严格，但对日照强度要求较高，光饱和点为40 000 lx，光补偿点为4 000 lx，光照强度不足，着色不良，长柱花减少，落花严重。

茄子叶子大。枝叶茂盛、需要水分较多，土相对含水量以70%~80%为宜。生长前期需要水量少。开花期需要水量大，采收前达到高峰。茄子怕涝，空气相对湿度以70%~80%为宜。

茄子适合中性至微酸性的土，能忍受较高的土溶液浓度。生育期氮肥特别重要。增施氮肥增产显著，茄子很少有徒长现象发生，磷的吸收主要在前期，在采收盛期需钾量特别大。

栽培技术

◎育苗及定植

（1）育苗　筛选出粒大饱满新鲜的观赏茄种子，经自然风干，贮藏于阴凉干燥的容器内，并注意防虫蛀。观赏茄种子发芽的温度适宜在20℃以上，北方春播应在温室进行。根据需要，可提前或分批播种。

种子处理：用50~55℃的温汤浸种，并连续搅拌，30分钟后取出，再清水浸种24 h，捞出后用干净的湿布包好，置于30~32℃温度下催芽4~5d，然后捞出种子用0.1%农用链霉素，或0.1%高锰酸钾浸泡处理20~30分钟。把浸泡好的种子用清水冲洗干净，并用湿布包好，置于温暖、潮湿环境中进行催芽，催芽期间用温水冲洗掉附在种子上的黏液，待种子露白后即可播种。

播种育苗：家庭或小规模盆栽选择直径5cm的营养钵。将混好的育苗基质装入。每钵1~2粒种子，播后覆细潮土2~3cm，并覆1层薄膜，出苗后将薄膜撤除。规模化盆栽生产建议茄子采用72孔穴盘来育苗。每穴1粒，播后覆盖一层厚1~2cm的育苗基质，最后浇透水。育苗盘表面覆盖一层地膜催芽。育苗期间，根据土壤干湿情况，及时浇水，半透为好，保持土壤湿度在60%~70%。幼苗定植前，要喷一次杀病虫害药剂，可选用阿维菌素、百菌清等可防苗期病害。

（2）定植　上盆定植。在观赏茄子4~5片真叶时即可上盆，选择30cm以上花盆，一盆定植1棵健壮苗。基质原料采田园土、草碳以及腐熟有机肥按一定比例比例混合配制，具体比例可参照其他茄果类盆栽基质配比，以不烧苗原则，定植后浇透水。

◎**温度控制**：白天保持 25～30℃，夜温 15～20℃，促进缓苗。缓苗后适当降温，白天保持在 25℃ 以上，夜间 15℃ 以上。门茄开始开花需要充足光照，白天 25～30℃，夜温 15～18℃，门茄坐果后，外界气温已达 20℃，夜温 15℃ 以上，可以充分接受自然光照。

◎**水肥管理**：盆栽最重要的是肥水管理。观赏茄对水分较为敏感，一旦缺水叶子就会出现萎蔫状。缓苗后，夏季高温季节每天至少浇水 1 次，春秋季节 2～3d 浇水 1 次，冬季每 5～7d 浇水 1 次。浇水宜在傍晚进行，保持土壤湿润。以薄肥勤施为原则每盆每次用氮、磷、钾比为 10∶10∶10 的复合肥 20g 穴施于盆土中然后浇水，每 15d 左右施 1 次；规模化生产建议用茄果类水溶性肥料每隔 7～10d 随水滴灌 1 次。

◎**修枝整形**：当植株长到 50～60cm 左右时，摘去顶芽和株尖侧芽，修去无果枝，摘去崎花崎果、叶、病叶，促使所挂果正常生长。也可以根据不同的品种特性采用不同整形方法。株高在 60cm 以内、果型较小的品种，如非洲红茄、鸡蛋茄，当株高 15cm 左右时摘心，使其长出侧枝，侧枝长到 10cm 左右再次摘心，摘心 3～4 次，促使多分枝，矮壮株型，可形成球形植株。对于拥有较高株型的五指茄，当植株长至 40～50cm 时摘心，促进侧枝生长，盆栽每株保留 3～4 根侧枝，摘去多余的腋芽和分枝。主干和侧枝均用竹竿和铁丝进行固定。有时为了让果实具有层次感，可保留一定距离的花芽，其余花芽全部打掉。果实较大的品种，如白雪公主长茄，把株高 30cm 以下的花芽、叶片都打掉，果实围绕着花盆留一圈，多余果实全部打掉，在中间设立支架，固定好植株，防止倒伏。观赏茄子整形后，待长到适合高度时，可喷洒多效唑，抑制其高度，促进开花。日常管理中应摘除硕大、黄枯、病虫的老叶，以利通风透气、增强光照。发现徒长枝、过密枝、枯枝、病虫枝也一并剪除，不定期摘除烂叶、烂果。

◎**病虫害防治**：通风不良时，可发生红蜘蛛、白粉虱、蚜虫等虫害。家庭阳台以及庭院盆栽以物理和生物防治为主，温室规模生产可以提早用药预防。

◎**采收与售卖**：盆栽观赏茄子以观赏为主，食用为铺，因此从挂果到完全成熟时间跨度大，可以观赏不同时期果形果色，在一些观光园区也可等到果实转色变硬采摘售卖。盆栽观赏茄子一般在挂果时及时出售。出售前应摘掉下部老叶和黄叶，显露果实以增强美观。观赏期可达到 100d 以上。

推广应用前景

观赏茄是以观赏果实为主的茄科植物，成熟后形成果实累累，红果绿叶的夺目盆景。观赏茄挂果时间长果不易脱落，观赏性较强，具有较高的栽培前景和经济价值，是观光园区重要景观造型蔬菜。

观赏茄子蔬菜是以其千姿百态、五颜六色的果实为主要观赏部位的蔬菜。其千姿百态的果实所提供的审美享受毫不逊色于其他类型的观赏蔬菜。观赏茄应用形式灵活多变，给人以朝气蓬勃的感觉。可独立成景，也可与其他植物组合成盆栽观赏；可应用于竖向空间的绿化，增加空间视觉感，形成多层次的绿化效应。闲暇之余，在室内外种植些观赏茄果类蔬菜，不仅可以美化居家环境，还可使人感受收获果蔬的喜悦，享受田园的乐趣。正是由于这些特性，使观赏茄日益成为家庭园艺应用时的新宠儿。

43. 辣　椒

辣椒（*Capsicum annuum* L.）别名牛角椒、长辣椒、菜椒、灯笼椒，茄科辣椒属一年生或有限多年生草本植物。是蔬菜家族中维生素 A 和维生素 C 含量最高的。它还含有丰富的胡萝卜素、维生素 B 和磷、钙、铁、硒等矿物质元素。经常食用能增强人体免疫力，可以促进新陈代谢，使皮肤光滑柔嫩，具有美容的功效，同时也是糖尿病患者较宜食用的食物。

形态特征

◎ **根系**：辣椒属浅根性植物，多分布于 30cm 左右的表土层中，采用育苗移栽的，主要根群分布在 10~15cm 土层内。根系的这些特点使得辣椒既不耐旱也不抗涝。所以栽培时宜选择通气性良好的肥沃土壤，同时育苗和移植过程中注意保护根系，最好采用穴盘、营养钵育苗等护根育苗措施。

◎ **茎**：辣椒茎直立，本质化程度高，腋芽萌发力较弱，茎端出现花芽后，以双杈或三杈分枝继续生长，冠幅小。目前辣椒按照分枝习性可分为无限分枝和有限分枝两种类型。

（1）无限分枝型　植株高大苗壮，当主茎长到 7~15 片叶时，顶端现蕾，在花蕾着生处生出 2~3 个侧枝，各个侧枝又不断依次分枝着花，如果生长条件适宜，分枝可以不断延伸，呈无限生长性，但由于果实发育的影响，所抽生的侧枝数和生长势的强弱有所不同。栽培品种属此类型。

（2）有限分枝型　植株矮小，主茎生长至一定叶数以后顶部以花簇封顶形成多数果实，花簇下面的腋芽抽生分枝，分枝的叶腋还可抽生副侧枝，在侧枝和副侧枝的顶端也以花簇封顶，以后植株不再分枝。各种簇生椒都属此类型。另外，辣椒主茎基部各节叶腋均可生出侧枝，但开花结果较晚，并影响田间的通透性，生产上一般应及时摘除。

◎叶：辣椒的叶单叶互生，卵圆形或长卵圆形，先端渐尖，叶面光滑，少数品种叶面密生茸毛。通常，果形越大，叶片越宽。

◎花：辣椒花为完全花，花多单生，少数品种丛生或簇生，雌雄同花，花冠白色或绿色，花瓣6片，基部合生，具有蜜腺。花萼5~7裂。雄蕊1枚，子房2~6室。一般品种雌蕊柱头与花药稍长或等长，有时也出现雌蕊柱头短于花药的花，这三种花分别叫作长柱花、中柱花和短柱花。长柱花为正常花，短柱花常因授粉不良而落花落果。

◎果实：果实为浆果，下垂或朝天生长。果形有灯笼形、长角形、指形和樱桃形；成熟果为红色或黄色，未成熟果实颜色有绿色、紫色、黄色和白色等；果型大小品种间有差异，一般大型果不含或含微量辣椒素，小型果辣根素含量高辛辣味强。

◎种子：种子扁平，近圆形，淡黄色，稍有光泽。千粒重4.5~8g，种子可在干燥、通风的条件保存2~3年后发芽率显著降低，最佳使用期为1~2年。

辣椒依据用途分类：鲜食辣椒简称鲜椒，通常也叫菜椒。果肉厚，以新鲜果实供作食用，据辣味浓淡分为辣、微辣和甜椒。灯笼形、牛角形和羊角形辣椒都作为鲜食辣椒栽培，一些嗜辣地区，也鲜食线椒。干辣椒简称干椒，是辣味浓的制干辣椒。果肉较薄，含水量小，辣椒素含量丰富，辛辣味强，容易制干，干辣椒主要作调味品食用。观赏辣椒有的品种果实优美，色彩艳丽，果色有黄、红、橙、紫白和绿色等，具有很高的观赏价值，主要作观赏栽培。

生活习性

◎**温度**：辣椒对温度的要求介于番茄和茄子之间，它的耐热性似茄子，较番茄强。种子发芽的适温为 25～32℃，最低温为 15℃、最高温为 35℃；幼苗期耐寒性差，白天 23～26℃，夜间 18～22℃，最低温度以不低于 15℃为宜；开花结果初期以日温 20～27℃、夜温 15～20℃为宜，低于 15℃，植株生长缓慢，难以授粉，易引起落花落果，高于 35℃，花器发育不全或柱头干瘪不能受精而落花，即使受精果实也不能正常发育；果实发育和转色期，要求白天温度 25～30℃、夜间 18～20℃，因此冬季保护地栽培的辣椒常因温度过低变红很慢，不同类型的品种之间，对温度的要求有一定差异，一般小果型品种比大果型品种具有更强的耐热性。

◎**水分**：由于辣椒为浅根系作物，对水分要求严格，既不耐旱又不抗涝，植株本身需水量并不大。但由于根系不很发达，耐旱性不如番茄和茄子，不经常供给水分难以获得丰产。土壤过于干燥时，植株生长迟缓，坐果率降低，特别是大果型的甜椒品种，比小果型的辣椒更不耐旱。当辣椒淹水数小时，植株就会萎，严重时成片死亡，所以栽培辣椒控制土壤湿润状态极为重要。其对空气湿度要求也较严格，喜比较干爽的空气条件，空气相对湿度为 50%～70%为宜，过湿易造成病害，过干则对授粉受精和坐果不利。

◎**土壤营养**：辣椒对土壤条件的要求依品种而异，小品种适应性较强，大品种要求较高，以排水良好的肥沃土壤为宜。辣椒的生长发育需要充足的养分，对氮、磷、钾均有较高的要求。在不同的生育期，需肥的种类和数量有差别，苗期保证磷肥供应，初花期氮肥不宜过多，进入盛花期以后需要大量氮、磷、钾三要素肥料，理想土壤 pH 值为 6.0～6.5。

◎**光照**：辣椒为中日性植物，对光周期要求不严格，只要温度适宜，营养条件良好，光照时间的长或短，对开花、花芽分化影响不大，但在较长的日照和适度的光照强度下能促进花芽的分化与发育，开花结果较早。辣椒要求中等的光照强度，较耐弱光。

在强光照季节栽培辣椒，定植以后适当降低光照强度反而会促进茎叶的生长，使叶面积变大，结果数增多，果实发育也好。北方地区辣椒生产时春、夏季光照过强，辣椒经常与玉米或搭架栽培的豆类间作，利用相对高大的玉米或架豆植株为辣椒遮挡夏秋季过强的光照。温室大棚栽培辣椒应采取适当遮阴措施，如覆盖遮阳网，棚膜喷撒泥浆等。

栽培技术

◎育苗

（1）盆器选择　花盆的选择关系到栽培是否成功，同时也是提高盆栽辣椒观赏性的重要环节。从观赏的角度考虑，对花盆的形状、颜色、图案、规格、材质等方面选择要有所讲究，塑料花盆具有价廉、轻便以及颜色、形状、图案、规格丰富多样的优点，目前盆栽观赏辣椒多采用小型塑料花盆进行栽培；从种植的角度考虑，盆栽辣椒植株大小与花盆规格要配套，植株越高大的盆具规格应越大。

（2）栽培基质选择　盆栽辣椒的栽培基质可根据种植的场所、用途及基质来源等方面灵活确定。常规的土壤栽培，选择肥沃疏松、病虫源少、pH 值 6.0~7.0 的园土，也可加入适量的炉渣、蛭石、细沙或泥炭土等，按照一定比例配制。目前大规模基地盆栽多地采用无土基质栽培，特别是室内采用无土栽培，具有洁净的优点。基质主要有泥炭土、蛭石、珍珠岩等，也可以掺入适量蚯蚓粪作为栽培基质。

（3）种子处理与播种　家庭或小规模生产可采用 50~55℃ 的温汤浸种，并连续搅拌，待温度自然降低后，用温水冲洗掉附在种子上的黏液，浸泡 24 h。捞出后即可播种于穴盘，一般基地规模生产为了方便生产一般不进行浸种。观赏辣椒苗期长，可根据需要采取不同规格（50 孔或 105 孔），每穴播种 2 粒。穴盘放置于育苗棚中，浇透水，再覆盖一层薄膜，出苗后将薄膜撤去。当基质缺水时及时洒水，每次都要浇透。苗期喷代森锰锌、百菌清等预防苗期病害，喷施 0.5% 磷酸二氢钾或叶面肥，增加幼苗营养，培育壮苗。

◎**定植**：辣椒5~7片真叶、苗龄55~60d时，即可上盆。每盆定植1~2株健壮幼苗，一般大型辣椒单株，小型观赏辣椒一般采取双株定植。定植前先将基质淋透水，栽苗不要太深，覆盖根系即可，定植后浇足定根水。

◎**温光管理**：在温度管理上，主要根据不同的蔬菜种类或品种对温度要求的特性，选择适宜的栽培季节，特别是未采用保护地栽培的，其温度无法调控，应选择适宜的季节进行种植；在光照管理上，主要根据栽培场所来确定，特别是在室内栽培的，要根据不同阳台朝向确定。

◎**肥水管理**：定植后，全生育期需追肥3~5次，分别在定植后10~15d、坐果初期和结果盛期等关键时期，每次施用1%复合肥水溶液，结果盛期可增施磷、钾肥，以便保花保果。并且视植株生长情况及时浇水，夏天一般在早晨或黄昏适量浇水，见干见湿，烈日下不可中午浇水。追肥的注意事项：①浇肥水以前，最好先把盆土松一松，有利于肥水顺利下渗，被植株的根系吸收；②忌施未腐熟有机肥，未腐熟有机肥在腐熟发酵过程中产生的高温易烧伤植株且含有很多病原菌、寄生虫卵，易使植株感染病虫害；③忌在根茎施肥，根茎施肥不利于植株吸收和利用养分，应靠盆边施肥。

◎**植株调整**：为了使盆栽辣椒保持良好姿态，提高观赏效果，应采取相应的植株调整措施。主要有以下方面。

（1）**转盆**　即把栽培的容器原地转动方向，可使作物见光均匀，避免地上部生长不均衡、不协调问题，防止出现偏头的现象，也可防止盆底部根系穿透底部扎入土壤。转盆的频率可根据实际需要观察进行。

（2）**摘心**　又叫掐尖，即去除生长点。摘心具有控制植株高度、促进分枝数量和生长速度、增加植株开花数及结果数的作用，在适当时机摘心后，可明显提高观赏效果。

（3）**摘叶及植株清理**　中后期的植株，要及时摘去老叶、黄叶、病叶及部分生长过密的叶，以免影响开花结果；对于观赏椒应在开花时及时摘去萎蔫的花冠，保持植株整洁，促进果实发育。

（4）整形与造型　为提高观赏价值，盆栽辣椒保持植株的外形美观，可根据需要进行整形，比如通过修剪整枝成塔形、圆球形以及下垂型等不同造型，也可通过三角支架引导出不同形状盆景造型。

（5）喷施植物生长调节剂　不同辣椒品种可在其生长过程中采用矮壮素或多效唑等植物生长调节剂进行喷布，以控制其生长势。

◎**病虫害防治**：盆栽辣椒主要虫害是蚜虫，主要病害为病毒病。病毒病可在育苗时进行浸种消毒来预防，夏季温度过高时，要适当遮阳降温。蚜虫可用除虫菊素等生物农药防治。

◎**采收**：观赏辣椒一般以观赏为主，但过分老熟时果实干枯，影响美观，应在果实成熟，颜色红艳之时进行采摘。在冬末，可剪去老枝，积蓄养分，翌年春来之际，即可萌发嫩绿新枝，开花结果，延长观赏寿命。

推广应用前景

盆栽辣椒蔬菜兼具蔬菜的食用品质和花卉的观赏品质，以其新颖性深受消费者喜爱。种植欣赏观赏蔬菜，是现代都市人返璞归真、愉悦身心的理想选择。观赏辣椒等盆栽蔬菜的市场应用主要在家庭、办公室及庭院摆放，屋顶绿化；学校开展青少年科普教育的实物教材；观光旅游景区布置花坛、花台、花架等。用于摆放室内、办公室，可选择株型较小、紧凑，形态优雅、奇特，观赏期长，容易打理的盆栽品种；屋顶绿化、庭院种植、布置花架等可选择大型品种等。

44. 马铃薯

马铃薯 (*Solanum tuberosum* L.)，茄科茄属，一年生草本植物。别称山药蛋、地蛋、洋芋、芋头、土豆等。马铃薯是全球第三大重要的粮食作物，中国五大主食之一，块茎繁殖。

形态特征

由种子长成的植株形成细长的主根和分枝的侧根；而由块茎繁殖的植株则无主根，只形成须根系。茎分地上茎和地下茎两部分，地上茎呈菱形，高15~80cm，无毛或被疏柔毛，外皮白色，淡红色或紫色。马铃薯地下茎块状，扁圆形或长圆形，直径3~10cm，薯皮为白、黄、粉红、红、紫色和黑色，薯肉为白、淡黄、黄色、黑色、青色、紫色及黑紫色。初生叶为单叶，全缘。随植株的生长，逐渐形成奇数不相等的羽状复叶。小叶常大小相间，长10~20cm；叶柄长约2.5~5cm；小叶6~8对，卵形至长圆形，最大者长可达6cm，宽达3.2cm，最小者长宽均不及1cm，先端尖，基部稍不相等，全缘，两面均被白色疏柔毛，侧脉每边6~7条，先端略弯，小叶柄长1~8mm。伞房花序，顶生，后侧生，花白色或蓝紫色；萼钟形，直径约1cm，外面被疏柔毛，5裂，裂片披针形，先端长渐尖；花冠辐状，直径约2.5~3cm，花冠筒隐于萼内，长约2mm，冠檐长约1.5cm，裂片5，三角形，长约5mm；雄蕊长约6mm，花药长为花丝长度的 5 倍；子房卵圆形，无毛，花柱长约 8mm，柱头头状。浆果圆球状，光滑，绿或紫褐色，直径约 1.5cm。种子肾形，黄色。花期夏季。

生活习性

◎光照：马铃薯是喜光长日作物，长日照可促进茎叶生长和现蕾开花，但抑制薯块膨大；短日照有利于块茎形成，但不利于植株生长发育。一般每天日照时数 11 ~ 12h，茎叶发达，光合作用强，块茎产量也高。日照不足 6h（如阴天多），开花不正常，但对产量影响不大；当日照长达 14 ~ 15h，会出现块茎停长、茎叶徒长现象。

◎温度：马铃薯生长发育需要较冷凉的气候条件。10cm 地温为 7 ~ 8℃时，薯块即可萌发幼芽；10 ~ 12℃时幼芽生长迅速并很快出土。一般气温低于 0℃时幼苗受冷害，-2℃时受冻害，部分茎叶枯死、变黑。但气温回升后只要水分充足，就能从节部发出新的茎叶，继续生长，小春洋芋霜冻后要及时灌水，就是根据这一特性。植株生长最适温度 21℃左右，40℃高温下停止生长。开花最适温度 15 ~ 17℃，低于 5℃或高于 38℃不开花。块茎生长发育适温 17 ~ 19℃，低于 2℃或高于 29℃块茎停止生长。

◎水分：水分足够是马铃薯高产的重要条件。通常土壤水分保持在 60% ~ 70% 比较合适。超过 80%，尤其后期水分过多，或积水超过 24h，薯块易腐烂，积水 42h 将全部烂掉，因而在低洼地要注意排水和实行高墒垄作栽培。现蕾至开花以及整个花期，是需水多和养分高峰期，也是产量形成的关键时刻，此期应避开伏天。昼夜温差大，雨水充沛，叶面指数最大，为高产打下基础。此期若处干旱高温，畸形薯就多，伏天温度高，土壤昼夜温差小，茎叶繁茂，块茎个数多而小，难于提高产量。

◎土壤：马铃薯对土壤适应范围较广。轻质壤土最适宜，土壤通透性好，生产的块茎薯形好，便于收获。黏重土壤保水保肥能力强，但易板结，需采用高垄栽培，及时中耕培土，并排水通畅，以防烂薯，可获得较高产量。沙性土壤保水保肥力差，栽种时注意增施肥料，深种深盖土，不宜搞高垄栽培。马铃薯喜弱酸性土壤，最适 pH 值为 4.8~7.0，强酸植株易早衰，强碱停止生长，石灰质含量高的土壤容易发生疮痂病。

◎**营养：**碳是光合作用的重要原料，也是光合强度的重要限制因素。栽种时施足底肥碳酸氢铵，并增施有机肥，开花期追施碳酸氢铵和尿素。马铃薯吸收矿质养分最多的是氮、磷、钾，其次是少量钙、镁、硫和微量铁、硼、锌、锰、铜、钼、钠等。矿质营养在组成马铃薯干物质中只占 5%左右，其余 95%由光合作用所生成的碳水化合物构成，但矿质营养参与并促进光合产物的生理生化过程。马铃薯茎叶和块茎中的氮、磷、钾元素，主要通过根从土壤中吸收。在不同生育期对氮、磷、钾的吸收从出苗到块茎增长是逐渐增加的。块茎形成期增长速度最快达高峰，以后又下降。三要素累积吸收百分率为幼苗期 2.5%~2.6%，块茎形成期 30%~50%，块茎膨大期达 100%，淀粉积累期减至 63%~95%。块茎中氮有 70%~90%、磷 50%左右由茎叶中转移而来，钾有 50%左右由叶片中转移而来，其余根系从土壤吸收。

常用品种

◎**费乌瑞它：**生育日数出苗至成熟 60d 左右。株型直立，株高约 60cm。茎紫色，生长势强，分枝少。叶绿色，茸毛中等多，复叶大、下垂，叶缘有轻微波状，侧小叶 3~5 对，排列较稀。花序总梗绿色，花柄节有色，花冠蓝紫色，瓣尖无色，花冠大，雄蕊橙黄色，柱头 2 裂，花柱中等长，子房断面无色。花粉量多，天然结实性较强。浆果深绿色，有种子。块茎长椭圆形，顶部圆形，皮淡黄色，肉鲜黄色，表皮光滑，块大而整齐，芽眼数少而浅，结薯集中，块茎膨大速度快。植株易感晚疫病，块茎中感病，轻感环腐病和青枯病，抗 Y 病毒和卷叶病毒。干物质含量 17.7%，淀粉 12.4%~14%，还原糖 0.03%，粗蛋白质 1.55%，维生素 C 13.6mg/100g 鲜薯。适宜炸片加工。一般亩产 1 700kg 左右，高产可达 3 000kg。

◎**克新 4 号：**早熟，生育日数 70d 左右（由出苗到收获）。株型直立，分枝较少，株高 60cm 左右，茎绿色有极淡的紫色褐色素，叶绿色，复叶中等大小，茸毛中等多，叶边缘平展，侧小叶 4 对，排列疏密中等，花序总梗绿色，花柄节无色，花冠白色，有外重瓣，瓣间无色，大小中等，雄蕊黄绿色，花粉量较少，天然结实性弱，块茎扁圆形，顶部平，黄皮淡黄肉，表皮光滑，块茎大小中等，整齐，芽眼较浅，结薯集中，块茎休眠期较短，耐贮藏。蒸食品质优；植株感染晚疫病，块茎抗性较高感染环腐病，对 PVY 过敏，感 PLRV，较耐 PSTVD；较耐贮藏；丰产性好，平均单产 22 500kg/hm²。干物质含量 18%，淀粉含量 12%~13.3%，还原糖含量 0.04%，粗蛋白质含量 2.23%，鲜薯中维生素 C 含量 48mg/kg。耐肥，丰产，抗倒伏，早熟。可适当密植，适宜各植密度为每公顷 6 万~7.5 万株。

◎东农 303：生育日数出苗至成熟 50~60d。株形直立，株高 45cm 左右。茎绿色，分枝数中等。叶浅绿色，茸毛少，复叶较大，叶缘平展侧小叶 4 对。花序梗绿色，花柄节无色，花冠白色，无重瓣，大小中等，雄蕊淡黄绿色，柱头无裂，不能天然结实。块茎扁卵形，黄皮黄肉，块茎表皮光滑，块中等大小，较整齐，芽眼多而浅，结薯集中。品质较好，耐涝性强，植株中感晚疫病，块茎抗病、抗环腐病。高抗花叶，轻感卷叶病毒病，耐束顶病。干物质含量 22.5%，淀粉 13.1%~14.0%，还原糖含量 0.03%，维生素 C14.2 mg/100g 鲜薯，淀粉质量好，适于食品加工。一般亩产约 1 500~2 000kg。高产者可达 3 500kg。

◎罗兰德：生育期出苗至成熟 60d 左右。株型直立，株高 45~50cm。茎秆粗壮，分枝较少。叶片肥大，叶色墨绿。花冠浅紫红色，开花较少。薯形椭圆形，薯皮粉红色，薯肉白色，薯皮光滑，芽眼浅。淀粉含量 14%，肉质脆嫩，食味好。结薯较集中，抗退化性较强，对皱缩花叶过敏。休眠期短，易打破休眠，喜水耐肥。一般亩产春播 1 500 kg 左右，秋播 1 200 kg 左右。

◎黑美人：黑美人土豆薯形圆形，切开靠近表皮有一圈白色的圆环，口感沙。

◎黑金刚：幼苗直立，株丛繁茂，株型高大，生长势强。株高

60cm，茎粗 1.37cm，茎深紫色，横断面三棱形。主茎发达，分枝较少。叶色深绿，叶柄紫色，花冠紫色，花瓣深紫色。薯体长椭圆形，表皮光滑，呈黑紫色，乌黑发亮，富有光泽。薯肉深紫色，致密度紧。外观颜色诱惑力强。淀粉含量 13%～15%，口感香面品质好。芽眼浅，芽眼数中等。结薯集中，单株结薯 6～8 个，单薯重 120～300g。全生育期 90d，属中早熟品种，耐旱耐寒性强，适应性广，薯块耐贮藏。抗早疫病、晚疫病、环腐病、黑胫病、病毒病。一般亩产 2 000～2 500 kg，比普通品种增产 15%左右。适宜全国马铃薯主产区、次产区栽培，发展前景看好。

栽培技术

◎**容器选择**：马铃薯生长对容器要求不高，只要透气、底下有水孔，大小为直径 40cm 以上，高 35cm 即可，塑料花盆、瓦花盆、紫砂花盆、木桶、泡沫箱、无纺布育苗袋等均可，为达美化效果，也可根据自己喜好进行容器外部装饰。

◎**基质选配**：基质选择园子土加蚯蚓粪，比例为 1∶3；或草炭加蛭石，比例为 2∶1，再混入 5%的腐熟有机肥、0.43kg 普钙和0.07kg 硫酸钾，充分拌匀后装入准备好的容器内，以 3/4 为准。

◎**品种选用**：对马铃薯进行盆栽种植，要对品种布局进行科学规划和合理搭配，增强盆栽景观效果和经济价值。尽量选择具有较强抗病性兼具景观效应的优质高产品种，品性良好，表皮光滑无破损。

◎**种薯处理**

（1）催芽　播种前 20d 进行催芽，将种薯平摊在有散光照射的空屋内或者日光温室内，要避免阳光直射。温度保持在 15～18℃，茎块堆放以 2～3 层为宜。每隔几天翻动一次薯堆，使薯种发芽均匀粗壮，直到顶部芽长 1cm，幼芽颜色发绿或发紫时为止。

（2）切块　种薯切块以每块 20～25g 为宜，每个种块 1～2 个芽眼。切刀每使用 10 分钟或切到病薯、烂薯时，用 5%高锰酸钾溶液或 75%酒精浸泡 1～2 分钟或擦洗消毒。切块应于播种前进行，随切随播。

◎**播种**：播种前一天将准备好的盆土浇透水，播种时将 1~2 块切好的种薯摆放在花盆中部，覆土 10cm，轻轻压实。

◎**栽培管理**

（1）肥水管理　在整个生长期土壤含水量保持在 60%~80%。出苗前不浇水，初花期、盛花期、终花期应需水量大，保证浇水充足。如果底肥施足整个生育期基本不需要再施肥，视植株生长状态追肥 1~2 次稀粪肥。

（2）中耕培土　马铃薯培土越高结薯越多，植株也越强壮。一般植株现蕾前培土 2 次，出苗后 10cm 高时结合除草中耕浅培土 1 次，使用配置好的基质土培土；当植株刚现蕾时进行第 2 次培土，此时盆内基质土达到盆口即可。

（3）打花疏枝　及时疏枝，去除病枝、弱枝。在马铃薯花蕾形成期，及时摘除花蕾，以避免因开花结果造成的养分消耗，保证薯块的养分供给，如果有景观需求，就不需要摘除花蕾。

◎**病虫害防治**：盆栽马铃薯病虫害发生轻，偶尔有蚜虫、白粉虱等。一般使用黄板诱杀。蚜虫可用 50% 抗蚜威可湿性粉剂 2 000~3 000 倍液喷雾防治，每隔 6~7d 施药 1 次，连续防治 2~3 次。白粉虱可用 10% 吡虫啉可湿性粉剂 2 000~4 000 倍液喷雾防治。

◎**适时收获**：大部分茎叶由绿转黄至枯萎时即可收获。

推广应用前景

马铃薯因其营养价值高、适应力强、产量高，成为全球第三大重要的粮食作物，仅次于小麦和玉米。其营养成分蛋白质比大豆还好，最接近动物蛋白。马铃薯以块茎繁殖，容易盆栽种植，几乎不发生病虫害，深受家庭园艺欢迎。

45. 穿心莲

穿心莲（*Andrographis paniculata*（Burm. f.）Nees），又名春莲秋柳、一见喜、榄核莲、苦胆草、金香草、金耳钩、印度草，苦草等。属唇形目爵床科一年生草本植物。全株入药，有清热解毒、消炎退肿作用。福建、广东、海南、广西、云南常见栽培，江苏、陕西亦有引种。

形态特征

一年生草本。茎高 50 ~ 80cm，4 棱，下部多分枝，节膨大。叶卵状矩圆形至矩圆状披针形，长 4~8cm，宽 1~2.5cm，顶端略钝。花序轴上叶较小，总状花序顶生和腋生，集成大型圆锥花序；苞片和小苞片微小，长约 1mm；花萼裂片三角状披针形，长约 3mm，有腺毛和微毛；花冠白色而小，下唇带紫色斑纹，长约 12mm，外有腺毛和短柔毛，2 唇形，上唇微 2 裂，下唇 3 深裂，花冠筒与唇瓣等长；雄蕊 2，花药 2 室，一室基部和花丝一侧有柔毛。蒴果线状长椭圆形，表面中间有一条纵沟，成熟时紫褐色，种子多数。花期 7—10 月，果期 8—11 月。

生活习性

穿心莲喜温暖湿润气候，怕干旱，如果长时间干旱不浇水，则生长缓慢，叶子狭小，早开花，影响产量。种子最适宜 25 ~

30℃温度和较高的湿度，要有良好的通气条件。苗期怕高温，超过35℃，烈日暴晒，出现灼苗现象，故苗期注意遮阴，降低土壤温度。苗床通风，植株生长最适温度25~30℃，温度27℃左右有足够的雨水植株迅速生长，枝叶繁茂，当气温下降15~20℃，生长缓慢，0℃或霜冻植株枯萎。成株喜光，喜肥，在生长季节，多施氮肥，配合好浇水、排水是丰产的关键。

栽培技术

由于穿心莲种子细小，所以出苗率偏低，一般多采用扦插繁殖，可田间大面积种植，也可盆栽在阳台或庭院，观赏食用两不误。

（一）田间种植

◎选地整地：选择肥沃、排灌方便、疏松、光照充足的土地种植。地选好后，施腐熟堆肥或商品有机肥，翻地作畦。畦面加排水道宽130~150cm，田四周开30cm深的边沟，沟沟相通，排水方便。

◎育苗

（1）播种育苗　北方3—4月播种，播前种子处理，方法比较多，有沙磨、温水浸和晒种等法。沙磨：用沙子拌种，在水泥地上用砖头轻轻磨擦，至种皮失去光泽，蜡质层部分磨损即可，磨的太过易伤种子。温水浸：用温水浸种12h，时间不能过长，否则易烂种。晒种：把种子晒3~4d，直接播或晒后再浸种播。

（2）苗床管理　控制好温湿度，出苗前保持苗床湿润，表土不能干燥发白，因种子在苗床表面，如果干燥，新发出的小芽得不到水分，易枯干。如果表土干燥，上午9~10时，把薄膜揭开用喷壶在畦面洒水，一般浇3~4次水就出苗。苗出齐后，洒水次数减少、防止猝倒病。苗床温度保持在25~30℃，温度过高，揭开薄膜，中午床面盖遮阳网遮阴。温度达到17~20℃，出苗50%~70%时，揭开覆盖物，对苗进行锻炼，适当控制水分，每隔5d喷淋薄的肥水，促进幼苗生长。

（3）移栽　当苗长6cm左右时，长出3~4片真叶时移栽，栽前一天苗床浇水便于带土起苗，成活率高。选阴天或傍晚进行，按行株距 24~30cm，每亩栽 9000~1 000 0 株。北方浇 2 次水后浅松土，苗缓得不好，再浇一次水。缓苗期间土壤一定要湿润和疏松。

◎**间套作**：穿心莲可以和许多植物间套种，6 月移栽可种在黄瓜架下。穿心莲畦埂上可种芥菜、萝卜，行间还能套种地丁。

◎**田间管理**：穿心莲要多施氮肥，以尿素为主，定植 10d 后浇 1 次，每亩 4kg 冲水施入，以后半个月 1 次，封垄后停止浇肥水。当采收完叶后可继续浇灌肥水，进入下一个循环管理中。田间管理中要保持湿润，锄苗易浅锄，植株旁边的草用手拔，切忌伤根。

◎**病虫害的防治**：穿心莲虫害极少，常见病害为立枯病和叶萎病。

（1）立枯病 4—5 月育苗期发生，在幼苗 1~2 对真叶时发病尤为严重。幼苗茎基部产生病变，可使茎基部失水干缩，幼苗枯萎，成片倒伏。少量发现时应及时用 50% 的多菌灵 800 倍液喷雾。另外要及时清除已死亡的植株，防止传染周围的植株。

（2）枯萎病 多发生在 7—8 月高温雨季。要及时清除病株，要及时排出田间积水，可喷施 70% 敌克松 1 000~1 500 倍液防治。

◎**采收加工**：穿心莲采收时间和药效关系很密切，适时采收，有效成分含量高，植株要现蕾时采收为最佳时间。或者从栽培后 75~90d，从茎基部分枝 2~3 节的地方，割取全草为最合适，割后要加强水肥管理，准备割第二次。也有的地区采穿心莲的叶，方法是从株高 20~25cm 开始采，将茎基部的黑绿色的、比较厚的老叶摘下，采 1~2 次即可，每次不要过多，否则影响植株生长。嫩叶不要采，避免影响产量，当顶梢开始变尖时全部割下，再把叶子摘下，不要受霜冻，否则叶子变红紫色，影响药的质量。

（二）盆栽技术

◎**选土**：可以用普通的田园土或者草炭土。加充分发酵的有机肥和一定比例的珍珠岩、蛭石、多菌灵搅拌均匀即可。

◎**选盆**：普通瓷盆、塑料瓶、泡沫箱、木盆均可。

◎**移栽**：在菜市场买一些穿心莲，把嫩叶吃掉，把老茎叶种在花盆或泡沫箱子里，用不了几天，翠绿的嫩芽就会疯长起来。由于穿心莲的生长过快而且均有不定根，所以种植以每盆 8～12 株最好。

◎**温度**：穿心莲喜温润气候，温度控制在 25～30℃最好，怕干旱，不宜暴晒。

◎**定植后管理**：无须施肥，只浇清水，不容易生虫，也不用打药，前期除草即可。

推广应用前景

穿心莲种植简单，不仅其制品有清热解毒、消炎、消肿止痛作用，而且是餐桌佳肴，鲜食味道脆美，深受食客欢迎；同时，生长快，覆盖力强，更是是家庭园艺上选品种，种植前景良好。

46. 金银花

金银花（*Lonicera japonica* Thunb.），又名忍冬，由于花初开为白色，后转为黄色，因此得名金银花。忍冬科忍冬属藤本植物，花入药。北京5月左右开花，微香，蒂带红色，花初开则色白，经1~2日则色黄。

形态特征

◎**根系**：金银花根系发达，适应性极强，对土壤要求不严，易成活。盆栽基本上无病虫害，耐旱耐涝，耐寒耐高温，耐贫瘠耐盐碱。但喜温暖湿润气候，喜阳光喜肥，阳光充足土壤肥沃能使金银花生长发育茂盛，株型健壮，从而增加了枝条和花量。金银花除地栽外，还是不可多得的观花、观干盆景好材料。因其枝干较大，虽然干形苍劲古朴，但枝干极脆，易折断、腐烂，较大的枝干，不要轻易去改变其形状和角度，更不能像制作其他杂木盆景那样，去扭曲主干、主枝的形状角度。

◎**枝叶**：金银花属多年生半常绿缠绕及匍匐茎的灌木。小枝细长，中空，藤为褐色至赤褐色。卵形叶子对生，枝叶均密生柔毛和腺毛。夏季开花，苞片叶状，唇形花有淡香，外面有柔毛和腺毛，雄蕊和花柱均伸出花冠，花成对生于叶腋，花色初为白色，渐变为黄色，黄白相映，球形浆果，熟时黑色。

◎**花枝**：金银花幼枝橘红褐色，密被黄褐色、开展的硬直糙毛、腺毛和短柔毛，下部常无毛。叶纸质，卵形至矩圆状卵形，有时卵状披针形，稀圆卵形或倒卵形，极少有一至数个钝缺，长3~5cm，顶端尖或渐尖，少有钝、圆或微凹缺，基部圆形或近心形，有糙缘毛，上面深绿色，下面淡绿色，小枝上部叶通常两面均密被短糙毛，下部叶常平滑无毛而下面多少带青灰色；叶柄长4~8mm，密被短柔毛。

◎**花梗**：总花梗通常单生于小枝上部叶腋，与叶柄等长或稍较短，下方者则长达2~4cm，密被短柔后，并夹杂腺毛；苞片大，叶状，卵形至椭圆形长达2~3cm，两面均有短柔毛或有时近无毛；小苞片顶端圆形或截形，长约1 mm，为萼筒的1/2~4/5，有短糙毛和腺毛；萼筒长约2 mm，无毛，萼齿卵状三角形或长三角形，顶端尖而有长毛，外面和边缘都有密毛；花冠白色，有时基部向阳面呈微红，后变黄色，长（2~）3~4.5（~6）cm，唇形，筒稍长于唇瓣，很少近等长，外被多少倒生的开展或半开展糙毛和长腺毛，上唇裂片顶端钝形，下唇带状而反曲；雄蕊和花柱均高出花冠。

◎**花蕾**：花蕾呈棒状，上粗下细。外面黄白色或淡绿色，密生短柔毛。花萼细小，黄绿色，先端5裂，裂片边缘有毛。开放花朵筒状，先端二唇形，雄蕊5枚，附于筒壁，黄色，雌蕊1枚，子房无毛。气清香，味淡，微苦。以花蕾未开放、色黄白或绿白、无枝叶杂质者为佳。

◎**果实**：果实圆形，直径6~7 mm，熟时蓝黑色，有光泽；种子卵圆形或椭圆形，褐色，长约3 mm，中部有1凸起的脊，两侧有浅的横沟纹。花期4—6月（秋季亦常开花），果熟期10—11月。

生活习性

金银花适应性很强，喜阳、耐阴、耐寒性强，也耐干旱和水湿，对土壤要求不严，但以湿润、肥沃的深厚沙质壤上生长最佳，每年春夏两次发梢。根系繁密发达，萌蘖性强，茎蔓着地即能生根。喜阳光和温和、湿润的环境，生活力强，适应性广，耐寒，耐旱，在荫蔽处，生长不良。生于山坡灌丛或疏林中、乱石堆、山足路旁及村庄篱笆边，海拔最高达 1 500 m。

栽培技术

◎**繁殖方法**：播种、扦插、堆土压条和分株繁殖。一般主要用扦插和堆土压条，扦插用枝插法很易成活。在温度适宜的情况下，全年均可扦插，取健壮的茎蔓一段，长 10~15cm，插入蛭石∶珍珠岩∶黄沙＝1∶1∶1 的基质中，扦插深度为插穗长度的 1/2，扦插后浇足水以后保持土壤湿润，每天早晚向插穗上喷 1~2 次雾，以保持空气湿度，利于伤口愈合，20d 后便能生根。堆土压条，压条前先将枝条基部皮层刻伤，再向上堆培养土 20~30cm，经常保持培养土湿润。待生根后刨上，与母株切离，分别栽培。

◎**种子繁殖**：秋季种子成熟时采集成熟的果实，置清水中揉搓，漂去果皮及杂质，捞出沉入水底的饱满种子，晾干贮藏备用。秋季可随采随种。如果第二年春播，可用沙藏法处理种子越冬，春季开冻后再插。在苗床上开沟，将种子均匀撒入沟内，盖 3cm 厚的土，压实，10d 左右出苗。苗期要加强田间管理，当年秋季或第二年春季幼苗可定植于生产田。每亩播种量约 1~1.5kg。

◎**栽培基质**：金银花虽对土壤要求不严，但以 60%~70% 的泥炭、20%~30% 的蛭石和 10% 的珍珠岩混合作为培养土栽培，植株将会长得更好。

◎**水肥管理**：在开花前 3 月间，施入以磷钾为主的肥料 1~2 次。5 月下旬花朵凋谢后，仍应追施薄肥 1~2 次，并对新枝梢进行适当摘心，以促进第二批花芽的萌发。同时，土壤保持湿润，忌过干，否则基叶易枯黄脱落并影响开花。在高温季节，避开强光直射，以免灼伤嫩叶。

◎**整形修剪**：在其休眠期间进行一次修剪，将纤细枝、弱枝、交叉枝剪除，并截短当年生枝条，以利于第二年促发新枝，多开花。

◎**病虫害防治**：金银花病虫害相对较少，偶尔有蚜虫的侵袭，为害新叶、嫩梢，使叶片翻卷，影响生长，只需用"蚜虱毙"
1 000 倍液或其他杀虫药剂防治。

◎**盆栽金银花矮化措施：** 金银花为忍冬科多年生半常绿藤本，
5—8 月开花，花别致、芳香，可用于制作金银花茶。金银花在园
林中用作公园绿篱、围墙、阳台、花廊、花架等立体绿化，也可
作为水土保持、防风固沙的地被材料。金银花除地栽外，还可用
作盆栽观赏。金银花茎细长，树形一般难以控制，容易出现节长、
花少的现象，因此，要制作多花、壮观的金银花盆景，必须采取
矮化措施。

（1）控水肥　金银花盆栽必须限制藤蔓生长，控制树型，增
加花量。春季避雨，减少浇水，防止徒长，促使茎蔓老熟，节间
缩短，株型矮化。花芽形成前少施或不施氮肥，增施磷、钾肥，
促进花芽形成，增加花量。枝条停止生长期、孕蕾期适当施氮肥，
使花开又大又艳。

（2）适期换盆　一般盆栽花卉 1~2 年换盆 1 次，金银花盆景
3~4 年换盆 1 次。因换盆次数少，削弱了根系的吸收功能，促进
植株老化，抑制徒长，缓和树势，促使茎蔓粗壮，节间密，株形
矮化，花朵繁茂。

（3）生长抑制剂控梢　金银花枝条萌出 5cm 左右时，用 700~
1 000 mg/kg 多效唑，或 2 000~4 000 mg/kg B9，或 1 000~2 000
mg/kg 矮壮素喷洒或浇施，连续几次，抑制茎蔓旺长，矮化树型。

（4）矮化整形修剪　从上盆栽植开始进行矮化整形修剪，培
养成粗干短枝。生长期除去生长旺盛的芽，对强枝进行早摘心，
修剪时做到剪长留短。通过整形修剪，促使由藤本缠绕型转为短
枝矮干、分枝均匀密植、层次明显的矮小灌木型桩景。

（5）长日照处理　金银花为喜光长日照植物，如果环境通风
透光不良，阴湿，茎蔓会徒长，分枝细弱，叶片容易黄化脱落，
开花少。因此，金银花盆景要放在阳光充足的地方，最好全天有
直射阳光，促使枝条粗壮短小，叶茂花繁，延长花期。

推广应用前景

金银花自古以来就以它的药用价值广泛而著名。其功效主要是清热解毒，主治温病发热、热毒血痢、痈疽疔毒等。现代研究证明，金银花含有绿原酸、木犀草素苷等药理活性成分，对溶血性链球菌、金黄葡萄球菌等多种致病菌及上呼吸道感染致病病毒等有较强的抑制力，另外还可增强免疫力、抗早孕、护肝、抗肿瘤、消炎、解热、止血（凝血）、抑制肠道吸收胆固醇等，其临床用途非常广泛，可与其他药物配伍用于治疗呼吸道感染、菌痢、急性泌尿系统感染、高血压等40余种病症。

目前金银花制剂有"银翘解毒片""银黄片""银黄注射液"等。"金银花露"是金银花用蒸馏法提取的芳香性挥发油及水溶性溜出物，为清火解毒的良品，可治小儿胎毒、疮疖、发热口渴等症；暑季用以代茶，能治温热痧痘、血痢等。茎藤称"忍冬藤"，作为药用植物潜力巨大。

47. 佛手瓜

佛手瓜（*Sechium edule* Swortz），又名拳头瓜、合掌瓜、菜肴梨等，葫芦科佛手瓜属多年生攀缘性植物。原产于墨西哥和南美洲，19世纪传入中国。在热带地区，佛手瓜作为多年生蔬菜栽培，其食用部分主要是嫩瓜，炒食、凉拌、烧汤均适宜，味道适口。

形态特征

佛手瓜的根为弦线状须根，初为白色，随着植株的生长须根逐渐加粗，形成半木质化的侧根，侧根上面发生不规则的二级侧根。侧根长而粗，一般在土壤中，1～2年生的侧根可长达2~4m。佛手瓜的根系分布范围广，吸收能力极强，所以佛手瓜有较强耐旱能力。佛手瓜的根系与其他瓜类蔬菜根系的最大差别是：佛手瓜能产生类似山药样的块根，但是要在栽种两年以后才能发生。根据佛手瓜根系的特性，栽培佛手瓜需要选择地下水位低、土层深厚的地块，并且还应注意尽量缩小栽培的密度。

佛手瓜茎蔓生。横切面呈圆形有纵沟，近节处有茸毛。茎长而分枝强，蔓长一般为10m以上。基本上每节有分枝，分枝上又发生分枝。茎蔓绿色，茎节上有较大的卷须，与叶相对而生。叶互生，掌状五角，中央一角特别尖长，绿色至深绿色。全缘叶面较粗糙，略有光泽，叶背的叶脉上被有茸毛。

佛手瓜花雌雄同株异花，雌花和雄花生长在同一节中。雄花数量多，最多时 1 节可开 10 朵。雌花多单生，也有 2~3 朵生在同一节上的。雄花总状花序，花序轴长 8~18cm。有的品种雄花较早出现在子蔓上，而雌花多在孙蔓上着生。主蔓也能结瓜，说明主蔓和子蔓上都能着生雌花，不只是孙蔓上容易着生雌花，这也是佛手瓜结瓜数多的原因。主蔓上雌花着生晚，所以主蔓结瓜较晚。佛手瓜的花淡黄色，萼片、花瓣均分裂。它与其他瓜类一样都是虫媒花，异花授粉。佛手瓜是典型的短日照植物，在长日照条件下不会开花结果。

佛手瓜的果实在瓜类蔬菜中最为特殊，呈倒卵状、梨形。佛手瓜的果实，有明显的纵沟五条，把瓜分成大小不等的五大瓣，每大瓣又分成两小瓣，先端有一道缝合线，线的两侧各排列着两大瓣，另一大瓣则正对着缝合线，具有这一大瓣的一面成为正面，相反的一面成为反面，瓜表面粗糙不光滑，上有小肉和刚刺。果实无后熟和休眠期。成熟后如不采收，种子在瓜中就很快萌发，从瓜中长出芽来。这种未离母体就萌发的现象叫"萌"，是佛手瓜的一个特点。佛手瓜表面比较光滑，也有的品种在果实表面有小的肉瘤和硬刺。佛手瓜的表皮有绿色和白色，果肉皆为白色。佛手瓜纤维少，具有黄瓜、莴笋、芦笋的清香味，质地较脆，适于炒食。佛手瓜极耐贮藏，在自然条件下可贮藏 4~5 个月之久。

每个瓜内只有种子 1 粒，卵形、扁平。种子没有休眠期，当种子成熟时，几乎占满了整个子房腔，致使种皮与果肉紧密贴合，不易分离。种子平，纺锤形，种皮肉质膜状，沿子叶周围形成上下种皮结合的边缘，没有控制种子内水分损失的功能。果实达到技术成熟度时，若不及时采收，极容易萌发。种子发芽时从瓜中长出芽来，称为胎萌，这是佛手瓜与其他瓜类显著的区别。佛手瓜采收后，种子不能与果肉脱离。如离开果肉极容易出现干瘪，丧失生命力。所以佛手瓜的繁殖是把整个瓜贮藏到播种时，以整瓜为种瓜进行播种。佛手瓜是利用种子繁殖的瓜类蔬菜，由于每瓜只有 1 粒种子，繁殖系数很低，但是植株庞大，结瓜数多。

佛手瓜的品种依表皮颜色分，有绿色种和白色种。一是绿皮佛手瓜。生长势强，蔓粗壮而长，结果多，丰产，并能产生块根。

瓜形较长而大，上有硬刺，皮色深绿。品质稍次。二是白皮佛手瓜。生长势较弱，蔓较细而短，结果较少，产量较低。瓜形较圆而小，光滑无刺，皮白色。组织致密，品质较佳。

生活习性

◎温度：佛手瓜喜温暖，但是不耐高温和严寒。地温降到5℃以下，其根系将枯死。夏季温度过高的地区，不适宜佛手瓜的生长。佛手瓜习性偏温暖适中，切忌过热过寒。总的来说，佛手瓜不同生育期的适宜温度有所不同。佛手瓜种子发芽的最低温度是12℃，适温为18~25℃。幼苗期的生长适温为20~30℃，开花结果适宜温度15~20℃。高于30℃生长受抑制，但能忍耐短期40℃的高温。低于15℃或高于25℃，授粉和瓜的发育将受到影响。低于5℃，植株将会受到冻害而死亡。

◎水分：佛手瓜对水分需量大，生育期间要求水分充足，土壤经常保持湿润状态，才能使其正常生长发育。佛手瓜最怕干旱，也不耐涝。佛手瓜喜较高的空气湿度。生育期间如果空气干燥时，植株的生长势弱。在炎热夏季，小水勤浇，增加土壤水分，提高空气湿度，有利于佛手瓜安全越夏。

◎土壤养分：佛手瓜根系发达，地上部的枝叶繁庞，能连续大量结瓜，需要较多的营养。据研究，生产1 000 kg产品需吸收速效氮4.1kg、五氧化二磷2.3kg、氧化钾5.5kg，其比例为1∶0.6∶1.3，还需钙、镁、硫、锌、铁、铜等微量元素。故要求深厚、肥沃、湿润的土壤，还应多施农家肥。佛手瓜的根系发达，吸收能力极强，对土质要求不严格。

◎光照：佛手瓜是典型的短日照作物，在长日照下不能开花结果。北方种植时，一定要等到秋后才能开花结果。佛手瓜生育期间喜中等强度的光照，强光对植株的生长有抑制作用。在瓜类作物中，佛手瓜属于最耐阴的，这种特性决定了它非常适合在保护地设施内栽培。如果采用日光温室和露地相结合的方式进行栽培，根据佛手瓜对光照的要求进行调节，可进一步提高产量。

栽培技术

◎**育苗**：因为种瓜发芽率底，只有 60%～80%，为了保全苗不宜直播，要先催出芽再播种。育苗分为种瓜育苗、光胚育苗和扦插育苗 3 种方法。北方育苗主要采取种瓜育苗方式，种瓜育苗或光胚育苗数量不足时可采取扦插育苗。

种瓜育苗就是栽一个种瓜，育一棵苗。可将选好的瓜种于 11 月中旬装入 25cm×15cm 的塑料袋里，码入育苗床，在 15～20℃ 催芽，经 15d 左右，种瓜由首端合缝处长出根系，子叶张开后或芽伸长至 2～3cm、芽根部有 4～5cm 须根时即可播种。也可用河沙上盖下铺种瓜 2～3cm 催芽。用肥沃细沙和田土各 50% 拌匀，浇入清水，以不粘手为宜，装入直径 20～30cm、高 20cm 的薄膜筒或花盆，把发芽的种瓜芽朝上，直立或斜栽其中，上面盖 4～6cm 的土，放在温室中育苗。在育苗过程中严格控制水分，以防烂瓜，只要叶片不萎蔫就不要浇水。育苗适温在 15～20℃。若幼苗徒长，留 4～5 片叶摘心，发出侧芽后保留 2～3 条蔓。

◎**定植**：日光温室气温稳定在 15℃ 时可定植。北京地区温室栽培可于 2 月中旬至 3 月中旬定植，选择口径 1m 左右，深度 1m 以上圆形或方形盆，在中央挖定植穴，除去营养钵（袋），最好连土坨放入坑内，土坨与地面平齐埋好，浇足定植水。

◎**栽植后的管理**

（1）温度控制　佛手瓜进入开花结果期，必须按结瓜期对温度的要求进行调控。佛手瓜结瓜期的适宜温度是 15～20℃，这是它在南方长期露地栽培所形成的特性，北方温室盆栽要特别注意控温。在秋后短日照、较冷凉的环境条件下结瓜，气温大体在 15～20℃ 范围，才有利于开花结瓜。低于 15℃，高于 25℃，都使授粉受精和瓜的发育受到不良影响。日光温室前屋面覆盖薄膜后，白天温度上升快，温度高，需揭开底脚围裙昼夜大通风，尽量减少超过 20℃ 的气温。随着外界气温的下降，逐渐缩小通风口，在外界气温降到 10℃ 以下时，放下围裙，改为夜间密闭。白天，气温超过 20℃ 时通风，降到 15℃ 左右时关闭通风口。在夜间密闭的条件下，室内温度降到10℃左右时，要覆盖草苫。初期尽量早揭晚盖，随着外温的下降选择复制适当早盖晚揭。凌晨降温时，必须保证不低于5℃。

（2）水肥管理　一是定植后1个月内主要做好幼苗的覆盖增温，促进生长发育。此期间不追肥，只浇小水。二是根系迅速发育期，要多中耕松土，促进根系发育，为秋后植株的旺盛生长奠定基础。越夏期勤浇水，保持土壤湿润，增加空气湿度，使佛手瓜安全越夏。三是进入秋季，植株地上部分生长明显加快，进入旺盛生长期，要肥水猛攻，以使植株地上部分迅速生长发育，多发侧枝，为多开花多结果奠定物质基础。四是盛花盛果期，日蒸腾量大，需要充分的水肥，水分以保持土壤湿润为宜，可采用叶面喷施氮、磷肥2~3次，或施腐熟的有机肥。

（3）搭架引蔓与整枝　佛手瓜的繁殖力和攀缘力都较强，生长迅速，叶蔓茂密，相互遮阴，任其生长最易发生枯萎和落花落果现象。因此，当瓜蔓长到40cm左右时就要因地制宜就地取材，利用竹竿绳索等物让佛手瓜的卷须勾卷引其叶蔓攀架、上爬。佛手瓜侧枝分生能力强，每一个叶腋处可萌发一个侧芽。定植后至植株旺盛生长阶段，地上茎伸长较慢，茎基部的侧枝分生较快，易成丛生状，影响茎蔓延长和上架。故前期要及时抹除茎基部的侧芽，每株只保留、个子蔓。上架后，不再打侧枝，任其生长，但应注意调整茎蔓伸展方向，使其分布均匀，通风透光。

◎病虫害防治：佛手瓜抗病性较强，生长期间一般不进行药剂防治，有时也会发生以下病虫害，可参照瓜类用药喷药防治。佛手瓜的病虫害较少，盆栽佛手瓜更少，主要的虫害有红蜘蛛、蚜虫，可用石硫合剂及苦楝素防治。病害有叶斑病、霜霉病、叶斑病，可用200倍波尔多液或75%百菌清600倍或64%杀毒矾500倍防治。霜霉病可用乙锰·甲霜铜防治，采收前3~4d停止喷药。

◎适时采收：佛手瓜开花结果较集中，对茎蔓生长影响较大。要及时采摘，有利于后茬瓜的生长发育，幼果与老熟果风味一致，可适当早采收提高结果率。

推广应用前景

　　佛手瓜营养丰富，是人们喜爱的保健蔬果。对高血压病人，有利尿排钠、扩张血管、降低血压的作用。佛手瓜还富含人体必需的微量元素锌，锌对儿童的智力发育、男女不育症，尤其对男性性功能衰退疗效明显。从佛手瓜的营养保健作用看，它将越来越受到人们的青睐。随着人们保健意识的不断提升，佛手瓜的营养价值与利用开发也在进一步探索与研究。

　　佛手瓜的观赏价值在于其独特的形状，其瓜形恰似佛教中的双掌合十之态，出于寓意吉祥就有了这样的名称，以表达祝福之意。佛手瓜具有蔓性、分枝强的特点，其种植方式通常以茎的攀缘或人为搭架进行支撑。茎叶在藤架上相缠绕也是一种观赏景观，因此在园艺庭院建设以及城市廊架农业中广泛应用，为佛手瓜茎蔓攀缘搭架形成的凉棚，棚上绿果累累、棚下是纳凉的绝佳场所。

48. 架瓜类

采摘园区的路间搭建长廊架，在两侧种植各种奇形怪状、色彩斑斓的瓜菜品种，使植株攀架生长布满长廊，营造出立体的空间景观，形成瓜菜（如丝瓜、蛇瓜、葫芦、冬瓜、天鹅、鹤首等）艺术长廊，既可观光又可采摘，既可作为独立景观又可以起到连接各个景点的作用。适合廊架栽培的观赏作物葫芦、蛇瓜、冬瓜等，通常为长蔓作物，攀爬性好。

常用品种

（一）葫芦（瓠瓜）（*Lagenaria siceraria* Standl.）

葫芦科瓠瓜属的 1 个栽培种。一年生攀缘草本植物，南北各地均有栽培。嫩果供食，嫩梢或嫩叶作叶菜，是夏季的主要瓜类之一。

◎**形态特征**：根系发达，水平伸展，主要根系分布在表土下 20cm 耕层内。茎蔓生，5 棱，绿色，密被茸毛，分枝力强；茎节可发生腋芽、雄花或雌花及不定根，第 5～6 节开始发生卷须、雄花。单叶互生，心形或近圆形，浅裂，叶缘齿状，叶柄长，顶端具腺体两枚，被柔软茸毛。雌雄异花同株。花单生，个别对生，花冠钟形，花萼和花瓣各 5 枚，瓣白色，子房下位，被茸毛，偶有发生两性花。瓠果，短圆柱、长圆柱或葫芦形，嫩果具有绿、淡绿或绿色斑纹，被茸毛。果肉白色，胎座发达，成熟时果肉变干，茸毛脱落，果皮坚硬，黄褐色。单果重1~3kg。种子短矩形、扁平、淡灰黄色，边缘被茸毛。千粒重125~170g。

◎**生活习性**：葫芦适宜温暖、湿润的气候。种子发芽适温为30~35℃，最低15℃。生长发育适宜温度20~25℃，15℃以下生长不良，10℃以下停止生长，5℃以下发生冷害。葫芦属短日照植物，苗期短日照有利于雌花形成，低温加短日照的促雌效果更好。对光照条件要求高，阳光充足，病害较轻，生长和结果良好。瓠瓜开花对光照强度比较敏感，多在弱光的傍晚开花，故俗称"夜开花"。对土壤要求因种类有所差异。长葫芦的根系较浅不甚耐瘠，宜选保水力较强，富含有机质的土壤；圆葫芦的根系较深，耐旱、耐瘠能力较强，对土壤的适应性较广。

（二）冬瓜（*Benincasa hispida* Cogn.）

葫芦科冬瓜属的1个栽培种。起源于中国和东印度，广泛分布于亚洲热带、亚热带和温带地区，中国南北各地普遍栽培，而以南方栽培较多。果实供食，嫩梢也可菜用，还可加工成蜜饯冬瓜、冬瓜干、脱水冬瓜和冬瓜汁等。

◎**形态特征**：一年生攀缘草本。主根和侧根发达，易生不定根。茎蔓生，5棱，中空，绿色，被银白色茸毛，有光泽，分枝力强。主蔓从第6~7节开始，抽出卷须。单叶、掌状，5~7浅裂，绿色，互生。叶和叶柄均密被银白色茸毛。雌雄同株异花。雌花和两性花单生，雄花多数单生，也有簇生。花钟形，花冠黄色。子房下位，绿色，形状因品种不同而异，具有果实的雏形。花器各部分均被茸毛。瓠果，圆、扁圆、椭圆、长椭和棒形等，果皮浓绿、绿或浅绿，被白蜡粉或无，被银白色茸毛。茸毛随果实成熟逐渐脱落。果肉白色。种子近椭圆形、扁平，种脐一端稍尖，浅黄色，种皮光滑或有突起边缘，千粒重50~100g，有边缘的种子稍轻。

冬瓜植株上的花芽腋生，主蔓一般先分化发育雄花，然后分化发育雌花。如广东青皮和湖南粉皮冬瓜品种，主蔓第10节左右分化发育第一雄花，连续分化5~7节雄花后，分化发育第一雌花，以后都按此顺序分化发育雌雄花，有时可连续分化两节雌花。侧蔓分化发育雌花的节位较早，雌雄分化的顺序与主蔓相同。环境条件对雌雄性别分化有影响。

◎**生活习性**：冬瓜喜温暖，且耐热。种子发芽快慢主要受温度影响。适当浸种后在30~33℃下催芽，约36 d便陆续发芽，25℃下发芽缓慢，发芽率降低。幼苗适于稍低温度，以20~25℃为宜。温度高，生长快，易徒长；温度在15℃以下，不但茎蔓和叶片生长不良，而且开花和授粉不正常，降低坐果率。果实发育适于25~35℃。

冬瓜属短日照植物。短日下可提早发生雌花和雄花。在短日低温下，有时会先发生雌花，后发生雄花。但多数品种对日照长短反应不敏感。抽蔓期和开花结果期适于较高温度和较强光照。

冬瓜对养分3要素的吸收，以钾最多，氮次之，磷最少。对钙的吸收比钾和氮少而比磷和镁多，镁的吸收比氮、磷、钾和钙都少。

（三）蛇瓜（*Trichosanthes anguina* L.）

葫芦科栝楼属的1年生蔓生植物。原产于印度、马来西亚等亚洲热带地区，目前印度和东南亚各国栽培较多，中国只有零星种植。蛇瓜以嫩果供食，营养丰富。其开花结果期植株白花绿叶相缀，数条果实下垂似蛇，能给人以奇美的享受，是一种具有较高开发利用价值的蔬菜。

◎**特征特性**：根系发达、侧根多，易生不定根，主根入土较深，吸收能力较强。茎蔓生，长5~8m，5棱，绿色，分枝能力强；卷须3叉。

叶互生，绿色，掌状，5~7裂，边缘有锯齿，叶脉放射状，叶柄长5~10cm。花腋生，雌雄异花同株，雄花总状花序或复总状花序，有长花梗，每花序具10~20朵，也有单生雄花，雄蕊包在花萼中，花萼绿色，萼片5，披针形，花瓣5，蕾期为青绿色，将开时浅黄绿色，开放时白色，花瓣末端具8~10条丝裂并卷曲；雌花单生，子房下位，绿色，长5~6cm，雌蕊棒状，柱头2裂；花萼、花瓣同雄花。主蔓第20~25节开始着生雌花，以后主、侧蔓均能连续着生雌花，雄花出现早于雌花。茎、叶、花萼均被茸毛。果实为瓠果，长条形，长40~120cm，横径3~5 an，基部和末端较尖细似蛇，果柄短而不明显。蛇瓜嫩瓜有茸毛，成熟瓜则光滑无毛。果皮除自果柄开始有数条绿色条纹外，其余表皮为灰白色，果肉白色，厚0.3~0.4cm，肉质松软，具鱼腥味，成熟果实浅红褐色，肉质疏松，不能食用，横径10cm左右；每果含种子20~50粒，多在果实中部。种子长约2cm，宽约0.8cm，厚约0.4cm、具两条平行小沟，浅褐色，千粒重200~250g。

◎**生活习性**：蛇瓜喜温暖，耐热不耐寒，种子发芽适温30℃左右，植株生长的适温20~35℃，高于35℃能正常开花结果，低于20℃生长变慢，15℃时停止生长。蛇瓜结瓜期要求较强的光照，阴雨、低温会造成落花、化瓜。蛇瓜喜肥、耐肥，也较耐瘠，对土壤适应性广，各种土壤均可栽培。在肥料充足的地方产量高，生长旺盛结果多。蛇瓜喜湿润，但也较耐旱，在水分充足和较高的空气湿度下栽培的蛇瓜，结果多，果实发育好，尤其在高温干旱期更是如此。蛇瓜单性结实能力差，进行人工辅助授粉可提高坐果率。

◎**品种选择**：各种观赏类瓜菜在越夏种植中，对病害和不良气候的抗性很关键。品种要选择生育期长、蔓长、抗逆性、抗病性强的品种，如蜜本南瓜、广州黑皮长冬瓜、特长丝瓜、香炉瓜、苦瓜、蛇瓜、大小亚腰葫芦等都可做长廊栽培。如一串铃冬瓜等生育时间短的作物，不适宜做长时间的观赏栽培；棱角丝瓜等耐热性差的作物，不宜做越夏栽培；节瓜等主蔓短的，不宜做廊架栽培；南瓜易染病毒病，不宜在露地栽培。

◎**盆土配制**：盆土应排水性好，通气性好，提供有机质的能力强。配制盆土的原料很多，如泥炭土、农家肥、沙、腐叶土、炉渣、田园土等，常用的配方有泥炭土 5 份+河砂 3 份+珍珠岩 2 份或 6 份泥炭土+3 份河砂+1 份珍珠岩，每 $1m^3$ 土加 1kg 多元复合肥。为增加根部透气性，装盆前盆底填一层碎瓦片或者废旧泡沫塑料板。装盆时注意盆土不可 1 次填得过满，应距离盆沿 3cm，以后视植株长势酌量培土。配制后用高锰酸钾、多菌灵、福尔马林稀释液进行喷洒，再用薄膜覆盖 24h 消毒。盆规格一般采用直径30~50cm，高 40~50cm 的塑料花盆。定植前半天淋透水。

◎**播种**：播种期南方一般为 3 月。选择颗粒饱满的瓜子，播种前 3d 将种子先用 50~55℃温水浸种 10 分钟，消灭种子携带的病菌，在 30℃温水中浸 4~12h，再放入 30℃恒温箱中催芽。催芽期间每天用温水清洗 2 次种子，并保持发芽湿度，待种子露白后即可播种。催芽露白后的种子可采用营养钵育苗，每营养钵播种 1 粒，种子应平放，覆土 0.8~1cm，淋透水，用地膜覆盖 3d，同时遮阳网避强光。3d 后子叶出土后及时揭遮阳网，防止不脱帽，注意人工脱帽，温度保持在 25℃左右，土壤不易过湿、过干；为防止苗期病害可用 500 倍敌克松或 800 倍液多菌灵喷雾消毒。苗弱或叶发黄，可淋 1~2 次 1%复合肥液。阴天光线不足，可加补光灯补光，防苗徒长，待 4~5 片真叶定植。也可采用点播法直接播于盆中，每盆播 1~3 粒，播后覆盖一层 1cm 厚的细土，浇透水，并罩上一层塑料膜，保持盆土湿润。播种后至出苗前白天保持 25~30℃，夜间 15~20℃，出苗后白天保持土温 23~28℃，夜晚 12~15℃。此期要增强光照，适当降低温度，以防发生高脚苗。出苗后移至向阳处，待真叶长出后间苗，一般每盆保留 1 株壮苗即可。

◎**定植**：定植选在晴天傍晚，定植后淋足定根水，用遮阴网遮阴，待缓苗后揭除。当膜内气温高达 30℃时，可把膜的气孔打开通风透气，一则炼苗，二则有使苗株矮壮作用。当侧芽发出后，每株留1~2 个苗壮芽，其余全部摘除，以免消耗养分。

◎**引蔓及整枝**：生长发育需较强光照，高温弱光不利生长，低夜温可促进花芽分化，应注意适时进行整蔓。6 片叶以后要搭架，同时整枝绑蔓，可根据需要搭架，花盆中间插一根 1 米长的竹竿即可，用细铁丝或者尼龙绳固定主蔓。

◎**及时移栽**：待外界最低气温稳定在 10℃ 以上时，移栽到廊架两侧。可将花盆置于地面或埋入半地下，铺设灌溉设施。将 2~3 条蔓沿廊架上引，去除其余所有侧蔓。待生长点到达廊架上方后不再整枝，开始人工授粉，任意留果。对于大型果实，需及时用网兜固定。

◎**水肥管理**：苗期注意肥水管理，由于根系尚小，一般进行根部追肥，可喷施 2~3 次 0.2% 磷酸二氢钾和 1% 的尿素混合液，定植前每 7 d 喷 1 次吡虫啉或一遍净或扑虱蚜或阿维菌素以预防蚜虫、白粉虱、潜叶蝇为害。生长期应保持盆土适当湿润，不可过干，尤以夏季为要，雨季要及时排出积水。施肥的原则是施足基肥，多次施肥。苗期少施，中期多施，后期适量施。施肥以薄肥勤施为原则，生长期每隔 7~10d 施稀液肥一次，肥料可用无机肥（如尿素、硫酸钾、磷酸二氢钾）及市面上销售的花肥。生长前期以氮肥为主，后期增施磷钾肥，以促进开花结果，开花坐果时要适当控制水肥，否则会引起落花落果。当第一批瓜果坐住后，又要大水大肥，源源供给营养，使其继续生长膨大。为了预防植株早衰，在生长后期喷施 0.5% 尿素、1% 红糖、0.3% 磷酸二氢钾混合液或者每株追施 1% 腐熟鸡粪水 200ml 2~3 次。

◎**病虫害防治**：葫芦科作物生性强健，对病虫害抵抗能力强。但平时也须注意预防，遵循"预防为主，综合防治"的植保方针。主要病害有病毒病、白粉病等，主要虫害有蚜虫、白粉虱和潜叶蝇。病毒病是观赏小南瓜的主要病害，预防时一是要在播种之前用 10% 的磷酸三钠溶液浸泡 30 min 消毒；其次是要及时防治蚜虫，减少接触传毒；最后是操作时如发现病株要及时拔除，每隔 7d 喷病毒速杀防治，连喷 2~3 次。白粉病发病初期可用农抗 120 或者 130 等生物制剂 200 倍，或者 70% 甲基托布津 800 倍液，每 7 d 1 次，连喷 3~4 次。蚜虫、白粉虱可用吡虫啉防治，潜叶蝇可用阿维菌素防治。

49. 黄 瓜

黄瓜（*Cucumis sativus* L.）别名胡瓜、刺瓜、王瓜等，属葫芦科黄瓜属一年生攀缘草本植物。原产于温暖、湿润的热带雨林地区，有喜温怕寒、喜湿怕干的特性。其硕大的叶片、细长的茎蔓、欠发达的根系，是长期适应环境条件形成的形态特征。

形态特征

黄瓜的根系由主根和侧根两部分组成。在土层深厚、结构良好、有机质丰富的土壤条件下，其主根入土深达 80~100cm，但 80% 以上的侧根横向延伸，水平分布在 20~25cm 的土层内，5cm 内更为密集。黄瓜根系好气性强，吸收水肥能力较弱。属弱根性蔬菜植物，要求土壤肥沃、疏松透气，尤其是土层中要含有丰富的有机质。黄瓜的主根木栓化较早，断根后再生能力差，因此不可在秧苗过大时进行定植。定植时要保护好根系，减少伤根，可提高定植成活率。

黄瓜的茎为蔓生，四棱形或五棱形、中空，上生有刚毛，茎节有卷须。主蔓上可分生侧蔓即子蔓，子蔓上还可分生孙蔓。侧蔓的有无与多少与品种有关，但黄瓜属于主蔓结果类型，高产黄瓜为高密度栽植，因此一般只留单蔓结瓜。当定植密度较稀时，对于有侧蔓的黄瓜品种，也可适当选留植株中上部 1~3 个侧蔓坐瓜，但每侧限留 1 瓜，侧蔓见瓜留叶打顶。黄瓜的茎具有以下特点。一是茎细长，瓜秧不能直立，因而不能自主地把叶片分布到有利的空间去争取光照和空气营养，需要通过人工绑架或吊蔓进行调整。二是茎长，不利于水分和养分的输导，不易保持瓜秧的水分平衡，加上叶面蒸腾量大，极易因缺水而造成植株萎蔫。三是茎蔓伸长比其他果菜要早，在高温特别是高夜温、育苗密度大、光照弱等情况下，水分稍多时极易发生徒长，黄瓜育苗时防徒长比其他果菜更应受到重视。四是茎蔓脆弱，常易受到多种病害的侵害和机械损伤，生产上应注意保护。

黄瓜叶片分为子叶和真叶。子叶两侧对称生长，呈长圆形或椭圆形，是黄瓜植株生长发育初期养分积累的重要器官。子叶的大小、肥瘦形状、姿态和颜色与环境条件有直接关系，在一定程度上反映了苗期温、光、水、气、肥等生存条件的适宜程度。健壮的子叶肥大色深，平展且形状好。定植前和定植后子叶保持完整的程度和时间长短，反映了生产者管理水平的高低。真叶掌状全缘、互生，两面有稀疏刺毛，叶柄较长。叶片大小与品种、着生节位与栽培条件等有关。一般正常大小的单叶面积在 $400cm^2$ 左右，大者 $600cm^2$。黄瓜叶片大而较薄，故蒸腾量大，根系吸水能力又较差，因此黄瓜栽培过程中需水量大。就一片叶片而言，未展开时呼吸作用旺盛，光合作用合成酶的活性弱。从叶片展开起，净同化率逐渐增加。展开约 10d 后，当叶面积展开到最大时，叶子制造养分的能力最强，这一时期一般可以维持一个月。所以，一片叶子的有效功能期一般只有 40d 左右。黄瓜的叶片对不适的冷、热、病、肥等外界条件反应较为敏感。如叶片面积增长缓慢、颜色深绿、缺少光泽、叶面上有皱褶、茎生长点很小，这是缺水的表现；如叶面积增长过快、叶片很薄、叶色很浅、节间细长，这是浇水过多、过勤和缺速效肥的表现。

黄瓜的花基本上为雌雄同株异花，其花一般为单性花，着生于叶，黄色。黄瓜为虫媒花，品种间自然杂交率高达 53%～76%。花萼与花冠均为钟状、五裂，花萼绿色有刺毛，花冠为黄色。雌花子房下位，一般有 3 个心室，也有 4～5 个心室的，侧膜胎座，花柱短，柱头 3 裂。黄瓜花着生在叶腋，一般雌花比雄花出现早。雌花着生节位的高低，即出现的早晚，不同品种间有差异，与外界条件也有密切关系。生产中可以通过调节光照、温度、营养条件来增加或降低雄花节位和雄花数量也可以利用乙烯利等生长调节剂增加雌花数，提高黄瓜产量，尤其是前期产量。黄瓜开花的时间一般是在清晨 6 时前后，其寿命较短，于当日中午前后即结束。

黄瓜的果实是由子房和花托发育而成的，其果实性状因品种而异，果实长度方面，长的有 60~100 厘米，短的只有 10 多 cm（如水果型小黄瓜）；果实形状方面，有筒状和棒状；果面特征方面，有光滑无棱无瘤、棱瘤大、棱瘤小和无刺、密刺、稀刺等；商品果实果皮颜色有深绿色、绿色、黄绿色和白色；果皮有厚有薄，厚皮的耐储运，薄皮的食用性好；瓜把有长和短，短把的净菜率高，商品性状好。

黄瓜的食用产品器官是嫩瓜，通常开花后 8~18d 达到商品成熟。就一般早熟品种而言，开花时瓜条的细胞数基本确定，开花后的生长主要表现在细胞增大上。光、热水、肥条件充裕是黄瓜丰产的一个重要条件。在高二氧化碳浓度下，高温、高湿极有利于加速瓜条的生长。如果瓜秧生长苗壮，再加上水肥条件配合得当，有时开花时瓜条已基本达到了商品标准。但条件不适，营养不良时，又会形成大肚、长把、尖嘴、弯曲等畸形瓜或苦味瓜。黄瓜在不经授粉的情况下可以单性结实，而且有些品种的单性结实率还很高。黄瓜这一特性是它能在密闭而无传粉条件的温室里进行生产的个非常重要的条件。

黄瓜的种子为长椭圆形，黄白色。每个果实的种子数量一般为 100~300 粒，千粒重一般为 20~40g。黄瓜种子的发芽年限一般为 3~4 年。生产上多采用 1~2 年的种子。

盆栽应选择植株偏矮、连续结果性好、瓜型漂亮、口感好的品种。目前适合盆栽种植品种主要为水果型黄瓜，瓜形短小，无刺、无瘤、节间短，瓜码密，每节至少结一条瓜，口感松脆，适宜鲜食。其次为秋黄瓜、又称旱黄瓜。瓜型较短，瓜皮下部淡绿色，瓜把绿色，有较细的刺溜，肉质脆硬，适宜生吃和做菜。目前推荐的黄瓜品种"金童""玉女"、京研迷你系列等。

生活习性

◎**温度**：黄瓜属喜温类蔬菜，整个生育期间生长适温为 15 ~ 32℃，白天 20~32℃，夜间 15~18℃。低于 10℃，植株停止生长；高于 35℃，养分受到破坏；2℃以下，植株会受冻死亡；50℃以上，植株会受热死亡。

黄瓜不同生长发育时期要求的温度：发芽期适温为 25~30℃，低于 20℃发芽缓慢，高于 35℃发芽率下降；幼苗期适温白天 25~29℃，夜间 15~18℃；抽蔓期适温白天 20~25℃，夜间 15℃左右；结瓜期适温白天 25~29℃，夜间 18~22℃。除气温外，黄瓜对地温反应也很敏感，最适宜的地温为 20~25℃。10℃以下根毛丧失吸收能力，根系呼吸活动受阻；25℃以上根系容易衰老和死亡。因此，低温期黄瓜定植时要求 10cm 地温最低要达到 12℃，否则植株不发根，缓苗慢；夏季栽培时，要于傍晚凉爽时灌溉以降低地温。

◎**水分**：黄瓜喜湿不耐旱，对水分极为敏感，土壤含水量以达到田间最大持水量的 60% ~ 90% 为宜，苗期 60% ~ 70%，成株期 80%~90%。结瓜盛期要求土壤田间最大持水量达的 85% ~ 95%。当土壤中水分不足时，其叶片会萎，瓜条生长缓慢，还容易出现畸形瓜。空气湿度以 80%~90% 较为适宜。

◎**土壤养分**：黄瓜最适于在松软肥沃、富含有机质、透气性良好的沙壤土上生长。在肥沃的沙质土壤中，根系扩展体积大，吸收量大。能够较好地平衡黄瓜根系喜湿而不耐涝、喜肥而不耐肥的矛盾。黄瓜喜中性偏酸性的土壤，在土壤 pH 值 5.5 ~ 7.2 的范围内都能正常生长发育，但以 pH 值 6.5 为最佳。黄瓜耐盐性很差，不宜在盐碱地或地下水含量高的地块上种植。黄瓜生长需要多种矿质元素，并且要求各矿质营养元素之间保持适当的比例。除了氮、磷钾、钙、镁等大量元素之外，还需要铁、锌、硼等多种微量元素。一般每生产 1 000 kg 果实需吸收氮 2.8kg，五氧化二磷 0.9kg，氧化钾 9.9kg，氧化钙 3.1kg，氧化镁 0.7kg。对五大营养要素的吸收量以氧化钾为最多。

◎**光照**：黄瓜喜光，因此在低温弱光季节设施栽培中，要采取各种措施使植株多见光。黄瓜光饱和点为 5 万~6 万 lx，光补偿点为 1 万 lx。如果长时间光照不足，会造成植株叶片发黄、雌花发育不良、化瓜等不良现象，严重影响黄瓜的质量和产量。黄瓜属于短日照植物，每天日照时数在 10h 以下的短日照有利于其花芽分化和开花果。但华北型黄瓜品种已对日照时数的长短反应不敏感，即在长日照和短日照条件下均能进行花芽分化和开花坐果。但光合作用受日照时数的影响很大，日照时间长，净同化率高，能合成更多的光合产物，这也是黄瓜高产的基础。

◎ **对气体条件的要求**：黄瓜的根系较浅，呼吸强度大，其对氧气的需求量较大，土壤含氧量以 15%~20% 为宜，因此栽培黄瓜的土壤必须疏松透气，土壤团粒结构良好。多施有机肥，定植时不要过深，覆土与秧苗土坨面相平即可，浇水忌大水漫灌，加强中耕尤其是水后土壤稍干时的中耕是保证氧气供应的重要措施。二氧化碳是植株进行光合作用的原料之一，一般露地栽培时，空气中二氧化碳能够满足植株光合作用的需要。但设施栽培时，二氧化碳的浓度往往达不到要求，因此要注意及时通风换气。

栽培技术

◎ **育苗**：穴盘的选择。黄瓜育苗一般选用 72 孔苗盘。盆栽为了养育大苗也可用 50 孔标准穴盘育苗。

（1）基质选择与配制　可选用商用育苗基质或自行配制。自行配制配方如下：育苗基质选用草炭、珍珠岩、蛭石 3 种，将草炭、珍珠岩、蛭石按 6：3：1 比例混合，水果黄瓜基质配方：优质草炭、珍珠岩、蛭石三者比例为 4：1：1。同时 1m³ 基质加入复合肥 1~2kg。另外，也可根据当地情况利用蚯蚓粪、菌渣、秸秆粉碎物、塘泥、河沙等，经过处理后按照一定比例混合，配成育苗基质。使用广谱型商品基质一般不需要进行消毒处理。但重复使用或自己配制的基质使用前则要进行消毒处理。1 m³ 基质加 50% 多菌灵可湿性粉剂 50g，充分拌匀，用塑料薄膜覆盖 2~3d 进行消毒。穴盘可重复使用，每次使用前要消毒处理。穴盘消毒可用 0.1% 高锰酸钾液浸泡 1h。

（2）种子处理　①温汤浸种将种子放入 55℃ 温水中不断搅拌浸泡 20 分钟，②药剂浸种用温水浸种 4~6h，然后 50%多菌灵可湿性粉剂 500 倍液浸种 20 分钟或 40%福尔马林 150 倍液浸种 20 分钟。

（3）播种　北京地区春季盆栽 1—2 月育苗，冷凉地区可以适当延后。在穴盘孔穴中央用压孔器压制直径 1.5cm、深 1.0cm 的播种穴。人工或机械将种子放置于每个播种穴中央，每穴 1 粒，覆盖蛭石，刮平，清水冲淋至孔穴基质相对含水量 60%左右。

（4）苗期管理　整个苗期基质相对含水量保持在 80%~95%，出苗前一般不需补水，出苗后缺水的地方适当补水，喷水量和喷水次数视育苗季节和秧苗大小而定。原则上掌握穴面基质发白即应补充水分，每次要喷匀喷透。成苗后，在起苗移栽前一天浇一次透水。黄瓜幼苗期白天温度保持在 25~28℃，夜晚 15~16℃。高温度不超过 32℃。

（5）炼苗　定植前 5~7d 进行炼苗，控温、控水、控湿进行炼苗，以增强幼苗抗逆性，提高定植成活率。

◎定植：盆的选择，以陶盆最好，其次是瓷盆、木盆和塑料盆，大小形状没有统一的规格，但体积不能太小，一般直径应在 20cm 以上，盆高不得小于 15cm。应选择盆底有孔的盆，盆孔不得太小，最好用"五花眼"的盆。若孔太大，盆底扣放一块瓦片，以防止土壤的流失。营养土选择以营养肥沃田园土为主、加入 30%~50%腐熟的牛粪或优质的农家肥，还可以根据当地情况加入蚯蚓粪增加有机质含量和基质通透性，有利于黄瓜生长。另外可以每立方米营养土掺混 1~2kg 左右的三元复合肥，混均匀装盆。

每盆定植的株数依盆的大小决定，大盆每盆可以种植 1~2 株，小盆每盆种植 1 株，瓜苗要带土移植到盆内，栽植深度是表土经过浇水后距盆缘约 3cm 为宜，定植后的浇水量应该控制好，注意不可以浇过量的水，勤浇水，浇透水，保持土壤湿润，有充足的水分供应，但不可出现积水。

栽植后的管理

◎**温度控制**：春季定植后棚室要密闭保温，活棵后适当降温。一般每天早晨 9 时左右揭膜，15—16 时左右盖膜。以后白天温度保持在 30℃左右，夜温保持在 15℃左右。注意通风，冬季要经常揭膜增加光照。

◎**水肥管理**：浇水。定植后应浇足底水，使苗与盆土结合紧实。其后，要勤浇水，保持土壤湿润，保证有充足的水分供应。浇水原则是：阴天不浇水，晴天浇水，下午不浇水，上午浇水。夏季比春、秋季浇水多。

追肥、施肥宜少量多施，不宜过量，否则会出现伤根烧苗的现象，以化肥为主，进入采瓜期每一周追肥 1 次，最好结合浇水追施。

◎**植株调整与整形修剪**：黄瓜生长到株高 30cm 时要固定植株用绳子吊蔓，等到再长 2~3 节就要把瓜蔓沉落下来，吊蔓的操作，一次沉蔓不要过长，更不要损伤叶片，要使叶片在空间分布均匀，互不遮挡。当长出瓜时，主蔓每节留 1 个瓜，侧枝留 1 个瓜，然后打顶。盆栽黄瓜要考虑其观赏价值，因此可以结合不同的环境特点和黄瓜的生长特点进行整枝、搭架、造型，一般每盆插 3~4 根支柱，下部插入土中，上部用绳子绑在一起，瓜蔓采用弯曲蔓法和螺旋蔓法，每 3~4 片叶绑一道。

◎**病虫害防治**：黄瓜害虫一般有蚜虫、斑潜蝇和白粉虱。以生物防治为主，家庭盆栽采取以人工捕捉方法。当虫量发生大时可使用无毒无味的生物农药"生物肥皂"稀释 50~100 倍液喷雾防治。

◎**适时采收**：盆栽黄瓜生长速度快，要及时采收，以免影响植株的生长发育和后续瓜的生长，到水果黄瓜长成长 15cm 左右就可以采收。大型黄瓜根据需要采收。

推广应用前景

黄瓜是人们常吃的一种蔬菜，它的瓜肉脆甜可口，吃法简便，生吃熟吃均可，味美且价位适中，黄瓜中含有丰富的维生素 C，是一味可以美容的蔬菜，被称为"厨房里的美容剂"，很多人都知道维生素 C 具有美容养颜的作用。如常用的黄瓜洗面奶、黄瓜面膜。把黄瓜切成片贴在脸上，具有滋润清凉去黄斑的作用，抗皮肤老化，减少皱纹的产生，另外，缺乏维生素 C 时会导致牙龈出血。随着现代家庭园艺的发展，观赏茄果类蔬菜水果黄瓜盆栽在家庭园艺中的应用越来越多，为美化居民生活增添一道亮丽的风景线。

50. 苦 瓜

苦瓜（*Momordica charantia* L.）又称凉瓜，别名为癞瓜，属葫芦科苦瓜属一年生蔓生植物。果实中富含维生素 C、维生素 E、氨基酸和矿物质等，特别是维生素 C 的含量是黄瓜的 14 倍，是冬瓜的 5 倍，是番茄的 7 倍，因其果实中含有一种糖苷，具有较高的药用价值，近年来人们将其作为保健品，开始大量开发应用，并逐断被人接受。

形态特征

苦瓜的根系比较发达，侧根较多，分布范围宽广，主要分布在 30~50cm 的耕作层内，根群最深分布达 250cm 左右，根群分布直径 100cm 以上。根系喜潮湿，在栽培上应注意加强水分管理，但根系又怕涝。

茎为蔓生，具 5 棱，浓绿色，叶片上着生茸毛，茎节上着生叶片、卷须、花芽、侧枝。卷须单生。苦瓜的茎蔓生，分枝能力很强，蔓生细长，可达 3~4m。主蔓各节腋芽活动能力强，易发生侧枝和二级侧枝，形成繁茂的枝系。棚室栽培，光照较弱，易造成茎蔓细长、侧蔓萌生快、空间郁闭问题，应及时整枝打叉。

子叶出土，一般不进行光合作用。初生叶一对，对生，盾形，绿色。以后的真叶为互生，掌状深裂，绿色，叶背淡绿色，叶脉放射状（一般具5条叶脉），叶片轮廓卵状肾形或近圆形。

花为单性同株。植株一般先发生雄花，后发生雌花，单生。雄花花萼钟形，萼片5片，绿色；花瓣5片，黄色；具长花柄，柄上着生盾形苞叶，绿色，雄蕊3枚，分离，具5个花药，各弯曲近S形，互相联合。上午开花，以8-9时为多。雌花具5瓣，黄色，子房下位，花柱上也有一苞叶，雌蕊柱头5~6裂。

苦瓜果实为浆果，果面有瘤状突起和纵棱，有纺锤形、长圆锥形、短圆锥形、圆筒形等；表皮深绿色、绿色、绿白色、白色等；果实成熟后黄赤色，瓜肉开裂，瓜瓤艳红色可食。

种子为盾形、扁，淡黄色，种皮较厚，表面有花纹，每果含有种子20~30粒，千粒重150~180g。种子发芽年限3~5年，使用年限1~2年。

苦瓜的品种类型很丰富，一般有绿色、白色、深绿色等。白色的苦瓜苦味比较淡，适合做沙拉之类的生食。适宜盆栽苦瓜有白玉苦瓜、绿龙苦瓜等。其中白玉苦瓜从我国台湾引进，外观非常精美，它晶莹剔透、色白如玉。白玉苦瓜的果实色白、肉厚、汁多，组织幼嫩比绿色苦瓜更脆，所以口感清爽，苦味比绿色苦瓜更淡，所以味道温润，不用浸泡去苦即可直接食用。白玉苦瓜具有生长势强、雌花早开、高雌花性、结果力强、果形美、果色淡白绿色、品质佳深受消费者喜爱，极具推广价值。

生活习性

◎**温度**：苦瓜喜温，较耐热，不耐寒。种子发芽适温30~35℃，20℃以下时，发芽缓慢，13℃以下发芽困难。在25℃左右，约15d便可育成具有4~5片真叶的幼苗，如在15℃左右则需要20~30d。在10~15℃时苦瓜植株生长缓慢，低于10℃则生长不良，当温度在5℃以下时，植株显著受害。但温度稍低和短日照，发生第一雌花的节位提早。开花结果期25℃左右为适宜。15~30℃的范围内温度越高，越有利于苦瓜的生育。而30℃以上和15℃以下对苦瓜的生长结果都不利。

◎**水分**：苦瓜喜湿而不耐涝。生长期间需要85%的空气相对湿度和土壤相对湿度。天气干旱，水分不足，植株生长受阻，果实品质下降。但也不宜积水，积水容易沤根，叶片黄萎，轻则影响结果，重则植株发病致死。

◎**土壤养分**：苦瓜对土壤的适应性较广，从沙壤到轻黏质的土壤均可。一般以在肥沃疏松，保水、保肥力强的壤土上生长良好，产量高。苦瓜对肥料的要求较高，如果有机肥充足，植株生长粗壮，茎叶繁茂，开花结果就多，瓜也肥大，品质好。特别是生长后期，若肥水不足，则植株衰弱，花果就少，果实也小，苦味增浓，品质下降。苦瓜需要较多的氮肥，但也不能偏施氮肥；否则，抗逆性降低，从而使植株易受病菌浸染和寒冷为害。在肥沃疏松的中壤土里，增施磷钾肥，能使植株生长健壮，结瓜可以经久不衰。

◎**光照**：苦瓜属于短日性植物，喜阳光而不耐阴。但经过长期的栽培和选择对光照长短的要求已不太严格；可是若苗期光照不足，会降低对低温的抵抗能力。开花结果期需要较强光照，光照充足，有利于光合作用，提高坐果率；否则，易引起落花落果。

栽培技术

◎**育苗**：苦瓜为防止种子带菌，播种前宜进行种子消毒，方法是：种子先用55℃左右温水浸种15~20分钟后，边浸边搅拌，待水温降至室温后再继续浸种4~8h，再用10%磷酸三钠液浸20分钟（防病毒病），或用50%的多菌灵500倍液，或福尔马林1 000倍液浸30~60分钟（防真菌性病害），然后用清水冲洗干净即可催芽。种子沥干后装入干净小纱网袋，用湿毛巾或湿布包好置于30℃环境中催芽。催芽过程中，要每天检查2次，既要防失水，又要防水分过多而烂种。2~3d后大部分种子露白即可播种。工厂化育苗可采用50孔穴盘进行育苗，穴盘灌满基质浇透水后播种，播种时种子方向一致，再覆盖已消毒基质厚1cm左右，加盖塑料薄膜保温保湿。基质配比可参考常规蔬菜育苗由草炭、珍珠岩和蛭石按一定比例复配而成。农户小规模盆栽可采用营养钵育苗，首先将装好营养土的营养钵排放在苗床上，再浇足底水，待水渗下后，撒上一薄层（0.5~1cm）干的营养土，然后将萌芽的种子播入钵内，每钵播 1 粒，播后覆盖营养土 2cm，最后用塑料薄膜盖严，提高床温，使其能维持在 25~30℃。出苗后略通风降温，保持在 20~25℃，晴天气温在 20℃以上，可揭开薄膜，接受自然光照，夜间再盖上。

◎**定植**：苦瓜盆栽尽量选用较大较深的花盆，一般用长 50~60cm 长方形或方形花盆，每盆栽 2~3 棵幼苗，可以种成一排或对角线，栽植不要过深，栽后浇透水，过 3~5d 再浇缓苗水，温室栽培要根据温度情况定时观察基质适度控制浇水频率。规模盆栽生产一般采用商品专用盆栽基质，也可以自己配制盆土，笔者通过多年盆栽试验推荐用园田土 5 份，腐熟有机肥 3 份，蚯蚓粪 2 份配制而成培养土效果不错，要保证有机肥腐熟，没有蚯蚓粪也可因地制宜加入废弃食用菌废料以及炉渣代替等。

栽植后的管理

◎**温度控制**：刚定植后管理的重点是提温促进缓苗。缓苗期内白天气温保持在 25~30℃，夜间 15~18℃，经一周左右幼叶长出。缓苗期过后，可进入日常管理，白天气温维持在 20~28℃，夜间 14~18℃，可进行一次中耕，尽量离开瓜苗附近浅锄。进入结瓜期，白天气温控制在 25~28℃，夜间 15~18℃。由于盆栽不同于地栽，本身盆土对温度缓冲度小，因此棚温控制尤为重要，以免气温过高造成"蒸苗"，早春栽培还要适度夜间增加保温措施。

◎**插立屏障式支架**：苦瓜抽蔓后应及时引蔓上架，由于枝蔓不仅向上生长，而且主蔓生侧蔓，侧蔓生丛侧蔓，整个植株还会不断地向横向生长，因此，最好挂上爬蔓用网来供植株攀爬。或者用专业可调节架杆插成排架，成为一个小型廊架，蔓长 30cm 左右开始绑蔓，以后每隔 4~5 节绑蔓一次，或采用尼龙绳吊蔓。

◎**水肥管理**：结瓜前期，对水肥需求量较少，一般保持土壤不干为原则。缺水时则小水浇灌，以后结合追肥进行浇水。苦瓜进入结果期后，茎蔓生长与开花结果均处旺盛时期，是需要水肥最多的时期，一般每隔 7~10d 亩滴灌瓜类专用水溶性肥料一次，笔者多年应用高钾型圣诞树水溶性肥料取得较好效果，每次 5~10kg/亩，也可以一次性追施长效缓释性复合肥，浇水频率根据基质湿度每 2~3d 一次，在早或午后 4~5 时喷灌或滴灌。

◎**病虫害防治**：苦瓜病虫害主要有白粉病、霜霉病、枯萎病和瓜实蝇等。蔬菜原则上以生物、物理防治为主，规模化盆栽使用黄板、兰板和生物农药为为主，提前做好防虫网等预防措施，每 7~10d 喷洒一次多菌灵或百菌清等广谱性杀菌剂提前预防。

◎**采收**：苦瓜谢花后 12~15d，瘤状突起饱满，果皮光滑，顶端发亮时为商品果采收适期，应及时采收。过早和过晚采收都会降低苦瓜的品质和产量。用剪刀将果实的根蒂处剪断，进行收获。

推广应用前景

苦瓜，苦中带甘、略含清香，具有清热消暑、养血益气、补肾保脾、养肝明目的功效，是夏季上火、发热、痢疾、肿疮等疾病的食疗良品。适度的食用苦瓜还对防坏血病、防止动脉粥样硬化、保心养肾有一定的作用。在抗癌方面也被证实有一定的抑制正常细胞突变的作用。尤其在夏天食用苦瓜汤或苦瓜菜肴，能调和脾胃、清除疲劳、醒脑提神，对中暑、胃肠道疾病有一定的预防作用，是药食两用的夏季食疗佳品，因此具有很好推广价值。随着城市农业和阳台庭院农业兴起，基质盆栽苦瓜越来越受到人们青睐，在城市公园、高楼阳台可以看到以可食地景的瓜果廊架，缠绕爬上阳台的苦瓜，既可以观赏又可以食用蔬菜盆栽景观。

51. 丝　瓜

丝瓜（*Luffa cylindrica* Roemer.）为葫芦科丝瓜属一年生攀缘草本植物。起源于亚洲，分布于亚洲、大洋洲、非洲和美洲的热带和亚热带地区。丝瓜以嫩瓜供食，可以炒食、凉拌，用以做汤味道更为鲜美。常食丝瓜可生津止渴，清热解毒。丝瓜的药用价值很高，根、茎、叶、花、果实、种子均可入药。丝瓜是重要的中药材及加工沐浴用品等加工原料。发展丝瓜具有十分重要的意义和广阔的市场发展前景。

形态特征

根系特别发达，主根深达 1m 以上，侧根也多，再生能力较强，根系一般分布在 30cm 的耕层土壤中，水平范围 3m 左右。

茎蔓生、五棱形，浓绿色，具茸毛，中间空腔小，或不明显。主蔓一般 4~6m，分枝力极强，一般能产生 2~3 级侧蔓形成多分枝的茂盛茎蔓，蔓上各节能同时发生卷须和腋芽。

叶为掌状裂叶或心脏形叶，互生，深绿色，叶脉网状，背部叶脉突起，有的品种叶面呈蜡粉状，叶柄圆形。

花为黄色单性花，着生于叶腋，雌雄异花同株。一般先发生雄花，为总状花序；后发生雌花，一般为单生，有少数品种为多生。开花时间一般在每天6—10时开放，阴天则延迟。

果有棱或无棱。无棱丝瓜果实从短圆形至长棒形，绿色，表面粗糙，有数条墨绿色浅纵沟。有棱丝瓜棒形，绿色，表面有皱纹，具七棱，棱绿色或墨绿色。果实为瓠果，一般果肉有3个心室，3个胎座，肉质化为食用部分，肉质外层为果皮，由子房壁发育而成。

种子近圆形，扁，黑色或灰黑色，有棱丝瓜种皮厚，表面有皱纹。每个瓜含种子60~150粒，千粒重120~180g；无棱丝瓜种皮薄，表面平滑或具翅状边缘，黑色或白色。每果含种子100粒，有的品种含400~600粒，千粒重100~140g。

丝瓜主要有两种，即普通丝瓜和有棱丝瓜。有棱的称为棱丝瓜，瓜长棒形，前端较粗，绿色，表皮硬，无茸毛，肉白色，质较脆嫩。无棱的称为普通丝瓜。常见品种有蛇形丝瓜和棒丝瓜。蛇形丝瓜又称线丝瓜，瓜条细长，有的可达1m多。棒丝瓜又称肉丝瓜，瓜棍从短圆筒形至长棒形，下部略粗，前端渐细，长35cm左右，瓜皮以绿色为主。盆栽一般可以选择含丝瓜络较少的鲜食丝瓜品种，如果空间比较大也可以选择种植瓜条长一些的线丝瓜，如果空间比较小可以选择肉丝瓜。

生活习性

◎温度：丝瓜是喜温且耐热的蔬菜。丝瓜生长发育的适宜温度为20~30℃，种子的发芽温度为25~35℃，种子在30~35℃时能迅速发芽，20℃以下发芽缓慢。茎叶和开花结果都要求较高温度，在20℃以上迅速生长，在30℃时仍能正常开花结果。15℃左右生长缓慢。10℃以下生长受到抑制甚至受害。

◎水分：丝瓜不但耐高温而且耐高湿。丝瓜怕干旱，土壤湿度较高、含水量在70%以上时生长良好，低于50%时生长缓慢，空气湿度不宜小于60%。75%~85%时，生长速度快、结瓜多，短时间内空气湿度达到饱和时，仍可正常地生长发育。

◎土壤养分：丝瓜虽然适应性较强、对土壤要求不严格的，在各类土壤中，都能栽培。但是为获取高额产量要求壤营养比较高，植株转入生殖生长以后，只有维持较高水平的茎叶生长才能良好结果。在丝瓜开花结果期，营养不良，茎叶生长变弱，坐果率降低，增加养分可恢复生长和坐果。

◎**光照**：丝瓜是短日照植物，喜较强阳光，而且较耐弱光。在短日照下发育快，长日照下发育慢。短日照天数越多，对丝瓜发育的促进作用越明显，不但能降低雄花和雌花的着生节位，甚至可使植株首先发生雌花。丝瓜为短日照作物在幼苗期，以短日照大温差处理，利于雌花芽分化，可提早结果和丰产。整个生育期当中较短的日照、较高的温度、有利于茎叶生长发育，能维持营养生长健壮，有利于开花坐果、幼瓜发育和产量的提高。

栽培技术

◎**育苗**：育苗时间可根据栽培方式自由掌握。北京地区日光温室育苗可在1月中下旬开始，大棚可适当推迟。工厂化穴盘育苗可参照苦瓜规模化生产育苗方法。以丝瓜小规模家庭生产用营养钵育苗为例，准备苗床，苗床浇足底水，隔一夜，湿度达到手捏成团、手松即散即可平整苗床、翻耕床土，用少量过磷酸钙湿翻浅耕，再在苗床上面撒施少量草木灰。苗床中间营养土必须肥沃，富含有机质，土质疏松，有良好的物理性状，才能有利于丝瓜幼苗生长发育。一般采用充分腐熟优质有机肥30%，肥田土70%配制营养土。育苗时，用营养钵机打营养钵于苗床上。将处理好的种子（按照苦瓜种子处理办法）进行催芽。需要注意，丝瓜种子在30℃的温水中浸泡种子3~4h，要低于苦瓜时间。浸种催芽时要注意：①浸泡种子的时间不宜过长。若泡种时间过长，空气不易进入种子内部，反而因缺氧使种子发芽延缓。②催芽宜短不宜长。掌握当2/3的种子开口稍露白芽尖，呈现"芝麻白"时即应播种。催芽期间白天温度保持在25~30℃，一般催芽2~3d即可。然后在营养钵直接点播，每钵1粒，将发芽的种子放在营养钵中间，芽端向下，播后浇水，覆细土厚1cm，再用地膜盖好，搭建环竹棚，覆盖环棚薄膜，保湿保温。在正常气候情况下，保持白天温度25℃、夜间 10~15℃，7~10d 即可出苗，15d 左右即可齐苗。出苗后白天控温在 23~28℃，夜温 13~18℃。丝瓜苗龄 40d 左右，待幼苗有 2~3 片真叶时即可定植大。

◎定植：盆栽选用深桶形的圆形花盆，或园林用长方形或方形花槽，每盆栽 2~3 棵幼苗，幼苗的间距为 20~25cm 左右，可栽成一排或三角形，栽后浇透水。盆土采用市场采购瓜类通用盆栽基质。

栽植后的管理

◎温度控制：定植后，注意保温，促进缓苗。温室或大棚早期盆栽重点是保温防寒促生长，后期防高温保持棚内温度白天在25~30℃，夜间不低于15℃，主要通过揭盖小拱棚或加载二道幕以及调节大棚两侧通风实现，进入 6 月重点预防高温。

◎插架引蔓整枝：规模化盆栽生产，一般采用统一专用盆栽架杆，用三根杆子成三角形或圆锥形插架，用"S"形盘旋人工引蔓、绑蔓，以辅助其上架。侧蔓可根据需要造型保留或摘除。当植株长到需要高度时，需要将主蔓顶部剪掉进行摘心，以促进侧蔓的生长。

◎水肥管理：一般在上盆定植后浇定植水时，追 1 次肥，以后随着秧苗的生长可每隔 7~10d 追肥 1 次，当开始结瓜后，必须加大施肥量，以满足正常生长和开花结果对养分的需要，通常每采收 1~2 次，追肥 1 次。追肥最好用充分腐熟的有机肥、高效冲施肥或 N、P、K 三元复合肥，配合叶面喷施 0.4%~0.5% 的磷酸二氢钾。追肥应结合浇水进行，特长丝瓜本身性喜潮湿，丝瓜叶片大，蒸腾量大，开花结果多，总需水量也较大，必须及时灌水才能保证多开花、多结瓜、结大瓜。一般在每隔 5~7d 浇水 1 次。水要浇得均匀一致，切忌大水灌盆。盆栽浇水要控制水量防积水影响植株生长。

◎病虫害防治：丝瓜病虫以霜霉病、白粉病为主，喷施生物农药进行防治。也可通过培育壮苗，提高植物本身的抗逆性等方法来预防。丝瓜的病虫害发生较少，虫害主要是预防蚜虫、潜叶蝇，可用缓释性杀虫剂—特片（主要成分）防治蚜虫和白粉虱等。

◎**采收**：丝瓜从开花至成熟12d左右，温度高时可缩短至7d，果实达到适当成熟度采摘。过期不采收容易纤维化，在温度高、水分不足时更易发生，影响其品质。采收标准为：瓜身饱满、匀称，果柄光滑，瓜身稍硬，果皮有柔软感而无光滑感，手握瓜尾部摇动有震动感，采摘时果实要保持完整。果实完全成熟后，果实摸起来松软暄腾，就可以摘下来做刷子。

推广应用前景

丝瓜以嫩果供食，供应期长，是夏秋季填淡补缺的蔬菜。可用来炒食或做汤菜，瓜肉细嫩柔软，清香滑口，味道鲜美。茎液可做化妆品原料。果实老熟后纤维发达，经脱皮去籽处理后，成为丝瓜络。丝瓜络是中成良药，长期使用具有促进皮肤新陈代谢、消除疲劳、提神养颜等功效。此外，还有去湿、除痢疾等药效，还可做洗涤材料。特长丝瓜是一种攀缘植物，瓜条细长、均匀、直立，形似长棒形。最长可达3 m以上，很是美观。近年来，中国各大农业示范观光园均以特长丝瓜作为装饰，若将其种植在长廊四周，则既可作为景致观赏，又能遮阴、纳凉，是现代观光农业难得的美景，同时又具有较高的营养保健价值，市场发展前景广阔、潜力巨大。

52. 甜 瓜

形态特征

甜瓜（*Cucumis melo* L.）是葫芦科黄瓜属一年生草本植物。

◎**根**：直根系。根系发达，生长旺盛，入土深广。在葫芦科植物中，甜瓜的发达程度仅次于南瓜、西瓜而强于其他瓜类。甜瓜的主根由脉根延伸而来，可深入土层 1.5m 左右。甜瓜的侧根也很发达，横向扩展大于纵向深入，横展半径可达 2~3m。但甜瓜的根系木栓化较早。幼苗在第一片真叶展开时，主根基部已开始木栓化，木栓化的根再生新的侧根就很困难。

甜瓜根系虽发育旺盛，分布深广，但主要根群不是分布在土壤深层，而是分布在 10~30cm 层土壤中。厚皮甜瓜根群的分布较薄皮甜瓜深。土壤水分、土壤类型、植株营养面积、整枝方式等因素，都影响甜瓜根系的发育和根系的结构与大小。

甜瓜根系随地上部生长而迅速伸展，根上部伸蔓时，根系生长加快，侧根数迅速增加，坐果前根系生长分化及伸长达到高峰，坐果后，根系生长基本处于停顿状态。

◎**蔓**：甜瓜茎为一年生蔓性草本，中空，有条纹或棱角，具刺毛。甜瓜茎的分枝性很强，每个叶腋都可发生新的分枝，主蔓上可发生一级侧枝（子蔓），一级侧枝上可发生二级侧枝（孙蔓），以致三级、四级侧枝等。只要条件允许，甜瓜可无限生长，在一个生长周期中，甜瓜的蔓可长到 2.5~3m 或者更长。甜瓜茎蔓生长迅速，旺盛生长期长。一昼夜可伸长 6~15cm，白天生长量大于夜间，夜间生长量仅为白天的 60% 左右。

甜瓜主蔓上发生子蔓，第一子蔓多不如第二、第三子蔓健壮，栽培管理常不选留，因而一般甜瓜子蔓的生长速度会超过主蔓。

◎叶：甜瓜的叶为单叶、互生、无托叶。不同类型、品种的甜瓜叶片的形状、大小、叶柄长度、色泽、裂刻有无或深浅以及叶面光滑程度都不同。多数厚皮甜瓜叶大，叶柄长，裂刻明显，叶色较浅，叶片较平展，皱折少，刺毛多且硬；薄皮甜瓜叶小，叶柄较短，叶色较深，叶面皱折多，刺毛较软。同一品种不同生态条件下，叶片的形状也有差异。

◎花：甜瓜花有雄花、雌花和两性花 3 种。甜瓜花的性型具有丰富的表现，在栽培甜瓜中最常见的雌雄全同株型（雄花、两性花同株）、雌雄异花同株型，其雄花、两性花的比例均为 1:4~10。当两片子叶充分展开，第一片真叶尚未展开时花芽分化已经开始，花芽分化开始的时间厚皮甜瓜和薄皮甜瓜大致相同，但分化的速度不同，厚皮甜瓜较薄皮甜瓜块。

◎果实：甜瓜的果实为瓠果，侧膜胎座，3~5 个心室，由受精后的子房发育而成。果实可分为果皮和种腔两部分。甜瓜果皮由外果皮和中、内果皮构成。外果皮有不同程度的木栓化，随着果实的生长和膨大，木栓化多的表皮细胞会撕裂形成网纹。中、内果皮无明显界线，均由富含水分和可溶性糖的大型薄壁细胞组成，为甜瓜的主要可食部分。种腔的形状有圆形、三角形、星形等。果实的大小、含糖量、形状、颜色、质地、风味等因品种而异。

甜味是甜瓜品质好坏的主要因素，甜味主要来源于所含的糖分，成熟的甜瓜果实主要含有还原糖（葡萄糖、果糖）和非还原糖（蔗糖），其中蔗糖占全糖的 50%~60%，通常可溶性固形物的含量一般在 12%~16%，可高达 20% 以上；薄皮甜瓜可溶性固形物的含量一般在 8%~12%。

◎**种子**：甜瓜种子由胚珠发育而成。成熟的甜瓜种子由种皮、子叶和胚 3 部分组成。子叶占种子的大部分空间，富含脂类和蛋白质，为种子萌发贮藏丰富的养分。甜瓜种子形状多样，有披针形、长扁圆形、椭圆形、芝麻粒形等多种形态。甜瓜种子的寿命通常为 5~6 年，种子含水量低，在干燥阴凉的条件下，种子寿命可大大延长，在新疆维吾尔自治区、甘肃省室内自然保存期可达 15~20 年，一般地区干燥器内密封保存可达 25 年，而不丧失发芽能力。

生活习性

◎**温度**：甜瓜是喜温耐热的作物，各生育阶段对温度要求的严格程度不同，种子发芽最适温度 28~33℃，最低温度为 15℃；根系生长最适温度 22~30℃；茎叶生长最适温度 25~30℃；开花最低温度为 18℃，适温 20~25℃，果实发育期适温 30~33℃。

◎**光照**：甜瓜属于短日照作物，要求充足而强烈的光照。日照时数要求达到 10~12h，光饱和点为 5.5 万~6.0 万 lx，好强光而不耐阴。

◎**湿度**

（1）空气湿度　甜瓜生长发育适宜的空气相对湿度为 50%~60%，薄皮甜瓜还可适应更高的相对湿度。开花坐果之前，对较高和较低的空气湿度适应能力较强，开花坐果期对空气湿度反应敏感。设施栽培条件下，白天 60%，夜间 70%~80% 的空气下相对湿度，甜瓜也能正常生长。

（2）土壤湿度　不同生育期，甜瓜对土壤湿度有不同要求。播种、定植要求高湿；坐果之前的营养生长阶段要求土壤最大持水量 60%~70%；果实迅速膨大至果实停止膨大要求湿度达 80%~85%；果实停止膨大至采收的成熟期要求 55% 的低湿。

（3）对土壤的要求　甜瓜属于直根系植物，根系发达，吸收能力更强，并有一定的抗旱、耐盐碱、耐贫瘠的能力。但甜瓜最喜土层肥沃深厚，通透性好的沙质壤土。甜瓜对土壤酸碱度的要求，pH 值最适为 6.0~6.8，最适宜甜瓜生长发育的土壤是土层深厚，有机质丰富，肥沃而通气性良好的壤土或沙质壤土。

栽培技术

◎ **品种选择**：盆栽甜瓜由于栽培的特殊性，选择品种时重点选择厚皮甜瓜品种，还要考虑以下几点：小型果，外形美观，节间较短，易坐果，株形紧凑，叶柄较短，叶片厚的品种；食用性好，耐熟性好，生育期较长，极具观赏性；耐低温、耐阴性较强抗病性好的品种。主要有伊丽莎白、一特白、小型哈密瓜等。

◎ **播种及苗期管理**

（1）播种　早春栽培一般在 2 月中旬播种，元旦至春节供应产品的在 9 月初至 9 月底播种。将种子用 55~60℃ 的水浸泡消毒，然后播在营养钵中，将营养钵码放在育苗畦内即可。

（2）苗期管理　春季栽培播种后要防寒保温，当幼苗长到两叶一心时，浇一次以速效肥为主的营养液，用多元复合肥即可，定植前 1d，施一次速效肥，促进缓苗。出苗前保持 30~32℃，出苗后白天保持在 28~30℃，夜间保持 22℃ 左右。定植前一周降温炼苗。定植前倒苗 1~2 次，切断伸出钵体的根系，促进再生根的发生，有利于定植后缓苗。秋季栽培的苗期管理同春季相同，只是注意防暑降温，防止幼苗徒长。

◎ **营养土的配制**：花盆选择直径 40~45cm 的塑料花盆。支架选择高 120~150cm 钢筋支架，营养土以耕层土和草炭为主，耕层土和草炭为主的比例为 4：6，另加 5%~10% 的蛭石，同时加入 1/8 的优质腐熟鸡粪和 80g 多元复合肥，混匀消毒后装盆。也可以采用草炭、蛭石、珍珠岩混配无机基质，浇灌营养液。

◎ **定植**：定植前将盆架提前放在花盆内，幼苗长到 3~4 片真叶时即可定植了，早春栽培在 3 月 25 日前后定植，秋延后在 9 月中旬定植，每盆定植 1~2 株，定植前 1d 将营养钵浇透水，定植后花盆浇透水。

◎ **肥水管理**：定植后 10d 左右，植株开始生长，植株坐果后根据天气情况每隔 2~3d 浇一次水或营养液，水与营养液轮换浇，营养液的浓度为 1 500 倍左右的多元复合肥（含微肥）营养液，坐果期追一次硫酸钾复合肥，每盆 20g。

◎**温度管理**：定植后白天保持在 25~35℃，超过 38℃ 及时放风，夜间保持在 18~20℃，冬季温度过低需采取保温措施。

◎**整枝留瓜**：留一条主蔓或 2 条侧蔓，长势强的留 2 条侧蔓，留瓜位置为第 10~12 节雌花，人工辅助授粉，每株留 2 个瓜。长势相对较弱的品种留 1 条主蔓，一盆栽 2 株，每株留 1 个瓜，第 12~15 节雌花授粉。当株蔓长到 20~30cm 时及时领蔓，按逆时针方向固定于支架。

◎**病虫害防治**：伸蔓期后每周一次叶面喷洒疫霜灵或代森锰锌预防病害发生。

◎**叶面喷肥**：植株生长中后期，叶面喷 2~3 次磷酸二氢钾。

◎**上市**：当甜瓜定个后即可上市销售。

53. 西　瓜

形态特征

西瓜（*Citrullus vulgaris* Schrad.）属葫芦科西瓜属一年生蔓性草本植物。

◎根：西瓜根系属于直根系，由主根、多级侧根和不定根组成，是吸收水分和矿物质营养的器官。根系发育好坏直接影响地上部生长的强弱和产量的高低。

西瓜根系发达，主根入土深度达 1.4~1.7m，侧根水平伸展范围很广，可达 3m 左右，但主、侧根主要分布于土壤表层 30cm 左右耕作层中，在此范围内一条主根上可长出 20 多条一级侧根。

西瓜根系好氧，其生长好坏与土壤水分状况和土壤结构有关。若浇水过多，则因土壤空气不足而影响根系吸收功能。同一品种生长在壤土上则较黏土上根系伸展快，分根多，须根旺盛。西瓜发根早，但根量少，木质化程度高，因此，再生能力弱，断根后不易恢复。西瓜根系随地上部生长而迅速伸展。直播时，幼苗出土，子叶展开后，主根上即已分生出一次侧根。地上部伸蔓时，根系生长加快，侧根数迅速增加。坐果前，根系生长分化及伸长达到最高峰；坐果后，根系生长基本处于停顿状态。

◎蔓：西瓜是蔓性草本植物，茎蔓上着生卷须，属于攀缘植物。在茎蔓上着生叶片的地方叫节，两片叶间的茎叫节间。最初5~6叶片之前的节间短缩，成为短缩茎，直立生长。5~6片真叶后开始伸蔓，茎蔓节间长度为10cm左右。节间长短因品种、肥水管理而异。西瓜具有很强的分枝能力，由幼苗顶端伸出的蔓为主蔓，一般蔓长3~4m，从主蔓每个叶腋均可伸出分枝，称侧蔓。但以主蔓上第2~4节侧蔓较为健壮，发生早，结瓜能力强。此外，每个叶腋还着生一条卷须，一朵雄花或雌花。卷须能固定瓜蔓，避免滚秧，并便茎蔓更好地受光。

◎叶：西瓜叶片呈羽状，单片，互生，无托叶，叶缘深缺刻，叶片表面有蜡质和茸毛，是适应干旱的形态特征之一。西瓜叶形因生育期而异。子叶2片，较肥厚，呈椭圆形。子叶后主蔓上第1~2片真叶，叶片较小，近圆形，无裂刻或有浅裂，叶柄也较短；伸蔓后逐渐呈现各品种固有的叶形；生育后期新生叶片又逐渐变小，但叶形不变。西瓜成龄叶片一般长18~25cm，宽15~20cm。西瓜叶柄长而中空，通常长为15~20cm，略小于叶片长度。

◎花：西瓜一般是雌雄同株异花，为单性花。少数品种雌花也带有雄蕊，称雌性两性花。西瓜在第二片真叶展开前已开始有花原基形成，3~5片叶后开始开花。先开雄花，后开雌花，且雄花数量多。除着生雌花节外，每一叶腋均着生一至数朵雄花。主蔓第一雌花着生节位因品种而异，一般早熟品种着生节位低，多在第5~7节上；晚熟品种则多在10~13节。西瓜主、侧蔓均能开花结果。

西瓜雌花柱头和雄花花药均有蜜腺，为虫媒花，主要靠蜜蜂、蚂蚁传粉。西瓜为半日花，即上午开花，下午闭花。

◎果实：西瓜果实为瓠果，由子房受精发育而成。整个果实则由果皮、果肉、种子三部分组成。其中，果皮由子房壁发育而成，果肉由胎座发育而来，种子则由受精后的胚珠发育而成。不同品种的西瓜，其形状、大小、皮色、花纹、瓤肉颜色表现多种多样。

◎种子：西瓜种子扁平，卵圆形，无胚乳，由种皮、胚和子叶组成。种子大小、形状、颜色等因品种而异。一般西瓜种子千粒重为30~100g。西瓜种子无明显的休眠期，收获后即可播种。种子寿命受贮藏条件影响较大,在低温、干燥、密封条件下贮藏,8~10年仍有较高的发芽率。

生活习性

西瓜原产南非热带沙漠地区,属耐热、耐干旱和贫瘠、喜强光照。

◎温度:在整个生长发育过程中要求较高的温度,不耐低温,更怕霜冻。西瓜生长所需最低温度为10℃,最高温度为40℃,最适温度为25~30℃。但不同生育期对温度要求不同,种子发芽期适温为28~30℃,幼苗期适温为22~25℃,抽蔓期最适温为25~28℃,结果期25~32℃较宜,其中开花期为25℃,果实膨大和成熟期为30℃左右较好。当温度超过40℃,植株生长发育受到抑制。

西瓜最适大陆性气候,在适宜温度范围内,较高的昼温和较低的夜温有利于西瓜生长,特别是果实糖分的积累。与气温相比,西瓜最适地温范围较窄,一般为20~30℃。西瓜根系生长最低温度为10℃,低于15℃根系发育不正常,最适温度为25~30℃,最高温度不能超过38℃。

◎光照:西瓜属喜光作物,生长期间需充足的日照时数和较强的光照强度,一般每天应有10~12h的日照,幼苗期光饱和点为80 000lx,结果期则达100 000lx以上。光照充足,植株生长健壮,茎蔓粗壮,叶片肥大,组织结构紧密,节间短,花芽分化早,坐果率高;光照不足,阴雨连绵,植株细弱,节间伸长,叶薄色淡,光合作用弱,易落花及化瓜。此外,光质对西瓜幼苗生长也有明显影响。其中红光、橙光可促使茎蔓伸长,而蓝光、紫光则抑制节间伸长。

◎水分:西瓜叶蔓茂盛,果实硕大且含水量高,因此耗水量大。另一方面具有强大的根系,能充分吸收土壤中水分,叶片呈深裂缺刻状,其茸毛、蜡质可减少水分蒸发,具耐旱生态特征。

西瓜不同生育期对水分要求不同。发芽期要求土壤湿润,以利于种子吸水膨胀,顺利发芽;幼苗期适应干旱能力较强,适当干旱可促进根系扩展，增强抗旱能力，减少发病，促进幼苗早发；抽蔓前期适当增加土壤水分，促进发棵，保证叶蔓健壮；开花前后适当控制水分，防止植株徒长，跑蔓化瓜；结果期需水最多，特别是结果前、中期果实迅速膨大，应及时供应充足的水分，促进果实迅速增长。果实定个后，应及时停水，以利糖分积累。

◎**土壤**：西瓜对土壤要求不严，比较耐旱，耐瘠薄。但因西瓜根系好氧，需要土壤空气充足，最适宜排水良好，土层深厚的壤土或沙壤土。西瓜适宜中性土壤，但对土壤酸碱度适应性较广，在 pH 值 5~7 范围内均可正常生育。西瓜对盐碱较为敏感，土壤含盐量高于 2% 即不能正常生长。

西瓜也可以用基质栽培。

◎**肥料**：西瓜生长期短，生长快，需肥量大，加之西瓜多种植于沙壤土或瘠薄沙土，需要供应充足的肥料。其中，以氮、磷、钾最为重要。氮肥可促进蔓、叶生长，保持植株健壮，为果实形成与膨大提供营养基础；磷能促进根系发育，增进碳水化合物运输，有利于果实糖分积累，改善果实风味；钾能促进茎蔓生长健壮，提高茎蔓韧性，增强防风、抗寒、抗病虫能力，增进果实品质。西瓜在整个生育期对氮、磷、钾的吸收量以钾为最多，氮次之，磷最少，比例约为 3.28：1：4.33。西瓜一般按每公顷产量为37 500kg 计算，约需纯氮 172.5kg（折合硫酸铵 825kg/hm²），纯磷127.5kg（折合过磷酸钙 675kg/hm²），纯钾 150kg（折合硫酸钾300kg/ hm²）。

栽培技术

◎**品种选择**：盆栽西甜瓜由于栽培的特殊性，选择品种时要考虑以下几点。小型果，外形美观，节间较短，易坐果，株形紧凑，叶柄较短，叶片厚的品种；食用性好，耐熟性好，生育期较长，极具观赏性；耐低温、耐阴性较强抗病性好的品种。西瓜主要选择的品种有：超越梦想、黄晶一号、墨童无籽等。

◎**播种**：早春栽培一般在 2 月中旬播种，元旦至春节供应产品的在 9 月初至 9 月底播种。将种子用 55~60℃的水浸泡消毒，然后播在营养钵中，将营养钵码放在育苗畦内即可。

◎**苗期管理**：春季栽培播种后要防寒保温，当幼苗长到两叶一心时，浇一次以速效肥为主的营养液，用多元复合肥即可，定植前 1d，施一次速效肥，促进缓苗。出苗前保持 30～32℃，出苗后白天保持在 28～30℃，夜间保持 22℃ 左右。定植前一周降温炼苗。定植前倒苗 1～2 次，切断伸出钵体的根系，促进再生根的发生，有利于定植后缓苗。秋季栽培的苗期管理同春季相同，只是注意防暑降温，防止幼苗徒长。

◎**营养土的配制**：花盆选择直径 40～45cm 塑料花盆。支架选择高 120cm 钢筋支架，营养土以耕层土和草炭为主，耕层土和草炭为主的比例为 4∶6，另加 5%～10% 的蛭石，同时加入 1/8 的优质腐熟鸡粪和 80 g 多元复合肥，混匀消毒后装盆。

◎**定植**：定植前将盆架提前放在花盆内，幼苗长到 2～3 片真叶时即可定植了。早春栽培在 3 月 25 日前后定植，秋延后在 9 月中旬定植，每盆定植 1～2 株，定植前 1d 将营养钵浇透水，定植后花盆浇透水。

◎**肥水管理**：定植后 10d 左右，植株开始生长，植株坐果后根据天气情况每隔 2～3d 浇一次水或营养液，水与营养液轮换浇，营养液的浓度为 1 500 倍左右的多元复合肥（含微肥）营养液，坐果期追一次硫酸钾复合肥，每盆 20 g。

◎**温度管理**：定植后白天保持在 25～35℃，超过 35℃ 及时放风，夜间保持在 18～20℃，冬季温度过低需采取保温措施。

◎**整枝留瓜**：留 1 条主蔓和 1～2 条侧蔓。长势强的留 3 条蔓，留瓜位置为主蔓第三个雌花，侧蔓第二个雌花，人工辅助授粉，每株留 2 个瓜。长势相对较弱的品种留 2 条蔓，一盆栽 2 株，每株留 1 个瓜。当株蔓长到 20～30cm 时及时领蔓。待瓜长到 1kg 时，用塑料绳将瓜柄固定在瓜蔓或支架上。

◎**病虫害防治**：伸蔓期后每周一次叶面喷洒疫霜灵或代森锰锌预防病害发生。

◎**叶面喷肥**：植株生长中后期，叶面喷 2～3 次磷酸二氢钾。

◎上市：当西瓜近 7 成熟时，盆栽西瓜即可上市销售。

推广应用前景

随着都市旅游观光农业的发展和人们消费观念的改变，盆栽精品小型西甜瓜越来越受到人们的青睐，走进了家庭阳台、市内办公以及观光园区，前景广阔。

54. 桔　梗

桔梗 ［*Platycodon grandiflorum*（Jacq.）　A. DC.］别名包袱花、铃铛花、僧帽花，桔梗科桔梗属多年生草本植物。桔梗野生状态下常分布于山坡及草丛中。喜温和气候，耐寒，适生的土壤多为壤土、砂质壤土、黏壤土及腐殖质壤土，忌积水。土壤水分过多，根部易腐烂。怕风害。桔梗的嫩苗及根可食用，根也可入药，为药食同源植物。

形态特征

茎高 20~120cm，通常无毛，偶密被短毛，不分枝，极少上部分枝。

叶全部轮生，部分轮生至全部互生，无柄或有极短的柄，叶片卵形，卵状椭圆形至披针形，长 2~7cm，宽 0.5~3.5cm，基部宽楔形至圆钝，急尖，上面无毛而绿色，下面常无毛而有白粉，有时脉上有短毛或瘤突状毛，边顶端缘具细锯齿。

花单朵顶生，或数朵集成假总状花序，或有花序分枝而集成圆锥花序；花萼钟状五裂片，被白粉，裂片三角形或狭三角形，有时齿状；花冠大，长 1.5~4.0cm，桔梗花期长，达 3 个月左右，首先从上部抽薹开花，7 月初进入开花期，开花期与结果期没有明显界线，一般将桔梗的开花定为孕蕾期、现蕾期、盛蕾期、现花期、盛花期、末花期。花暗蓝色或暗紫白色，可作观赏花卉。

蒴果球状，或球状倒圆锥形，或倒卵状，长 1~2.5cm，直径约 1cm。花期 7—9 月。

生活习性

◎**土壤**：种植桔梗的土壤应选择土层深厚、排水良好、土质疏松而含腐殖质的沙质壤土。

◎**温度**：桔梗生长适宜温度是白天 20~24℃，夜间 16~18℃，生育速度如节间拉长程度、花芽分化快慢、收获期长短都极容易受到温度的影响而发生变化，因此秋冬至早春需加温，尤其是在夜间或寒流期如果能够加温则更好。一般来讲，早生种对温度要求较低，温度过高则生育期缩短，植株变矮。特别是在出苗期，高温会导致花数减少，上位节间徒长，花梗软弱，质量低下，但如果温度过低，生长就会迟缓甚至不开花。

◎**湿度**：桔梗生长对环境要求比较高，一般要求空气相对湿度不低于 50%，最高不超过 80%。土壤湿度保持湿润即可，特别是移植后的一个月内要保持介质的湿润，控制水分，特别在花蕾形成之后，应尽可能避免高湿的生长环境。

◎**光照**：桔梗对光照反应较敏感，长日照会促进其茎叶生长和花芽形成，一般以每天 16h 光照效果最好。补光栽培一般有两种方法：一是间断补光，也就是在夜间补几个小时的光照时间；二是延长光照，就是在傍晚时延长光照时间。一般第一种方法效果比较好。在冬季和早春期间，尤其要注意补光，通常在夜间加补 2~4h。

常见品种

桔梗多按产地分为南桔梗和北桔梗两种，东北、华北一带所产为北桔梗，安徽、江苏、浙江等地所产为南桔梗。

◎**南桔梗**：呈圆柱形或长纺锤形，略扭曲，偶有分枝，长 6~25cm，直径 0.5~2.5cm，顶端有根茎（芦头），其上有数个半月形的茎痕。表面白色或淡黄白色，全体有不规则纵皱及沟纹，并有横向皮扎样的疤痕。质硬脆，易折断，折断面略不平坦，可见放射状裂隙，皮部类白色，形成层环明显，木质部淡黄色，俗称"金井玉栏"。

◎**北桔梗**：与南桔梗相比，其形多细长，分枝常见，体质较轻泡，北桔梗多为野生品。

◎**整地**：选择阳光充足、土层深厚、疏松肥沃、排水良好的砂质壤土的地块作为育苗地。施入 2 500kg/亩腐熟的农家肥，深耕细耙，整平做床，床宽 1.2m，床高 15cm，床长依据灌溉条件和地形而定。

◎**育苗**

（1）播种　播种分为冬播和春播，以冬播为好，出苗整齐。播种量为每 667m² 播种 1.0kg。冬播于 10 月末，在做好的苗床上按照行距 20cm，开沟深 3cm，将种子与 2~3 倍的细土或细沙拌匀后均匀地撒入沟内，覆土盖平，覆土厚度 2cm，然后镇压一次，上冻前浇一次冻水，第二年春季出苗。春播时间为 5 月中旬，种子必须处理，将种子置于 45℃温水中，搅动至水凉后，再浸泡 8h，去除杂质，用湿布包好，置于 25℃的室内，进行催芽，每天早晚用温水冲滤一次，约 5d，待种子萌动时即可播种，方法同冬播。

（2）育苗移栽　冬播和春播，在温度 18~25℃，有足够的湿度时，15d 左右即可出苗；温度 15~18℃，则需要 25d 左右出苗。当苗高长到 1.5cm 时，间去过密和细弱的苗，苗高长到 3cm，按照 5cm 株距留苗。待秋季或第二年春季，挖苗移栽，定植于大田。定植密度为行距 30cm，株距 8cm。定植后必须浇水。

◎**田间管理**

（1）中耕除草　定植地浇水后，在干湿适宜时进行浅松土一次，以避免土壤干裂透风，造成苗木死亡，以后要经常中耕除草保持地内疏松无杂草。雨季前，结合中耕除草进行培土，防止苗木倒伏。切记，雨季勿使地内积水，加强排水，以免烂根，待植株长大封垄后即可不用再进行中耕除草。

（2）追肥　幼苗期追施尿素，用量 25kg/667m² 左右，促使幼苗生长。6 月底追施磷钾肥，防止因开花结果消耗过多的养分而影响生长。翌年春植株高1m左右时，适当控制氮肥用量，配合追施磷钾肥，使茎秆生长粗壮，可防止或减轻倒伏。

（3）疏花疏果　桔梗花期会消耗大量营养物质，影响根部生长，可进行人工摘除花蕾。

（4）采收　育苗移栽后，第三年即可收获。于春天萌芽前或秋末收获，去净茎、叶、泥土，刮去外皮。刮皮要趁鲜，时间拖长，根皮不易剥离。根皮刮净后，洗净晾干即可。

盆栽桔梗

◎**种子的筛选：**选取2年生桔梗所产的大小一致、饱满、颜色纯正种子。将筛选好的种子放在阳光下晒1～2d，以利于解除休眠，并杀死种子表面的寄生菌类。

◎**种子的处理：**在盆栽中为了进一步提高种子的萌动率，将筛选好的种子用100mg/L GA3或20% PEG6 000倍液进行浸种处理，浸种时间为10h，浸种后捞出，用纱布包好在培养箱25℃黑暗条件下催芽10h，然后准备播种。

◎**容器选择：**花盆质地无特殊要求，只要选用尺寸为33cm×28cm的就可。

◎**基质准备：**选用草炭：园土：细沙：有机肥＝4：4：1：1的混合基质，混均匀过筛，以提高土壤保水保肥能力，有利于根系发育。

◎**装盆：**先在盆中底部铺一层小石子并用报纸包住，然后将配制好的基质装入盆中，备用。

◎**合理密度播种：**由于桔梗发芽率低，应提高单位面积上的播种量。因此将催芽处理后种子点在整个盆中，均匀分布进行种植。每个点种植4～5粒，把种子按点均匀放好后，上面覆盖0.5～1cm厚的土壤，在土壤上覆盖0.5cm厚的蛭石，利用蛭石有较好的孔隙，较强的保水能力和通气性能，防止浇水时土壤板结，有利于种子萌发。

◎**光照管理：**桔梗属阳生植物，在整个生长周期中，都要求光照充足，盆子所摆放的位置应该利于阳光照射，但中午温度过高时，需适当遮阴。

◎**盆栽管理**：在北方播种初期，由于气温过低，则在盆上覆盖一层薄膜，可增湿保温，使水分渗透均匀；根除杂草，由于在生长初期，桔梗苗根浅芽嫩，除草时采用手拔；浇水时按盆中水分含量每天适度浇水，在出苗初期应通过塑料管从下浇的同时，还必须在蛭石表面用小型喷壶喷洒至潮湿状，在浇水时盆中土壤如有碱化，应采用在水中加少许硫酸亚铁（500倍），以防长期使用碱性水，造成盆中土壤碱化，使出苗率减少，苗后期叶黄，生长不良。

◎**病虫害**：防治方面，在桔梗刚出苗时，应增加观察次数，如有病虫害，应采用低浓度农药喷施叶面和盆中土壤表面来防治。

推广应用前景

桔梗可做观赏花卉，其根也可入药，有止咳祛痰、宣肺、排脓等作用，是中医常用药。在中国东北地区常被腌制为咸菜，在朝鲜半岛被用来制作泡菜。市场常见桔梗食用形式为腌制和非腌制两种，代表产品桔梗泡菜是典型的腌制产品，乐田美的桔梗拌菜则是非腌制的代表。由于桔梗有多重功效，因此种植前景良好。

55. 艾 蒿

艾蒿（*Artemisia argyi* H. Lév. & Vaniot）又名艾草、冰台、遏草、香艾、蕲艾、艾萧等，菊科蒿属多年生草本植物。艾蒿嫩茎叶可食用，可以做艾茶、艾草面、艾草青团、艾饼、艾饺、艾草点、艾草酒等，具有抗菌抗病毒、平喘镇咳、祛痰止血及抗凝血、镇静、抗过敏、护肝利胆等作用；艾叶晒干捣碎得"艾绒"，制艾条供艾灸用，又可作"印泥"的原料；老茎晒干燃烧可以驱蚊，煮水可以舒经活络去寒湿。可以说艾蒿全身是宝，而且栽培简单，家庭盆栽食用方便，因此近几年备受人们追捧。

形态特征

艾草是多年生草本或略成半灌木状植物，植株有浓烈香气。主根明显，略粗长，侧根多；常有横卧地下根状茎及营养枝。高 80～150cm，有明显纵棱，褐色或灰黄褐色，基部稍木质化，上部草质，并有少数短的分枝；茎、枝均被灰色蛛丝状柔毛。叶

厚纸质，上面被灰白色短柔毛，背面密被灰白色蛛丝状密绒毛；基生叶具长柄，花期萎谢；茎下部叶近圆形或宽卵形，羽状深裂；中部叶卵形、三角状卵形或近菱形；上部叶与苞片叶羽状半裂、浅裂或 3 深裂或 3 浅裂，或不分裂，而为椭圆形、长椭圆状披针形、披针形或线状披针形；头状花序椭圆形，无梗或近无梗，瘦

果长卵形或长圆形，花果期 7—10 月。

生长习性

艾草适生性强，喜阳光、耐干旱、较耐寒，忌积水，对土壤条件要求不严，但以阳光充足、土层深厚、土壤通透性好、有机质丰富的中性土壤为佳，在肥沃、松润、排水良好的砂壤及黏壤土生长良好。

栽培技术

◎**容器选择**：艾蒿多年生，根系比较发达，用盆适宜选择大一点、深一点的，最好选用直径 25cm 以上，深度 30cm 以上的塑料盆、种植槽等，而且盆底要有足够多排水孔以便排出多余的水，防治沤根。如果用盆较小最好每年都分根换盆。

◎**基质准备**：艾蒿虽耐瘠薄但也喜肥，尤其是鲜食品种要多次采摘嫩芽食用，众多侧芽生长需要持续不断的肥料供应，而且盆栽土肥力有限应，因此基质配土尤为重要。家庭常用比例，园土∶腐熟有机肥∶草炭∶细沙＝6∶2∶1∶1，把配置好的基质放入准备好的容器中备用。

◎**品种选择**：艾蒿从用途上分可分为药用与鲜食两类。药用的有浓烈芬香气味的，叶片小、绵润，羽状分裂，背面有白丝绒毛；鲜食类的气味比较温和，叶片肥大、鲜绿、脆嫩、少毛，食用口感好。

◎**繁殖方法**

（1）根茎繁殖　北京地区 2 月下旬至 3 月上旬，艾蒿芽苞萌动前，挖出多年生地下根茎，选取粗壮的嫩根状茎，剪成 10～12cm 长的节段，每一小段至少有 1～2 个不定芽，晾晒杀菌后双根栽于盆中，如果是种植槽按行距 40～50cm 开沟，把根状茎按株距 20～30cm 平铺于种植沟中，覆土、盖严、镇压、浇水即可。药用品种多用。

（2）分株繁殖　北京地区 4 月挖掘株丛，分成几个单株，每盆一株栽于正中，如果是种植槽可以按行距 30～50cm，株距 20～

30cm进行栽植。药用与食用生产中常用。

（3）扦插繁殖　北京地区5月下旬，剪取生长健壮嫩稍，去掉下部叶片，剪成长10cm插条，上端保留2~3展开叶，蘸取生根粉，插于105穴的穴盘中。扦插基质用蛭石50%+草炭50%，插后浇透水并用遮阳网遮阳，以后每日喷水保湿，约25d生根即可练苗定植。药用野生种生产栽培常用。

（4）种子繁殖　种子繁殖应于早春播种，3—4月可直播或育苗移栽，直播行距40cm，播种后覆土不宜太厚，以0.5cm为宜或以盖严种子为度，覆土太厚种子出苗难（大面积生产不建议用）。出苗后注意松土、除草和间苗，苗高10~15cm时，按株距20~30cm定苗；育苗可以选用128穴育苗盘，用草炭60%、蛭石30%、珍珠岩10%的混合基质繁育，为提高成活率最好裸播不覆土。艾蒿种子小，播种后到出苗前注意遮阳保湿。鲜食艾蒿生产繁育多采用此方法。

◎ **种植管理**

（1）移栽定植　种苗苗高10~15cm，有6~8片真叶时即可移栽，每盆1株即可；如果是定植槽定植，按行距40cm，株距30cm栽植，覆土至根颈部为宜，将土压实并浇足水。

（2）摘心　食用品种当植株长至20cm高时，要及时摘心，一般留5~6片叶打顶促发侧枝。

（3）浇水　艾蒿除浇返青水、定植水外，施肥后与干旱季节也需要及时补水。有灌溉条件的地方可以节水喷灌。此外，艾蒿怕涝，雨季室外种植的注意排水。

（4）施肥　栽植成活当年，当苗高20~30cm时（具体时间依长势而定）每株2g尿素作提苗肥，以后每采收1茬后都要追肥。追肥以腐熟的有机肥为主，适当配以磷钾肥；11月上旬，施入有机肥越冬。

（5）松土除草　艾蒿老根在4月上旬中耕除草1次，疏除过密的茎基和宿根，深度15cm；新栽的一年苗在缓苗后结合除草进行一次浅耕。以后根据具体实际随时除草中耕以利于生长。

◎ **病虫害防治**：艾蒿雨季常见病害有褐斑病、黑斑病、白粉病、白锈病及根腐病等。以上几种病的病原菌均属真菌，皆因土壤湿度太大，排水及通风透光不良所致。故盆土配置用排水好的壤土为宜，盆间摆放疏密要适宜，并需注意棚内雨季排涝，而且及时清除病株、病叶，残根。虫害有蚜虫、红蜘蛛、尺蠖、菊虎（菊天牛）、蛴螬、潜叶蛾幼虫等，可通过人工捕杀。总之艾蒿是食用的，生产中能不用药就不用，如果真需用药，一定选用低毒、低残留的植物源有机农药进行防治。

◎**采收**：鲜食艾蒿在侧枝长至 20cm 时，就可以采其嫩尖食用了，整个生长季能采 4~5 茬；药用艾蒿第 1 茬收获期为 6 月初未开花前茂盛生长期，选择晴天及时收割。方法是割取地上带有叶片的茎枝，除去杂质和枯叶并进行茎叶分离，摊在太阳下晒干，或者低温烘干，打包存放。7 月中上旬，选择晴好天气收获第 2 茬，下霜前后收取第 3 茬。商品以足干、呈皱缩状、多叶片、枝条小、青绿色、气香、味苦、无泥沙、无杂质、无霉坏者为佳。

推广应用前景

随着国家向全球范围推广中草药，将给国内艾草市场带来不可想象的经济效益。各地政府、投资机构把目光都聚集到艾草发展产业中。其中包括了很重要的一项就是艾草种植。一是艾草绿色、健康的特征，十分符合各地产业结构调整大主题；二是投资小、易种植、便管理；三是中国艾草资源分布范围较广，适应性强，适合不同地区"因地制宜"发挥地域特色；四是艾草种植利于与当地旅游、养生和医药工业等产业链深度对接，是较好的地方协同区域经济模式。时至今日，艾草已然融入了人们生活的方方面面，栽培前景广阔。

56. 菊 苣

　　菊苣，学名 *Cichorium intybus* L.，菊科（Compositae）菊苣属中的多年生草本植物。别名欧洲菊苣、苞菜、吉康菜、法国苣荬菜等，以嫩叶、叶球、软化芽球供食。原产地中海沿岸中亚和北非，早在古罗马和希腊时期已有栽培。近年中国从荷兰、比利时等地陆续引进各种类型的菊苣品种，并在北京、南京、上海等地试种，很受消费者欢迎，正在迅速推广。

形态特征

　　叶片在营养生长阶段簇生于短缩茎上，其形状、大小、色泽与伸展方向因品种类型不同而有很大差异，一般呈披针形至宽卵圆形，全缘至深裂，黄绿色至深绿色或红色至紫红色，半直立至平展。软化栽培用品种叶片多呈长披针形，先端渐尖，有板叶和花叶之分，绿色至深绿色，平展或较直立。结球品种叶片一般为卵圆形至长卵圆形，全缘，叶球圆球形或长椭圆形，绿色或紫红色。菊苣具有发达的直根系。根用和软化栽培用品种的主根膨大成肉质直根，全部入土，长圆锥形，外皮浅白褐色、较光滑，两侧着生两列须根，主根受损后易产生叉根。菊苣在通过温、光周期后，由顶芽抽生花茎，高 1~1.5m，有棱，中空，多分枝。花序头状，花冠舌状，青蓝色。瘦果，果面有棱，顶端截形，千粒重 1. 18~1. 42g。

菊苣按照叶用类型中又可分为：①散叶类型，以叶片供菜用或饲料用，味较苦；②结球类型，以叶球供菜用，又有紫红色或绿色两种类型，味苦；③芽球类型，以软化后形成的芽球供菜用，也有紫红色或绿色两种类型，味微苦。适宜盆栽的菊苣为散叶菊苣和结球菊苣为主。按叶片颜色，可分为红色和绿色。

红菊苣是菊苣类中的一种红色色拉品种，颜色为红叶，白筋。

常见品种

◎印地欧红菊苣：荷兰 bejo 种子公司选育，中早熟，整齐一致，外叶绿色，结球后内叶呈红色，颜色深，抗抽薹，抗疫病。夜间低温影响下更易形成鲜红色叶球。成熟期为移栽后约 68d。

◎雷娜多红菊苣：荷兰 bejo 种子公司选育，中晚熟，适于冷季种植。生长势旺，结球紧，抗抽薹。夜间低温影响下更易形成鲜红色叶球。成熟期为移栽后约 81d。

生活习性

菊苣喜温和冷凉气候条件，具有较强耐寒性，地上部能耐-2~-1℃的低温，肉质直根具有更强的耐寒能力。但苗期却较抗高温，夏秋高温季节播种都能安全出苗。植株最适生长温度为 17~20℃。软化栽培用品种软化期要求较低的温度，一般以 8~15℃为适。菊苣直根发达，比较耐旱。营养生长盛期需要较强的光照，充足的光照有利于叶和肉质的生长，菊苣属低温长日照作物，春播若遇长时间的低温，则易引起植株未熟抽薹，并影响肉质根、叶球等器官或产品的正常生长。

栽培技术

◎播种育苗：菊苣喜冷凉气候条件，主要进行秋季栽培，但散叶及结球类型品种也可作春季栽培。散叶菊苣多采用育苗移栽，芽球菊苣和结球菊苣主要采用直播种植。穴盘育苗可以选用 72 孔或 105 孔穴盘。播种要均匀，播后覆蛭石，厚约 0.3cm。播种后 3~4d，种子发芽出土。幼苗期注意保持基质湿润。整个苗期应做到控温不控水。幼苗具 1~2 片或 3~4 片真叶时可以进行 1 次分苗或间苗。

◎**移栽上盆**：播种后 15~20d 秧苗生长加快，幼苗长至 5 片真叶左右时，准备 16~20cm 口径花盆，进行上盆移栽。栽培基质可以使用商品基质，也可以使用自行配置。缓苗后每盆追施尿素 2g。

◎**养护管理**：定植后随即浇一水，几天后再浇一水，以促进缓苗。散叶菊苣缓苗后进入叶簇生长期，应经常保持土壤湿润，避免干旱。应注意及时追施尿素，同时进行叶面施肥，喷施 0.3%磷酸二氢钾。

结球菊苣叶簇生长期要注意适当控水，避免徒长；叶球膨大期要充分供应肥水，一般多在结球前进行一次重点追肥，每盆施尿素 3g 左右。大型品种结球中期可再施一次追肥，并应经常浇水直至收获前 1 周停止。

结球红菊苣在苗期应注意防治白粉虱、蚜虫，害虫发生初期，可以使用吡虫啉乳油或 3%啶虫脒 1 000~1 500 倍；结球期要防止软腐病的发生，可适当使用 77%可杀得可湿性粉剂喷雾处理，红菊苣对钙比较敏感，缺钙容易发生烧边，烧边的发生与土壤、温度有很大关系，疏松的土壤、没有种植过蔬菜的新地块、露天的田块、较低的温度等可以避免烧边的发生。质地坚硬、土壤盐分含量高、土壤环境较差、结球期温度较高、气候干旱等情况下容易发生烧边。莲座后期可叶面喷施 0.3%~0.5%氯化钙进行补钙，5~7d 喷 1 次。

◎**采收**：散叶菊苣当叶簇仍处旺盛生长时即应适时采收。春季栽培春末夏初为盛收期，秋季栽培秋末冬初为盛收期，一般秋季栽培品质较好。结球菊苣多于秋末收获，大型品种则多于初冬收获。

推广应用前景

经过长期的研究发现，菊苣营养价值高，具有良好的食用和药用价值。菊苣既可用做沙拉，也可用来冲咖啡，或是爆炒、蘸酱等，吃法非常丰富，最重要的是菊苣的食疗作用很大，清热消暑，利尿消肿，制成饮料饮用。

57. 蒲公英

蒲公英，学名：*Taraxacum mongolicum* Hand. Mazz.，菊科（Compositae）蒲公英属多年生草本植物。别名黄花地丁、婆婆丁、蒲公草等，以嫩株、嫩叶供食。蒲公英在中国各地均有野生分布，多生长在田野、路旁、荒草丛中。近年北京地区已开始进行人工栽培。

形态特征

根垂直生长，茎短缩。叶片丛生莲座状，平展，长圆状倒披针形或阔倒披针形，长约 15cm，宽约 5cm，逆向羽状分裂，侧裂片 4～5 对，顶裂片较大，呈戟状长圆形，基部较狭呈叶柄状，疏披蛛丝状毛。有花茎数个，抽生于叶丛，有毛。头状花序，花瓣舌状，黄色。瘦果，倒披针形，褐色。冠毛白色，长 6～8mm。花果期 3—8 月。

常见品种

◎**京英一号**：由京研益农（北京）种业科技有限公司从欧洲引进的蒲公英栽培种，植株高大，生长速度快，根系发达，与软化菊苣一样可形成肉质根，耐寒、耐涝、抗病、抗寒、抗热，适应性强，茎短缩，叶长 30～40cm，叶片绿色，倒披针形，羽状深裂，叶脉明显，折断有白浆，叶苦，花茎中空，圆柱形，生熟种子褐色。条件合适可四季播种。

◎**北农一号大叶蒲公英**：叶狭长倒披针形，长 18～60cm，宽

2.5~3.5cm，大头羽状深裂，顶端裂片长三角形，全缘。植株较大，根系发达，耐旱抗热。叶片较其他种类肥大，叶质较厚，叶色中等绿。单株重50g，口感好，品质佳。花果期5—9月。从春到秋都可随时播种。

生活习性

蒲公英对温度的适应性广，既抗寒又耐热，早春地温达1~2℃时越冬植株即可萌发，种子发芽最适温度为15~25℃，30℃以上发芽缓慢，茎叶生长最适温度为20~22℃。蒲公英抗旱和抗湿能力也较强，又较耐瘠薄，能在各种类型的土壤中生长，但以肥沃疏松的壤土种植为好。蒲公英为短日照植物，较高的温度和短日照条件有利于抽薹开花；比较耐阴，但较好的光照条件有利于茎叶生长。一般从播种至出苗需5~6d，出苗至团棵需20~22d，团棵至开花需40d左右。条件适宜的可多次开花，开花至结果需5~6d，结果至种子成熟需10d。

栽培技术

◎**播种育苗**：蒲公英的种子没有休眠期。在温度、水分等条件适宜时就能发芽。除春、夏、秋季外，冬季11月上旬也可在室内播种育苗，11月下旬至12月上旬移栽。播种前将种子置于50℃水中浸种20~24h后，再用清水洗2~3遍，放于25℃下催芽2d即可播种。穴盘育苗，播后覆土，厚0.3~0.5cm。出苗前应保持土壤湿润，以利全苗。出苗后适当控制水分，以利于幼苗生长健壮，防止倒伏，可在2~3叶期分苗。

◎**移栽上盆**：准备好花盆，配制好培养土。当苗长到10~15cm高时挖出，大小分级，将苗垂直栽入，土不埋心，定植在花盆中，根据花盆大小一盆多株。浇透水以便顺利缓苗。

◎**养护管理**

（1）施肥灌溉　当蒲公英长到6~7叶期进入莲座团棵期。因下部叶片平铺地面生长，所以要适当控水更不可积水以防烂叶。如果追肥可随水追施腐熟农家肥或氮肥。生长期内都要追肥1~2

次，每株施尿素 2~3g。注意浇水以保持植株正常生长需要的水分，在茎叶迅速生长期保持湿润，促进茎叶旺盛生长，切忌盆土过于干燥，见干见湿。

（2）病虫防治　盆栽蒲公英一般很少发生病虫害。一般病害有叶柄病、褐斑病，发病初期喷 75%百菌清可湿性粉剂 600 倍液，或 50%苯菌灵可湿性粉剂 1 200~1 500 倍液，或 50%甲基硫菌灵悬浮剂 800 倍液。每 10~15d 喷 1 次，老龄植株或进入生殖生长期的植株每 7~10d 喷 1 次，连续 3~5 次。生长期内注意松土除草。如有蚜虫危害发生可用烟剂熏蒸法防治。

◎采收：最佳时期采收是在植株充分长足，个别植株顶端可见到花蕾时。蒲公英充分长足时，顶芽已由叶芽变成了花芽，此后不会再长出新叶，若不及时采收，花薹很快便会长出来，影响品质。采收可分批采摘外层大叶，或用镰刀割取心叶以外的叶片食用。当叶长 10cm 左右时，可先挑大株进行采收，留下中小株继续生长。采收时可用小刀沿盆土上 1.0~1.5cm 处平行下刀，保留根部以长新芽。一般每隔 15~20d 割一次。刀割收获的采收后 5~7d内不要浇水，以防烂根。植株生长年限越长，根系越发达，地上植株生长也越繁茂，产量越高，品质越好。盆栽蒲公英可以进行多年生栽培。每次采收后都要注意拔除杂草，做好水肥管理。

推广应用前景

蒲公英具有活血消痛，清热解毒，消积化痰等作用。近几年来，日本、美国和我国部分大中城市已把蒲公英作为名贵野生保健型蔬菜搬上了餐桌，可凉拌，做汤菜，做馅等及配菜。由于野生的数量有限，不能满足需求，人工栽培成为迫切需要。人工栽培的蒲公英由于生育环境条件的改善，比野生的提早上市。多倍体蒲公英有较高的观赏价值，该品种春秋两个花期，不论地被栽植和盆景栽植，花期早，花量大，艳丽无比，深受人们的喜爱。

58. 生 菜

生菜（*Lactuca sativa* L.），又名春菜、鹅仔菜、莴苣、莴仔菜，菊科莴苣属植物。生菜营养价值丰富，脆嫩爽口，略甜，可生食，可炒熟食用，还可以用来做三明治，配烤肉吃，而且盆栽生菜外形美观，栽种在阳台上不仅可以食用，也可以作为观赏植物，深受大众喜爱。

形态特征

一年生或二年草本，茎直立，单生，上部圆锥状花序分枝，全部茎枝白色。基生叶及下部茎叶大，不分裂，倒披针形、椭圆形或椭圆状倒披针形，长 6~15cm，高 25~100cm，根垂直直伸。宽 1.5~6.5cm，顶端急尖、短渐尖或圆形，无柄，基部心形或箭头状半抱茎，边缘波状或有细锯齿，向上的渐小，与基生叶及下部茎叶同形或披针形，圆锥花序分枝下部的叶及圆锥花序分枝上的叶极小，卵状心形，无柄，基部心形或箭头状抱茎，边缘全缘，全部叶两面无毛，头状花序多数或极多数，在茎枝顶端排成圆锥花序。花果期 2—9 月。

生活习性

生菜喜冷凉环境，较耐寒，0℃甚至短期的 0℃以下低温对生长也无大妨碍。不耐热，生长适宜温度为 15~20℃，持续高于

25℃，生长较差，叶质粗老，略有苦味。种子较耐低温，在4℃时即可发芽。发芽适温18~22℃，高于30℃时几乎不发芽。生育期90~100d。

生菜根系发达，叶面有蜡质，耐旱力颇强，但在肥沃湿润的土壤上栽培，产量高，品质好。土壤pH值以5.8~6.6为适宜。

栽培技术

◎**容器选择**：生菜种植容器选择广泛，无论是塑料盆、营养钵、套盆、木盆、种植槽还是简易的泡沫箱、包装盒，只要深度够20cm均可种植，并且容器底要有足够多排水孔以防止多余的水导致生菜腐烂。

◎**基质准备**：生菜应选择肥沃、灌排良好基质种植。盆栽用土可以用纯蚯蚓粪，也可以用园土，还可以自己配土。一般用60%园土+30%腐殖土+5%细沙+5%有机肥充分混合备用。

◎**品种选择**：生菜依叶的生长形态可分为结球生菜类、皱叶生菜和直立生菜类。盆栽生菜根据季节不同选择适宜的栽培品种，可以实现周年种植。早春栽培的多采用抗性较强的不结球品种，因为结球品种在早春易抽薹，而且在夏季高温季节不易结球。

（1）结球生菜 主要特征是，顶生叶形成叶球。叶片全缘、有锯齿或深裂，叶面平滑或皱缩，叶球圆形或偏圆。主要品种有皇帝、凯撒、玛来克、将军、萨林娜斯、大湖、东方福星、皇后、奥林匹亚等。

（2）皱叶生菜 皱叶生菜的主要特征是不结球。基生叶，叶片长卵圆形，叶柄较长，叶缘波状有缺刻或深裂，叶面皱缩，簇生的叶丛有如大花朵一般。主要品种有美国大速生、生菜王、玻璃生菜、紫叶生菜、香油麦菜等。

（3）直立生菜 主要特征是叶片狭长，直立生长，叶全缘或有锯齿，叶片厚，肉质较粗，风味较差。这个变种的品种较少，分布地区不广，现国内种植很少。

◎**播种育苗**

（1）播种育苗时间选择 北京地区春茬在2—3月播种育苗，

5—6 月收获；秋茬在 7 月下旬至 8 月下旬播种育苗，10—11 月收获。早播的应采用抗性强的不结球品种，否则结球品种易在早春先期抽薹和在夏季高温季节不易结球。

（2）种子处理　因生菜种子价格较贵，批量生产多采用育苗移栽的方法。生产育苗一般均要进行种子处理，秋季生菜播种育苗，首先将种子浸泡 12 个 h，然后用清水冲洗干净，用湿纱布包好，置 5~6℃的低温环境中处理 2d，待大部分种子开始露白时再取出播种。夏天种催芽，将种子泡 1 晚，然后用湿纱布包好，放入冰箱的冷藏室 5℃左右，大约半数以上种子露白时再播种。

（3）播种　生产上通常先育苗。生菜种子太小太轻，需要拌细沙置容器中搅拌均匀，再撒到泥土上，播种后覆土不宜太厚，一般在 0.5~1cm。夏、秋季节，高温多雨，播种后要用遮阳网覆盖遮阴。家庭小面积盆栽也可以直接撒播于盆内，然后盖上细土或蛭石，再浇透水。

（4）播种后管理　种子发芽最适温度为 15~20℃，高于 25℃时，种子发芽受抑制或发芽不良，若超过 30℃则不发芽。发芽之后要注意保持充足的阳光，多晒太阳，但是不要暴晒，保持盆土湿润即可。太阳晒得少，水浇多了容易让苗徒长，又细又弱。生菜幼苗期具较强的耐寒性，在 12~13℃时植株仍能健壮生长，生长最适温度为白天 15~20℃，夜间 12~15℃。

◎ **间苗**：保持土壤湿润，不能干。当苗 2~3 片真叶时间苗，株行距 5~8cm，并及时补充液态肥。

◎ **定植**：生菜长到 5~6 片真叶时移苗。移栽前先浇透水，连根上的土一起移到大盆里。散叶生菜株行距 15cm，结球生菜株行距 30cm。浇透水，夏天先放在阴凉处缓苗，1 周左右根扎稳后，可正常光照。

◎ **浇水**：每隔 3~4d 浇 1 次水，高温时早、晚浇水，少量勤浇为佳，忌水满。生长前期适当控水，保持盆土湿润即可。

◎ **施肥**：移植后 1 周施一次肥（以腐熟有机肥最佳），移植后 2 周和第 4 周后再各施 1 次有机肥或全氮磷钾为主的复合肥。采收前 2 周停止施肥。

◎**防治病虫害**：生菜病害主要有菌核病、霜霉病、软腐病、病毒病、褐斑病等；虫害主要有潜叶蝇、白粉虱、蚜虫等。

叶用生菜大都用于生吃，病虫害防治以预防为主。可采取选用抗病品种，合理密植，加强田间管理、搞好田园清洁，及时除草去除病株的方法预防。必要时用高效、低毒、低残留农药化学防治。采收前15d停止用药。

◎**采收**：生菜叶球成熟后要及时采收，采收稍迟就会影响品质。散叶生菜定植后40d左右就可采收，单株重0.2~0.4kg，平时也可间苗食用，即随长随吃；结球生菜定植后50d即可采收，单株重0.4~0.5kg。结球生菜一般从定植至采收的天数，早熟种约55d，中熟种约65d，晚熟种75~85d。以提前几天采收为好，若过迟则叶球内芽基伸长，叶球变松品质下降。采收标准，可用两手从叶球两旁斜按下，以手感坚实不松为宜。收获前约15d控水。收获时选择叶球紧密的植株自土面割下，剥除老叶，留3~4片外叶保护叶球，或剥除所有外叶。采下后尽快食用，吃不完的放冰箱贮藏，适宜温度为1~5℃。

推广应用前景

随着城市人口的增加，家庭园艺受到越来越多消费者的青睐，尤其是盆栽蔬菜因具有株形优美、外形奇特、色泽绚丽，将美化环境和食用绿色蔬菜很好地结合起来，突破了蔬菜只能食用这一传统观念，为美化居民生活又增添了一道亮丽的风景。随着观赏蔬菜的发展，观赏生菜品种逐渐增多，出现了不少叶色丰富、叶形独特、观赏价值及营养价值较高的品种，而且生菜的生长周期短，栽培技术简单，盆栽前景广阔。

59. 食用菊

食用菊菊花（*Dendranthma morifolium*（Ram）Tzvel.）是菊科菊属多年生草本植物，中国传统十大名花之一，也是全球重要的切花和盆栽花卉。菊花作为一种优良的观赏植物，备受人们喜爱，其中一些花器无苦涩味、味甘芳香，是可食用的品种，被归为食用菊类。花器中含有菊花甙、腺嘌呤、氨基酸及微量元素等，有清热解毒、平肝明目之功效。

形态特征

食用菊直根系。茎基部半木质化，直立。株高 60~150cm。叶互生，卵形至披针形，羽状浅裂或深裂，叶缘锯齿甚深，基部楔形，依品种不同叶形差异很大。叶柄长。头状花序单生或数个集生于茎枝顶端，周围舌状花为雌性花，具各种鲜艳颜色，中央筒状花为两性花，多为黄绿色。自然条件下授粉不良，瘦果常不发育。

生活习性

食用菊花的适应性很强，为长夜短日性植物，喜光照充足、肥沃富含腐殖质的壤土栽培。耐旱、较耐寒、忌积涝，生长适温18~21℃，不耐高温，最高32℃，最低10℃，地下根茎耐低温极限一般为-10℃。花期最低夜温17℃，开花期（中、后）可降至15~13℃。以 pH 值6.2~6.7较好。10月中下旬开花。

品种选择

食用盆栽菊花大多选择舌状花无苦涩、味甘芳香，口感清脆、花朵秀美艳丽的品种。北京常见品种如下。

◎北农白菊：品质优，抗病性强，中早熟。管瓣形花，白色。口感香甜。初花期10月上旬，株高65~70cm，花径20cm左右。

◎北农黄菊1号：品质优，抗病性强，早熟，初花期9中旬，株高70cm左右，花径7~8cm，平瓣形花，亮黄色，味浓，口感好。

◎北农黄菊2号：抗病性强，中熟，初花期10月中下旬，株高70~90cm，花径12cm左右，管瓣形花，土黄色，口感香甜。

◎北农黄菊3号：抗病性强，中晚熟，初花期10月下旬，株高85cm左右，花径17cm左右，管瓣形花，黄色，口感香甜。

◎北农紫菊1号：品质优，抗病性强，中熟，初花期10月上旬，株高10cm左右，花径14cm左右，平瓣形花，紫色，口感香甜。

◎北农紫菊2号：品质优，抗病性强，中早熟，初花期10月上旬。株高85cm左右，花径2cm左右，管瓣形花，紫色，口感香甜。

◎白玉1号：耐寒瘠薄，抗病抗虫性较强，中晚熟品种，自然花期11月上旬。株高80~100厘米，直立，分枝力一般。设施地地栽或盆栽，对短日照处理敏感，催花易，可实行周年生产。花朵白色，花厚，口感脆甜。

栽培技术

◎**容器选择**：食用菊花根系健壮，生长旺盛，虽然对种植容器材质形状没特殊要求，但一般会选择圆形或正方形，这样花整体更美观些，总之无论选那种材质形状的盆宗旨应比普通花盆略高，且排水孔比普通花盆大3~4倍，盆的规格依植株生长情况而定，一般宜用口径 15cm 左右的花盆，留 3~5 分枝，用口径 20cm 左右的盆留 7~8 分枝，用口径 25cm 左右的盆留枝更多。

◎**准备**：盆栽菊花用的基质必须疏松肥沃、排水良好、富含腐殖质，以便菊花根系吸收矿质营养和进行呼吸。基质可用纯蚯蚓粪或提前 1 年配制的营养土，配方一般为园土 50%、腐叶土 20%、厩肥 20%、草木灰 10%，再加入少量的石灰、骨粉等过筛，再加入 10%~20% 的河沙混匀。使用前进行消毒。

◎**育苗**

（1）建立采穗圃　食用菊花繁殖方法有分根、扦插、播种及组织培养等，生产中以扦插最普遍。优点是繁殖快、生长好。北京地区一般秋天将生长健壮的老根存于温室，翌年 3 月取嫩芽扦插（方法同生产用苗扦插法）4 月定植一级采穗源圃。采穗源圃温室内每亩施 2t 腐熟有机肥，深耕耙平，做 1.2m 宽的平畦，长度视需求而定，然后将已生根幼苗按株行距 20cm×20cm 定植，植后浇水，保持湿润。缓苗后留 4~5 叶摘心，当侧芽长至 15cm 时即可采下，整理成 2 叶一心，长度 6cm 左右的插穗，每 50 芽一组，装入带透气孔的特制塑料袋子放入 1~3℃ 的低温库储存备用。

（2）扦插育苗　根据上盆时间前推 20d 取出冷藏插穗扦插。扦插育苗一般选用 105~128 穴盘，基质选用 50% 草炭+50% 蛭石。准备工作做好后将混合基质装于准备好的穴盘中喷水润湿，然后取插穗蘸取生根粉后插于其中，深度 2.5cm，并浇透水。每天视天气状况在叶面喷水保湿，一般春季每天喷 4~6 次水，生根后减少浇水次数，约 20d 就可以出圃，出圃前控水炼苗。

◎**移栽定植**：食用菊花为短日照植物，所以定植时间一般选在 6 月底至 7 月初，苗根长至 2.5cm 左右时，这样既可以防止植株过矮花头生长发育不良，又可以防止徒长倒伏；移栽时先在盆底部垫上碎片，然后放入配置好消过毒的基质，将菊苗每盆一株栽于盆正中心扶正压实，使土面与盆面保持 2~3cm 的距离，浇透水即可。置于荫蔽处 4~5d 后再移至向阳处。盆下要垫砖，不能使盆底着地，以利排水。

◎**摘心施肥**：为促使侧枝生长，多开花，植株缓苗后（大约一周）留 4~5 片叶子摘心，并施肥催侧芽，追肥的次数和用量应视菊花的生长情况而定，要坚持薄肥多施的原则。苗肥，每 2~3 周施薄肥 1 次，菊花生长中期，需肥量较大，宜每隔 5~7 d 施用一次。需注意的是，盆栽菊花施肥时要防止肥料溅污叶片，以免引起脱叶。菊花施肥是否适当，可从植株形态进行鉴别，如叶片过大和过于肥厚、色泽浓绿、卷边而下垂，则表明施肥太多；反之叶形小、叶色黄瘦，则施肥不足。天气干旱时，施肥应稀而次数多，天气寒冷潮湿时，施肥宜浓而次数少。高温季节以不施肥为好。除施用液肥外，也可用饼肥、粪肥或颗粒肥料作追肥，可将肥料直接撒入盆中，每盆施 30~40g，施后随即松土，该方法省工方便、清洁卫生，适用于盆栽菊花家庭养护。

◎浇水：菊花性喜湿润而又忌积水，水多易徒长或造成烂根死亡，水少则影响生长发育，导致枯萎，故盆栽菊花浇水时要做到干透浇足，既不宜半干半湿，又不宜过干过湿。一般盆栽菊花幼苗期耗水量少，故宜控制浇水，特别是整形摘心后，浇水量应更少，待其重新发芽后，再逐步增加水量。进入生长中期，菊花蒸腾作用增强，需要较多的水分，宜在每天早晨浇 1 次水，且水量要足。开花期宜适当控制水量。

◎剥芽与除蕾：停止摘心后，盆栽菊花新枝上的腋芽不断萌发，必须将其及时抹除，使养分集中用于孕蕾开花。同时，一般要求每枝顶端仅保留 1 个花蕾，故应及时进行除蕾。除蕾一般花蕾似豌豆粒大小时进行，选定的花蕾要求大小基本一致，以使开花均匀、整齐美观，除蕾可用手指直接进行，也可用牙签、粗针等工具进行，且除蕾工作需进行多次。

◎立支撑：为使盆栽菊花枝条挺直和正常生长，应及时在盆中设立支柱或架支撑网。一般于 9 月下旬将细竹竿插或网撑入盆中，将每枝按一定距离、角度、高度，适当进行调整固定，使之分布均匀、姿态端正。

◎松土除草：盆栽菊花常有杂草孳生，不仅会与菊花争夺养料和水分，还会妨碍空气流通，直接影响菊花的生长发育，因此，浇水后须及时松土除草。同时，松土不仅能促进空气流通，还能防止土壤水分蒸发，利于根系呼吸，特别是在雷雨季节，松土除草显得更为重要。9—10月后即可停止松土。

◎**病虫害防治**：常见的病害有褐斑病、黑斑病、白粉病、白锈病及根腐病等。以上几种病的病原菌均属真菌，皆因土壤湿度太大，排水及通风透光不良所致。故盆土配置用排水好的壤土为宜，盆间摆放疏密要适宜，并需注意棚内雨季排涝，而且及时清除病株、病叶，残根，发病时用药剂防治。虫害有蚜虫、红蜘蛛、尺蠖、菊虎（菊天牛）、蛴螬、潜叶蛾幼虫等，可通过人工捕杀及喷施有机农药进行防治。

◎**花期控制**：食用菊为短日照植物，自然花期一般在10月下旬左右，要想提前或延迟采收需要用遮黑或补光控制。不同品种对日照的反应有所不同，一般在每天14.5h的长日照条件下进行营养生长，在每天12h以上的黑暗与10℃的夜温条件下则适于花芽发育。因此，促成栽培做提前开花时除温度适宜外，每天遮黑时间+自然黑夜时间大于12h以上；做延迟开花时补光时间+自然白天时间要大于14.5h。

◎**采收**：食用菊花花蕾开放至6~7成时可采摘食用，此时的花朵饱满、鲜嫩，而且口感清脆，食用效果最佳。在3~5℃的条件下，食用菊花可保存1~2个月。

推广应用前景

食用花卉是近年来流行的一种餐饮食材，尤其色彩艳丽的食用菊花中含有腺嘌呤、氨基酸、胆碱、水苏碱和维生素等物质，它的保健作用受到越来越多消费者的重视。而近年兴起的盆栽食用菊，观食两用更得到市民青睐，其不但丰富了菜品，更增添了饮食的乐趣。目前对食用菊的研究较观赏菊尚有较大提升空间。

60. 茼 蒿

茼蒿（*Chrysanthemum coronarium* L.）又称同蒿、蓬蒿、蒿菜、蒿子秆、菊花菜等，菊科一年生或二年生草本植物，茎叶嫩时可食，亦可入药。含有增强抵抗力的胡萝卜素以及预防贫血的铁元素，是营养丰富的绿色蔬菜。同时，茼蒿生长期短，适应性强，很少遭受病虫危害，栽培容易，是盆栽种菜初学者的首选种类。

形态特征

叶互生，长形羽状分裂，与野菊花很像。茎叶光滑无毛或几光滑无毛。株高 40~70cm，不分枝或自中上部分枝。基生叶花期枯萎。中下部茎叶长椭圆形或长椭圆状倒卵形，无柄，二回羽状分裂。头

状花序单生茎顶或少数生茎枝顶端，但并不形成明显的伞房花序，花黄色或白色，花期 6—8 月。

常用品种

茼蒿分大叶种和小叶种两大类型。

◎**大叶种**：又称板叶茼蒿、大叶茼蒿。叶片大而肥厚，缺刻少而浅，嫩茎短粗，香味浓重，质地柔嫩，纤维少，品质好；单株重，产量高，但耐寒性差，比较耐热，生长较慢，以食叶为主，在南方多有栽培。

◎**小叶种**：又称花叶茼蒿，其叶狭小，缺刻多而深，绿色，叶肉较薄，质地较硬，香味浓；茎枝较细，抗寒性较强，但不太耐热；生长快，成熟较早；嫩茎及叶均可食用，适宜北方地区栽培。

生活习性

◎**温度**：茼蒿属半耐寒蔬菜，喜冷凉温和气候，怕炎热。种子在10℃条件下即可正常发芽，生长适温为17~20℃，29℃以上明显生长不良，叶小而少，质地粗老。能忍耐短期0℃左右的低温。

◎**光照**：茼蒿对光照要求不甚严格，较耐弱光。高温长日照可引起抽薹开花，在日光温室冬春季栽培一般不易发生抽薹现象。

◎**水分**：茼蒿根系浅，生长速度快，单株营养面积小，要求充足的水分供应。土壤需经常保持湿润，土壤相对湿度70%~80%，空气相对湿度85%~90%为宜，水分不足会使茎叶纤维多，品质变质，水分过足，有时会使茎脆易倒伏。

◎**土肥**：对土壤要求不严格，以肥沃的壤土、微酸性土壤最适茼蒿生长。由于生长期短且以茎叶为商品，故需适时追用速效氮肥。

栽培技术

◎**容器选择**：根据种植需求选择种植容器，通常生产上用塑料盆、营养钵、种植槽等，家庭的用套盆、木盆、废旧的油桶、泡沫箱子等均可；容器大小根据每盆种植的株数来定，株数多可选择大盆，株数少用小盆；容器深度有20cm以上就可以。无论哪种容器，底部一定要有足够多的透水孔，以防止多余的水导致茼蒿猝倒腐烂。

◎**基质准备**：栽培基质可选择肥沃的纯蚯蚓粪、纯园土。也可以将栽培基质按照体积称取混匀，草炭：园土：蛭石：珍珠岩＝4：2：3：1。无论食用哪种基质都要先杀菌再填充花盆内。

◎**播种**：茼蒿种植主要采取撒播或条播，播种后覆土1cm左右镇压。春播一般在3—4月间，秋种在8—9月间，冬种在11—12月间。小叶品种适于密植，用种量大，每平方分米18粒左右；大叶种侧枝多，开展度大，用种量小，每平方分米8粒左右。播种方法有干播与湿播两种，生产上多可采用干粒直播。

◎水肥管理：播种后保持盆面湿润，以利出苗。幼苗出土后开始浇水，浇水时间和次数要灵活掌握，以保持土壤湿润为标准。一般苗高3cm左右时浇第1次水，之后视生育期情况浇2~3次水，苗高9~12cm时追第1次速效肥。每次采收前10~15d追施1次速效性氮肥，根据容器面积大小计算施肥量，一般每平方分米施硝酸钾0.3g，尿素0.2g左右。

◎温度管理：播种后温度稍高，晴天白天温度控制在20~25℃，夜间温度控制在10~12℃，干籽5~6d可出苗。出苗后白天温度控制在15~20℃，夜间温度控制在8~10℃，防高温，注意放风。

◎间苗除草：茼蒿播种15~20d后，2片真叶展开，进行第1次间苗。将发育不良的幼苗拔出，株距保持1cm左右。间苗时用剪刀剪除或压住植株根部拔除，避免伤及保留苗；苗高4~5cm时第2次间苗，将发育不良的幼苗拔出，使株距3~5cm；苗高12cm时第3次间苗，将发育不良的幼苗拔出，使株距8~10cm。同时结合每次间苗及时拔出杂草。

◎病虫害防治：茼蒿在高温多雨的时候容易得病虫害，危害叶片。常见病虫害有立枯病、叶斑病、霜霉病、潜叶蝇、蚜虫等，防治应以预防为主，治疗为辅的原则，减少农药施用量，维护生态平衡。

（1）立枯病　多发生在苗期。主要危害幼苗茎基部或地下根部，初为椭圆形或不规则暗褐色病斑，病苗早期白天萎蔫，夜间恢复，病部逐渐凹陷、溢缩，有的渐变为黑褐色，当病斑扩大绕茎一周时，干枯死亡，但不倒伏。轻病株仅见褐色凹陷病斑而不枯死。防治方法：发病初期可喷洒72.2%普力克水剂800倍液，隔7~10d喷1次。

（2）叶斑病　该病为真菌性病害，主要危害叶片。被害叶片病斑呈圆形至椭圆形或不规则形，深褐色，微具轮纹，边缘紫褐色，外围具变色而未死的寄主组织，后期在病斑上产生黑色小粒点。防治方法：选用抗病品种，盆土混的有机肥分要充分腐熟，均匀灌水，及时间苗、定苗。发病初期，用75%百菌清可湿性粉剂1 000倍液，喷雾防治。隔5~7d防治1次。共防治1~2次，采收前15d停止用药。

（3）霜霉病　该病为真菌性病害。主要危害叶片，苗期和成株期均可发生，使叶片变黄枯萎，严重减产。病害发生初期，先在植株下部老叶上产生淡黄色近圆形或多角形病斑，逐渐向中上部蔓延，后期病斑变为黄褐色，病重时多数病斑连成一片，叶片发黄枯死。防治方法：选用抗病品种，增施充分腐熟有机肥，合理密植，浇灌时不宜大水漫灌，降低盆中湿度。发病初期，用72.2%霜霉威水剂600~800倍液，喷雾防治。采收前15d停止用药。

（4）潜叶蝇　以幼虫潜入寄主叶片表皮下，曲折穿行，取食绿色组织，造成不规则灰白色线状隧道。危害严重时，叶片组织几乎全部受害，叶片上布满蛀道，尤以植株基部叶片受害最重，甚至枯萎死亡。成虫还可吸食植物汁液，使被吸处形成小白点。防治方法：潜叶蝇成虫对黄色有趋性，可采用黄板诱杀，悬挂高度为苗上方30~40cm。幼虫可用4.5%高效氯氰菊酯2 000倍液喷雾。采收前15d停止用药。

（5）蚜虫　以成、若虫成群密集吸食叶片汁液，造成叶片卷缩变形，植株生长不良，并因大量排泄蜜露，引起煤污病，造成无食用价值。此外，还传播病毒病。

防治方法：增施基肥使植株生长健壮，增强抗蚜能力，减轻危害。也可用黄板悬挂植株上方30~40cm处诱杀有翅蚜，还可用20%的吡虫啉2 500倍液喷雾。采收前15d停止用药。

◎**采收**：茼蒿采收分一次性采收和分期采收，一次性采收是在播后40~50d，苗高20cm左右时贴土面割收。分期采收有两种方法，一是疏间采收，二是保留1~2个侧枝割收。每次采收后浇水追肥一次，促进侧枝萌发生长，隔20~30d可再割一次。

推广应用前景

茼蒿营养十分丰富，除了含有维生素 A、维生素 C 外，富含钙、铁及挥发性精油、胆碱等物质，具有促进蛋白质代谢、脂肪分解的作用，还有开胃健脾、降压补脑等功效，对咳嗽痰多、脾胃不和、记忆力减退、习惯性便秘等均大有裨益，是优良的保健蔬菜。它不仅味道独特、可涮、可炒，而且栽培简单，生长周期短，适合初学者种植，家庭盆栽推广前景广阔。

61. 莴 苣

莴苣，学名 Lactuca sativa Linn.，是菊科（Compositae）莴苣属中的一二年生草本植物，以叶和嫩茎为主要产品器官，别名千斤菜等。莴苣按食用部位不同可分为叶用莴苣和茎用莴苣两种。叶用莴苣叶片鲜嫩爽口，宜生食，故名生菜，据其是否结球，又有结球生菜和散叶生菜之分，中国各地均有栽培，在广东，福建及台湾等地栽培较多。茎用莴苣又名莴笋，可熟食、生食、腌渍及制干，中国南、北各地普遍栽培。

形态特征

莴苣根系浅而密集，多分布在 20~30cm 的土层内。幼苗期的叶为披针形、长椭圆形或长倒卵形等，互生于短缩茎上，叶面光滑或皱缩，叶缘波状或浅裂、全缘或有缺刻，绿色、黄绿色或紫色。结球莴苣在莲座叶形成后，顶生叶随不同品种抱合成圆球形或圆筒形的叶球。茎用莴苣的短缩茎随植株的旺盛生长而逐渐伸长，茎端分化花芽后继续伸长。莴苣为头状花序，花黄色，每一花序有花 20 朵左右。全株花期较长，多自花授粉。开花后 11~13d 种子成熟。果实为瘦果，黑褐色或银白色，成熟时顶端具伞状冠毛，能随风飞散。种子千粒重 0.8~1.2g。

莴苣按产品器官的不同，可分为茎用莴苣（莴笋）和叶用莴苣（生菜）两种。有4个变种：

◎**茎用莴苣**：即莴笋，叶片有披针形、长卵圆形、长椭圆形等，叶色淡绿、绿、深绿或紫红，叶面平展或有皱褶，全缘或有缺刻。茎部肥大，茎的皮色有浅绿、绿或带紫红色斑块，茎的肉色有浅绿、翠绿及黄绿色。

◎**皱叶莴苣（皱叶生菜）**：叶片有深裂，叶面皱缩，不结球。

◎**直立莴苣（直立生菜）**：叶狭长直立，故也称散叶莴苣，一般不结球或卷心呈圆筒形。

◎**结球莴苣（结球生菜）**：叶全缘，有锯齿或深裂，叶面皱缩或平滑，顶生叶形成叶球。叶球呈圆球形、扁圆形或圆锥形。

常见品种

（一）茎用莴苣（莴笋）

◎**北京紫叶笋**：北京市地方品种。植株较高，叶片披针形，较宽，绿紫色，叶面有皱褶，稍有白粉。肉质茎长棒状，外皮淡绿色，肉质脆嫩、淡绿色，品质较好。晚熟，耐寒性强，较耐热，抗病，高产。但易抽薹空心，宜及时收获。

◎**碧绿秀**：耐热耐寒型品种，叶大椭圆，色绿，皮色绿白，茎肉绿色，茎粗，单株重可达1.5kg，商品性好，长势旺，抗病高产，适宜我国大部分地区种植。

◎**红光**：四川种都高科种业有限公司，特耐寒红皮香莴笋，皮色极红艳，肉色极青，质香脆，口味极佳，叶片长卵圆形，带紫红色斑块，茎粗大顺直，皮色大部分紫红，气温3~20℃条件下生长效果良好，特抗病，单株最重可达2kg。宜晚秋、冬低温季节栽培。

◎**挂丝红**：四川省成都地方品种。开展度及株高各53cm左右，属圆叶种。叶倒卵圆形，绿色，心叶边缘微红，叶表面有皱褶。茎皮绿色，叶柄着生处有紫红色斑块，茎肉绿色，质脆，单株净重500g左右。春季花芽分化早，抽薹早，为早熟品种，宜秋播作越冬春莴笋栽培。抗霜霉病力较弱。

（二）叶用莴苣（生菜）

◎罗莎红：紫色皱叶，株型漂亮，叶簇半直立，株高 25cm，开展度 20~30cm，叶片皱，叶缘呈紫红色，色泽美观，叶片长椭圆形，叶缘皱状，茎极短，不易抽薹，口感好是品质极佳的高档品种。适应性强，适宜春、秋、冬季保护地和露地种植。

◎红枫生菜：由北京东升种业有限公司从国外引进紫叶生菜品种。叶簇半直立，株高 15cm，开展度 20~25cm，叶片皱曲，叶缘波浪，深紫色，色泽美观，心叶为嫩黄色。喜光照温和气候，适应性强，生育期 65~70d。

◎美国大速生：叶片倒卵形，略皱缩，黄绿色，生长迅速，播种后 40~45d 成熟，比常规种早 10d 左右，可终年栽培。品质脆嫩，无纤维，耐热、耐寒性强，抗抽薹，生长整齐一致。抗病抗虫性强，适应性广，在温度 12℃ 以上地区可长年种植。

◎红皱生菜：由山东华诺种业有限公司育成，株高 15~20cm，开展度 25~30cm，叶片皱。紫红色，色泽美观，耐寒耐热，生育期 70d 左右。

◎大橡生 2 号：国家蔬菜工程技术研究中心育成，散叶生菜，长势旺盛，植株直立，叶片深裂，宛如橡叶，叶色绿，叶肉厚，口感脆嫩，品种佳，植株漂亮，可形成松散的心，单株重 500g 左右，从播种到收获 70d 左右。适合春秋露地和冬季保护地种植。

◎红云散叶生菜：由山东华诺种业有限公司从国外引进散叶生菜品种，叶簇生半直立，株高 20cm 左右，开展度 30cm，叶片卵圆形，株型和莴笋相似，叶片初期为绿色，随着生长逐渐转为淡紫色，生食最佳，香脆可口，生育期 50~60d。

◎克娜（45~78）：瑞克斯旺公司育成，结球生菜品种，适合春、夏、秋季露地与冬季大棚种植。叶球紧实，果型好，单球重 500~700g。叶片小，叶色浅绿，抗霜霉病。

生活习性

◎温度与光照：莴苣种子发芽的适宜温度为 15~20℃，3~4d 发芽；高于 25℃ 发芽不良，30℃ 以上发芽受阻，所以夏季播种时种子须进行低温处理，可浸种后放在冰箱的冷藏室中催芽，露白后播种。茎用莴苣幼苗期对温度的适应性较强。幼苗生长的适宜温度为12~20℃，当日平均温度达24℃左右时生长仍旺盛，但温度过高幼苗茎部易受灼伤而倒苗。茎叶生长期适宜温度为11~18℃，在夜温较低（9~15℃）、温差较大的情况下，有利于茎部肥大。如果日平均温度达24℃以上，夜温长时间在19℃以上时易引起未熟抽薹。

结球莴苣对温度的适应性较茎用莴苣弱，既不耐寒又不耐热，结球期的适温为17~18℃，21℃以上不易形成叶球，超过25℃时会因叶球内温度过高引起心叶腐烂。不结球莴苣对温度的适应范围介于茎用莴苣与结球莴苣之间。

◎土壤营养：莴苣的根群密集，吸收能力差。对氧气的要求高，在有机质丰富、保水保肥力强的黏质壤土或壤土中根系发展很快。在缺乏有机质、通气不良的瘠薄土壤，根系发育不良，叶面积的扩展受阻碍，结球莴苣的叶球小，不充实，品质差；茎用莴苣的茎瘦小而木质化。叶用莴苣喜微酸性土壤，适宜的土壤pH为6.0左右。茎用莴苣没有这样严格。幼苗期缺磷不但叶数少而且植株变小，产量降低；任何时期缺钾显著影响叶重，尤其是结球莴苣的结球期缺钾，将引起叶球显著减产。

◎水分：莴苣因根系浅，喜潮湿忌干燥。幼苗期不能干燥也不能太湿，以免幼苗老化或徒长；发棵期，为使莲座叶发育充实，要适当控制水分；结球期或茎部肥大期水分要充足，如缺水则叶球（或茎）小，味苦；结球或肉质茎肥大后期水分不可过多，否则易发生裂球或裂茎，并导致软腐病和菌核病的发生。

栽培技术

（一）茎用莴苣（莴笋）

◎**播种和田间管理**：莴笋适应性较强，主要栽培季节为春、秋两季。培育壮苗可采用128或200穴的育苗盘育苗，选用泥炭、珍珠岩和蛭石作为基质。苗期应适当控制浇水，使叶片肥厚、平展、叶色深。在温度较高季节一般3~5d出苗，温度较低时，10d左右出苗。育苗床的温度宜掌握在15~25℃，以利于幼苗生长。苗期要做好覆盖物的揭盖和水分管理以及防治蚜虫等工作。

当苗龄25d左右，幼苗4~5片真叶移栽上盆，花盆口径可选22~30cm。严格选苗，淘汰徒长苗，移栽定植后轻浇、勤缓苗水。缓苗后施速效性氮肥，适当减少浇水，促使根系发展。"团棵"时第2次追肥，主要用速效性氮肥，以加速叶片的发生与叶面积的扩大。茎部开始膨大时第3次追肥，用速效性氮肥和钾肥，促进茎部肥大。

◎**病虫害防治**：茎用莴苣的病害主要是霜霉病、灰霉病、菌核病。露地栽培时要见病即治，设施栽培时一定要防重于治。

虫害主要是蚜虫和蛴螬，早春栽培时以防蚜虫为主，夏秋栽培时以防蛴螬为主，越冬栽培时两种虫害都要防治。

◎**采收**：茎用莴苣在茎充分肥大之前可随时采收嫩株。当莴苣顶端与最高叶片的尖端相平时为收获莴苣茎的适期。

（二）叶用莴苣（生菜）

播种和田间管理 叶用莴苣的耐热、耐寒力都不强，主要栽培季节为春、秋两季。可根据栽培方式选择适宜品种。在炎夏和冬季播种时须进行种子处理，播种育苗方法与莴笋相似。3片真叶时可以进行分苗，5~6片真叶时移栽上盆，直立莴苣和皱叶莴苣行栽种的花盆口径可选17~20cm，结球莴苣栽种的花盆口径可选22~30cm。移栽时切勿将心叶埋盖，及时浇水。

叶用莴苣为喜湿植物，其整个生长期都需要充足的水分供应。定植后2d应施用1次缓苗水。另外，叶用莴苣盆栽时要保持基质的湿润，但怕涝，所以若遇大雨，需将积水及时排除。叶用莴苣耐寒，喜湿润而冷凉的气候，其生长期温度最好控制在 $15\sim20℃$，且最高环境温度不宜超过 $25℃$，如阳光照射强烈需进行遮阴。在 $6\sim7$ 叶期、10 叶期以及结球莴苣开始包心期，结合浇水各施速效性氮肥一次、结球后期要适当控制浇水，以免引起软腐病和裂球。

◎**病虫害防治**：叶用莴苣的主要病害为霜霉病，其防治可选用 50% 的克菌丹配制成 500 倍稀释液进行植株喷洒；另外还有干烧病，其发病原因主要是缺钙，可用硝酸钙的 0.5% 稀释液进行喷洒防治；主要虫害为红蜘蛛，可选用 73% 克螨特 1 000 倍液喷洒防治。

◎**采收**：当叶用莴苣的叶片已充分生长或叶球已成熟时要及时采收，根据品种的不同，一般为定植后 $40\sim80d$ 内。皱叶生菜和散叶生菜叶片数量达到 $10\sim12$ 片时即进入最佳的食用生菜采收期，一般在定植后 $35\sim40d$ 收获。结球生菜一般在定植后 $60\sim70d$ 收获。采收时需选择叶球紧密的植株从根部割取，并尽量保留几片外叶，以保护叶球。

推广应用前景

茎用莴苣肉质茎脆嫩，可生食、凉拌、炒食、干制或腌渍，是一种经济和营养价值很高的蔬菜。除此之外还具有通乳、清热利尿以及治疗乳汁不通、小便不利、尿血等功效。茎用莴苣能刺激消化液的分泌，增加食欲，常吃莴笋具有改善消化系统和肝脏的功能。茎用莴苣含钾量较高，对高血压和心血管疾病患者最为有益。叶用莴苣含有丰富的莴苣素，具有一定的医药及食疗价值，据报道，莴苣素具有驱寒、清热和消炎的作用，晚餐食用还可以催眠镇痛，有效控制胆固醇，并能对神经衰弱起到辅助治疗的作用和功效；叶用莴苣还含有较多的甘露醇，具有利尿及促进血液循环的作用。因此发展并推广盆栽莴苣的大有可为，其市场前景可观。

62. 香 茅

香茅（学名：*Mosla chinensis* Maxim），多年生草本植物，是禾本科香茅属的约55种芳香性植物的统称，亦称为香茅草，为常见的香草之一。有柠檬香气，故又被称为柠檬草。

形态特征

◎**形态**：香茅是一种多年生密丛型具香味草本。秆高达2m，粗壮，节下被白色蜡粉。叶鞘无毛，不向外反卷，内面浅绿色；叶舌质厚，长约1mm；叶片长 30~90cm，宽 5~15 mm，顶端长渐尖，平滑或边缘粗糙。

伪圆锥花序具多次复合分枝，长约50cm，疏散，分枝细长，顶端下垂；佛焰苞长（1.5~2）cm；总状花序不等长，具 3~4 节或 5~6 节，长约 1.5cm；总梗无毛；总状花序轴节间及小穗柄长 2.5~4 mm，边缘疏生柔毛，顶端膨大或具齿裂。

无柄小穗线状披针形，长 5~6 mm，宽约 0.7 mm；第一颖背部扁平或下凹成槽，无脉，上部具窄翼，边缘有短纤毛；第二外稃狭小，长约 3 mm，先端具 2 微齿，无芒或具长约 0.2 mm 的芒尖。有柄小穗长 4.5~5 mm。花果期夏季，少见有开花者。

◎**特性**：其气味可以驱除蚊虫、跳蚤，减少病房中的细菌。也可在作室内当芳香剂。

生活习性

香茅适应性极强，喜温暖湿润环境，不耐寒，喜光照充足，在无霜或少霜的地区都生长良好。由于根系发达，能耐旱、耐瘠，生长比较粗放。温度是香茅在中国分布的限制因子，只要有轻霜，叶尖就开始发生冻害，气温下降至−1.8℃时叶片几乎全部受害。因此冬季低温长，霜害严重的地方都难以越冬。香茅一般种植3年必须更新1次。

栽培技术

因香茅原产东南亚热带地区，喜高温多雨的气候，所以香茅一般为田间种植。

香茅草叶片呈狭条形，叶色多为灰绿色，粗壮而叶多，具有一定的观赏价值，能够起到绿化、香化家居的作用。也可盆栽放在家庭，可驱虫，可观赏。

（一）土壤栽培

◎选地：香茅对土壤要求不严格，一般土壤都可以栽培，但碱土、沙土不宜栽培。香茅怕旱，不适合重茬，所以前茬最好是谷类、豆类、蔬菜类，才会保证香茅的生长发育。

◎整地：翻地20cm，翻前施入农家肥，垄作行距40~50cm，或作成平畦。由于种子很小，地一定要整平耙细。

◎播种：分直播和育苗移栽两种。宜播方式有条播或撒播。春季播种在终霜结束前6~8d为好。为了市场均衡供应，可以每10~15d播种一批；为了冬季上市，播种时间应在初霜期前80~90d。为了一次出全苗，在播种的时候要注意保证环境的温暖，而且播种后盖土，要薄淡，土壤也要保持一定的湿度即可。

◎光照：每天要有充足的光照，但是不要强光直射。

◎湿度：浇水不宜过多，忌积水，以免种子坏死，不能萌发，干旱适当灌水。

◎田间管理：苗出齐后及时间苗，株距2~5cm；垄作的要及时中耕除草；撒播的、小行距条播的要及时人工拔草，也可用拿扑净或禾草克化学除草剂防治禾本科杂草；地力较高的地块可以不追肥，地力差的在苗高 15cm 施肥一次。

◎**病害防治**：在养殖香茅的时候，叶枯病经常性的发生，并且有时候会爆发的很严重，在一年当中，高温多雨的时候，最为严重。大田养殖的香茅发生叶枯病时，几乎是百分之百的受害，一般在叶子切割之后，香茅新生的叶片容易染上此病，时间越长，危害越大，所造成的损失也就越大。香茅发生叶枯病，主要是有病菌引起，发病的时候危害叶片，叶子上出现紫褐色的病斑，并逐渐扩大，发展成淡黄色的条斑，还会使叶子变成褐色的枯叶，产生黑色的霉状物。香茅要防治叶枯病，首先需要清除发病的原因。发病首先就是因为种植了带病的植株，其次就是病菌通过空气传播或者是病叶传播和雨水传播等途径感染新的植株，导致香茅出现叶枯病。具体来讲，在高温多雨的季节里，容易发生此病害。

其实就目前而言，并没有对香茅的叶枯病非常有效的防治措施，在应对叶枯病的时候，都是以减轻危害为主。可以采取的措施包括在种植前将种苗进行消毒，可以用波尔多溶液浸泡，其次就是进行割叶，间隔时间短一些，40d 左右就进行 1 次，在割叶后，需要喷一些波尔多液来保护伤口，在病发的时候还可以喷洒药物进行治疗，这些都是可以减轻香茅叶枯病的一些方法。

◎**种子采收**：采种可以设采种田，也可以在生产田中选穗大健壮的母株，当上部花序的种子已经成熟开始落地的，在早晨轻轻割掉，放在塑料上晾晒 3~5d 即可脱粒。采种时间很重要，割早种子没成熟，割晚种子已落地。

（二）家庭播种

家庭播种香草可以用比较矮小的小花盆，香茅种子比较细小，而且，出芽率偏低，所以一般播种用的土壤需要疏松、透气、持水力高，而且要消毒充分。种子要用 40℃温水浸泡。水凉后继续浸泡 24h。这样容易发芽。

◎**播种方法**：可以每个容器里点播 2~3 粒。发芽后视小苗生长状况留一株较强壮的。也可以撒播，用手沾一些种子，轻轻撒在土上。发芽后间苗。酌情留1~3株小苗。

（1）覆土　种子覆土厚度要看种子大小。一般为种子直径的2~3倍。细小的种子土要薄些，大的种子可以土盖的厚些。有些种子趋光性强，可以不覆土。

（2）保湿　播种后要浇透水。浇水要用细喷壶。不能用力，以免将种子冲走。最好用坐盆法，就是用大盆盛2/3盆水，将容器坐到盆里。让水从容器的底孔漫漫渗入（大盆里的水位不要超过容器中土的高度）。播种后容器上面要盖上保鲜膜，保鲜膜上刺几个小洞透气。把容器放在阳光下，保持20℃左右的温度。大部分种子一周后可以发芽。

◎**发芽后管理**：种子发芽后，可以把保鲜膜拿掉。种子小的，可以等小苗稍强壮一些再拿掉。

◎**上盆**：小苗长出4~6片真叶后就可以上盆。刚开始上盆要用小盆。等小苗长大后，再酌情更换大盆。换盆时要等土干一些的时候再换（因为换盆后要浇水，如果是土湿的时候，则潮湿的时间太长，小苗容易生长不良）。先在小盆中加入一半以上有一定肥力的培养土。为了不破坏根系，移植时不需抖落根部附近的土壤。将其直接移入小盆，再将土壤添满根部。移植后一定要浇透水，并遮阴几天。然后就可以放到阳光下养护了。

◎**栽培介质**

（1）土壤　疏松排水性良好的中性偏碱土壤。培养土可采用园土：粗黄沙：泥炭：有机肥＝4：3：2：1，有机肥必须腐熟。配制完成培养土须先消毒，可以采用福尔马林熏蒸，有条件可以采用蒸汽消毒。如配制的培养较少，要在其中加入多菌灵粉剂，也能起到消毒的作用。用石灰将pH值调节到7~7.5。

（2）浇水　上盆后浇一次透水，成活后浇水的原则是"见干见湿"。浇水时要注意：水不要直接浇到叶片上，也不要让泥土溅到枝叶上，以免产生病害。也可在花盆土面上铺一层小石子，既美观，又能防病。如果使用自来水，最好先将自来水在阳光下晒两天后使用。

（3）施肥　香茅对肥料的要求不高，在其生长迅速的春季（3—5月），可按月追施氮、磷、钾复合肥，配制溶液浇灌，浓度1%即可。过多的氮肥易造成徒长。

◎**病虫害防治**：香茅的病虫害较少，常见的病害为叶枯病，可以采取的措施包括在种植前将种苗进行消毒，可以用波尔多溶液浸泡，其次就是进行割叶，间隔时间短一些，40d左右就进行一次，在割叶后，需要喷一些波尔多液来保护伤口，发病的时候还可以喷洒药物进行治疗，这些都是可以减轻香茅叶枯病的一些方法。

推广应用前景

香茅治疗风湿效果颇佳，治疗偏头痛，抗感染，改善消化功能，除臭、驱虫。抗感染，收敛肌肤，调理油腻不洁皮肤。赋予清新感，恢复身心平衡（尤其生病初愈的阶段）。也可用于室内当芳香剂。香茅这种植物在捣碎或烹饪时有淡淡的柠檬味，并且在菲律宾、泰国和越南等国家被当作烹饪香料使用。除了亚洲国家以外，非洲和墨西哥等拉丁美洲国家的人也使用柠檬香草，但通常是把它当做一种茶。香茅精油还是芳香疗法及医疗方法中用途最广的精油，有着广阔的发展空间。

63. 芋 头

芋头（*Colocasia esculentum*（*L.*）*Schott*）又称芋、芋艿，天南星科植物的地下球茎，形状、肉质因品种而异，通常食用的为小芋头。多年生块茎植物，常作一年生作物栽培。叶片盾形，叶柄长而肥大，绿色或紫红色；植株基部形成短缩茎，逐渐累积养分肥大成肉质球茎，称为"芋头"或"母芋"，球形、卵形、椭圆形或块状等。母芋每节都有一个腋芽，但以中下部节位的腋芽活动力最强，发生第一次分蘖，形成小的球茎称为"子芋"，再从子芋发生"孙芋"，在适宜条件下，可形成曾孙或玄孙芋等。

形态特征

块茎通常卵形，常生多数小球茎，均富含淀粉。叶 2～3 枚或更多。叶柄长于叶片，长 20～90cm，绿色，叶片卵状，长 20～50cm，先端短尖或短渐尖，侧脉 4 对，斜伸达叶缘，后裂片浑圆，合生长度达 1/2～1/3，弯缺较钝，深 3～5cm 基脉相交呈 30 度角，外侧脉 2～3，内侧 1～2 条，不显。花序柄常单生，短于叶柄。佛焰苞长短不一，一般为 20cm 左右：管部绿色，长约 4cm，粗 2.2cm，长卵形；檐部披针形或椭圆形，长约 17cm，展开成舟状，边缘内卷，淡黄色至绿白色。肉穗花序长约 10cm，短于佛焰苞：雌花序长圆锥状，长 3～3.5cm，下部粗

1.2cm；中性花序长 3~3.3cm，细圆柱状；雄花序圆柱形，长4~
4.5cm，粗 7mm，顶端骤狭；附属器钻形，长约 1cm，粗不及
1mm。花期2—4月（云南）至 8—9 月（秦岭）。

生活习性

◎**温度**：芋头原产高温多湿地带，在长期的栽培过程中形成了
水芋、水旱兼用芋、旱芋等栽培类型。但无论水芋还是旱芋都需要
高温多湿的环境条件，13~15℃芋头的球茎开始萌发，幼苗期生长适
温为 20~25℃，发棵期生长适温为 20~30℃。昼夜温差较大有利于
球茎的形成，球茎形成期以白天 28~30℃，夜间 18~20℃最适宜。

◎**水分**：无论是水芋或是旱芋都喜湿润的自然环境条件，旱芋
生长期要求土壤湿润，尤其叶片旺盛生长期和球茎形成期，需水
量大，要求增加浇水量或在行沟里灌浅水。水芋生长期要求有一
定水层，幼苗期水层 3~5cm。叶片生长盛期以水深 5~7cm 为好，
收获前6~7d 要控制浇水和灌水，以防球茎含水过多，不耐贮藏。

◎**光照**：芋头较耐弱光，对光照强度要求不是很严格。在散射
光下生长良好，球茎的形成和膨大要求短日照条件。

◎**土壤**：水芋适于水中生长，需选择水田、低洼地或水沟栽
培。旱芋虽可在旱地生长，但仍保持沼泽植物的生态型，宜选择
潮湿地带种植。芋头是喜肥性作物，其球茎是在地下土层中形成
的，因此应选择有机质丰富，土层深厚的壤土或黏壤土，以 pH 值
5.5~7 最适宜。

栽培技术

（一）水培芋头

◎**选取种芋**：种芋要选择健壮、完整、无病害的母芋或子芋，
大小以单个重45~50g 为宜，抹除多余的侧芽及根须。

◎**晒种**：在催芽前要晒种 3~5d，至种芋尾部略有萎缩为止，
主要目的是打破休眠。

◎**控制好催芽温湿度**：芋头为喜湿耐热性植物，在催芽期间温
度保持在 22~25℃，出芽后可适当降温至 20℃左右，在这期间适

当喷水。

◎**及时挑选出芽芋，分批管理**：芋头催芽过程中，出芽的时间可能不一致，要及时将出芽快的种芋挑选出来，并将腐烂或生病的种芋剔除。

◎**准备大小适中的花盆或水容器**：把芋头放入水培容器中，放置时要把芋头的芽点朝上，底部浸在水中，芋头的形状最好是圆形的，因为这样的芋头发芽率高。还有最好是当年的芋头，挑选大的、饱满的芋头。

◎**日常管理**：只需要换水即可。芋头管理简单，春季每周换2~3次水即可。对环境的具体要求是喜高温多湿，但不需要直射的阳光，十分耐阴。生根的适宜温度为17~26℃。

（二）土培芋头

◎**种子的选择**：采收前几天从叶柄基部割去地上部，伤口干燥愈合后在晴天采收，收获后略加晾晒，使球茎表面干燥。再选具有本品种特征、单株产量较高、子芋和母芋比较整齐、无病虫害的种株。再从种株上选已充分成熟的、当年未萌蘖生长的、较大的子芋留种，一般在25~40g为宜，即每500g种芋在12~20个。凡没有老熟的白头子芋，露在地表的青头芋以及在母芋基部长出的长柄子芋等都不能留种。要选择符合本品种特征特性（崇明红梗芋的顶芽是淡红色的）而且顶芽健全（不断头）无病虫、伤斑、不腐烂的作种。若贮藏种芋在出窖时顶芽萌生很长，新根已发生的最好不要做种。种芋播种后长势弱、易早衰、不易丰产。种芋选好后，摊晒1~2d，以促进养分转化，便于播种后发芽生长。在晒种时还要把芋芳种按大、中、小分级，分开播种。种芋上的毛（残存的叶鞘）应剥去，以利于播种后吸水发芽。种芋自贮藏处取出后，不能久放不种，否则失水过多，芋皮干缩，出苗缓慢或影响发芽。

◎**催芽**：为保证出苗整齐、在播前15~20d需进行晒种催芽、湿沙催芽等。催芽时可将贮藏的芋头先晒1~2d，然后将种芋密排于催芽畦内，催芽时要注意保湿，使温度控制在18~20℃，经15~20d芽长1cm左右即可播种。

◎**容器的选择**：盆栽芋头的容器不可选小，因为芋头枝叶涨势幅度较大，所以容器应选口径 35~40cm，高度 40~45cm 的底部有孔的塑料花盆等容器。

◎土壤的选择：芋头对土壤的要求，富含有机质的肥沃壤土。最好是沙夹黄壤土。沙壤土比黏土春季增温快，保湿性强。以 pH 值 5.5~7 的弱酸性土壤较好。

◎播种：装土的时候，不能一次装满容器，建议留 10~20cm 的高度不填土，留待以后的培土空间。未萌发的子芋，不能埋得太深，一般覆土 5~10cm；幼苗移植时，则尽量种得深一些，建议埋 10cm 左右，芋头的茎叶可以向容器四周伸展，可以适当密植，株行距在 20cm 左右即可。种下去后，土壤要保持湿润，一直到收获前一周，才可以停止浇水。旱芋也要注意保持湿润，不可过干。水芋或是水旱芋前期水量要少，刚没过土壤即可，或是保持湿润即可，当长到 3~4 片叶后，即需要 5cm 左右的水深。

◎合理施肥：芋头生长期长，产量高，需肥量大，除施足基肥外还应分次追肥。可在幼苗前期追一次提苗肥，发棵和球茎生长盛期的初期、中期追肥 2~3 次，施肥量前少后多，逐渐增加，氮、磷、钾肥要配合施用。

◎科学管水：芋头耐涝怕旱。芋头叶片大，蒸腾作用强，因此喜水、忌土壤干燥，否则易发生黄叶、枯叶现象。前期由于气温低，生长量小，所以只需保持土壤湿度即可，特别是出苗期切忌浇水，以免影响发根和出苗。中后期气温高，生长量大，需水量多，要保持土壤湿润，但灌水时间宜在早晚，尤其高温季节要避免中午浇水，否则易使叶片枯萎。

◎病害防治

（1）芋疫病　属真菌性病害，主要为害叶柄、叶片和球茎，在 6—8 月为发病高峰期。高温、多湿或时雨时晴，容易发生，过度密植和偏施氮肥，生长旺盛，发病严重。

防治方法：以防为主，发病前于 5 月中旬开始用药，可选用保护性杀菌剂如代森锰锌，分别加入疫霜灵、甲霜灵、安克等交替使用，7~10d 喷一次。施药时应掌握好天气，选择雨前喷药，同时喷洒药液要均匀，叶背、叶面、叶柄都要喷到。

（2）软腐病　属细菌性病害，为害地下球茎及叶柄基部，整个生长期都可发病。

防治方法：加强肥水管理，发现病株及时拔除带走，同时在病穴周围撒石灰。药剂防治可用农用链霉素、百菌清灌根，施用时可在施肥前、培土后、割仔芋后各施一次。同时在常年发病重的地域每次用药都应加农用链霉素，严防地下害虫及控制水分。

（3）芋污斑病　仅为害叶片。防治方法可用百菌清、甲基硫菌灵于发病初期开始防治，隔 7~10d 再喷施一次。

◎ **虫害防治**

（1）蚜虫　以成虫、若虫在叶背或嫩叶上吸汁液，使叶片卷曲畸形，生长不良，并传播病毒病，严重时造成叶片布满黑色霉层。

防治方法：可用乐果、吡虫啉类农药喷杀。

（2）斜纹夜蛾　幼虫食叶，严重时仅剩叶脉。一般用功夫或乐斯本、吡虫啉、锐劲特在幼虫 3 龄前喷杀，用药要考虑综合防治。如吡虫啉加阿维菌素可以防芋蚜、斜纹夜蛾等害虫。

（3）地下害虫　结合两次施重肥可选用辛硫磷、米乐尔或敌百虫进行防治。

（4）红蜘蛛　喷施 1 500 倍的久效磷或 800 倍 40%氧化乐果或 800 倍三氯杀螨醇。

推广应用前景

芋头营养丰富，含有大量的淀粉、矿物质及维生素，既是蔬菜，又是粮食，可熟食、干制或制粉。芋头口感细软，黏嫩爽口，营养丰富，既能做菜肴又能做各种各样的零食，酥脆又可口，常食可曾强人体免疫力，且长势强旺，叶片大而绿，景观效果好，深受市民喜爱，因此种植前景广阔。

64. 百 合

百合（学名 *Lilium*）百合科百合属，多年生草本球根植物，别名百合蒜、中逢花等。

形态特征

百合的根分为肉质根和纤维根。肉质根丛状着生于茎盘之下，较肥胖，无主侧根之别，根毛少，数目多。纤维状根又叫不定根，或茎出根，生于地上茎入土部分。

百合的茎可分为鳞茎和地上茎。鳞茎埋在地下，由鳞状叶（鳞片）和短缩茎组成。地上茎由茎盘的顶芽伸长而成，不分枝，直立，坚硬，绿色或紫褐色。

百合的叶是全缘叶，无叶柄和托叶，为不完全叶。叶为绿色，叶形有披针形叶和条形叶，一般叶片角质较发达。百合花多总状排列，花为喇叭形、钟形或开放后向外反卷。花形大而鲜艳，具有香味，可供观赏。颜色为橘红色、黄色和绿色。蒴果，近圆形，或长椭圆形。

常见品种

百合原产于中国，主要分布在亚洲东部、欧洲、北美洲等北半球温带地区，全球已发现有 100 多个品种，其中 55 种产于中国。

近年有不少经过人工杂交而产生的新品种，如亚洲百合、麝香百合、香水百合、葵（火）百合、姬百合等。其鳞茎、球根含丰富淀粉，可食，亦作药用。中医认为百合性微寒平，具有润肺、清火、安神的功效，花、鳞状茎均可入药，是一种药食兼用的花卉。百合花姿雅致，叶片青翠娟秀，茎干亭亭玉立，是名贵的切花新秀。

观赏价值较高的品种有：

◎王百合：又名岷江百合，产于中国四川省。鳞茎扩卵圆形，淡黄褐色。花大而美，花水平状横生，喇叭状，白色，花被筒内面基部黄色。花期在6—7月。

◎麝香百合：鳞茎扁球形，黄白色。花喇叭形，长10～18cm，白色，基部带绿色，有浓香。花期为5—6月。

◎卷丹百合：鳞茎宽卵形，白色。植株中上部叶腋间生有黑色株芽。花菊红色，内有散生紫黑色斑点，花被开后反卷，花药深红色。花期在7月。

◎川百合：花下垂，花被橘红色，具密集紫红色斑点，花被极度反卷，背部疏生白棉毛。花期在7月。

◎云南大百合：叶卵圆形，株高150cm。花被乳白色，花长约15cm。花期为6—7月。

◎白花百合：花被乳白色，微黄，背面中部略带紫色纵条纹，长13cm，花被橙红色，盛开时上部略反卷，花朵横向开放，有芳香。花期为7—8月。

生活习性

百合的生长适温为15～25℃，温度低于10℃，生长缓慢，温度超过30℃则生长不良。生长过程中，以白天温度21～23℃、晚间温度15～17℃最好。促成栽培的鳞茎必须通过7～10℃低温贮藏4～6周。

百合对水分的要求是湿润，这样有利于茎叶的生长。如果土壤过于潮湿、积水或排水不畅，都会使百合鳞茎腐烂死亡。盆栽百合浇水应随植株的生长而逐渐增加，花期供水要充足，花后应减少水分，地上部分枯萎后要停止浇水。盆土过湿，同样导致鳞茎腐烂。

百合喜柔和光照。也耐强光照和半阴，光照不足会引起花蕾脱落，开花数减少。光照充足，植株健壮矮小，花朵鲜艳。百合属长日照植物，每天增加光照时间 6h，能提早开花。如果光照时间减少，则开花推迟。

百合要求土壤以富含腐殖质，土层深厚疏松，能保持适当湿润又排水良好的沙壤土为最好，黏土绝不可以种植百合。百合喜微酸性土壤，土壤 pH 值为 5.5~6.5 最好；百合一般不耐盐，土壤中氟和氯的含量均要求在 50mg/L 及以下，土壤总盐度不超过 1.5ms/cm。

栽培技术

◎**容器选择和配置营养土**：根据百合品种特性，常用花盆上口直径：19、21、24cm，盆高度 16~20cm，每盆放置 3~5 个百合种球。盆栽土壤要求肥沃、疏松的砂质土壤，以腐叶土、培养土和粗沙的混合土为宜。

◎**种植时间**：盆栽百合以东方百合、OT 百合和亚洲百合中的早花品种为主要品种，生长周期短，株形矮化紧凑，一致性强，容易包装运输。因而要根据品种的特性、盆花的上市时间以及温室的保温效果确定种植时间，如以春节供花为目标花期，则亚洲百合和铁炮百合宜在 9 月底至 10 月初种植，OT 及东方百合宜在 9 月初种植。上盆种植时，先在盆底铺上瓦片或小石块，既利于排水，又防止从排水孔漏出，然后装入 5cm 厚的土壤，挑选芽长均匀一致的种球放置盆内，芽朝向盆外，根系向内分散理顺，再填充土壤至离盆口 2cm 左右，种植深度 8~10cm。种植后轻轻振动花盆，浇透水。

◎**温度管理**：百合种植之初，应遮阴避光，以利于茎根原基的形成，茎生根未长出之前最适温度为 9~13℃，茎生根长出后最适温度为 14~25℃。白天温度最好不要超 28℃，否则会令植株徒长，造成根冠比失调，盆花质量降低；夜间温度不低于 10℃，否则盆花落蕾，影响观赏效果；昼夜温差控制在 10℃左右。

◎**光照管理**：百合的株高与光强紧密相关，光照越强植株越矮，但是刚种植至花蕾形成要适度遮阴，其余时间宜进行全光照栽培，每天要保持 8~10h 的光照，即使在严冬，也至少要保证 7~8h 的光照。若遇长时间阴雨或要提早上市，则应安装补光灯进行补光，否则容易造成百合落叶、盲花和消蕾，方法是在 25~30m² 的地方在距地面 1.8~2.0m 高处悬挂加有反光装置的高压钠灯 1 只，从现蕾开始补光至上市。

◎**水分管理**：浇水原则是少量多次、见干见湿，严禁过干过湿，保持盆内土壤湿润。水质要求洁净，pH 值 5.5~6.5，EC 低于 0.7 ms/cm。中午日照强烈或气温较高时严禁浇水或喷水，防止高温高湿引发病害。种植后，立即浇 1 次透水使种球与土壤充分接触，以保证百合嫩芽出土；茎生根发育良好后，植株长势加快，此时需要较多的水分。在百合整个生育期保持空气的相对湿度为 65%~85%，通风时要避免相对湿度剧烈变化导致百合烧叶。

◎**施肥**：基肥以有充分腐熟的机肥为主，而追肥一般以化肥为主。人工追肥应在百合开始展叶时进行，配方为 0.25%尿素+0.35%磷酸二氢钾。花芽分化前施 1 次肥，配方为 0.3%硝酸钾+0.1%硼酸+0.1%硫酸镁。在花蕾膨大期增加磷、钾肥含量，减少氮肥的用量，以叶面喷施为主，配方为 0.30%硝酸钾+0.25%磷酸二氢钾，连续喷施 2~3 次，间隔 14~21d。

◎**病虫害防治**

（1）生理性病害　百合生理性病害主要有落蕾、花蕾干缩、叶烧及裂花等，主要通过加强百合温湿度、光照、水肥等管理防治。

（2）百合疫病　发病初期用 70% 甲基托布津 WP500 倍~800 倍液或 50%速克灵 WP 1 500 倍液进行喷雾防治，连续防治 2~3 次，间隔 10~14d。

（3）灰霉病　发病初期用 25%百菌清 WP800 倍液或 50%多菌灵 WP800 倍液进行防治，连续防治 2-3 次，间隔 7~10d。叶烧病，用硝酸钙 1 000 倍液进行喷雾防治，连续防治 2 次，间隔 10~14d。

（4）根腐病　苗期用波尔多液预防，发病初期用70%甲基托布津WP500倍液喷洒或将50%多菌灵WP 1 000倍液与代森锰锌800倍液以1∶3的比例混合喷洒根茎部，连续防治2~3次，间隔7~10d。

（5）蚜虫　物理防治：用诱虫灯、黄色板等诱杀蚜虫。化学防治：用10%吡虫啉WP 1 000倍液或1.8%阿维菌素EC 1 500~2 000倍液喷雾防治，连续防治2~3次，间隔10~14d，交替轮换使用药物，效果明显。

◎采收

（1）切花采收　百合切花采收时期一般在基部第一、第二朵花蕾充分膨胀并显出品种花色时采收，夏季应稍早而冬季稍迟1~2d。采收时用锋利刀子于高地面约15cm处切断花枝，采取后将花枝清理，按要求捆扎后贮藏，应当控制采收后到插入水中之间的时间，越短越好，建议不要超过30分钟。

（2）鳞茎采收　以收获鳞茎为目的的百合，现蕾时应摘除花蕾，以使营养集中供应鳞茎生长发育，保证种球品质，提高商品性。百合种球和食用鳞茎的收获，地上部分枯死后即掘起鳞茎，除去茎秆，堆放室内，切勿在阳光下暴晒，以防鳞片干枯。食用百合将根剪去，留种用的百合勿伤根系。

◎**百合种球储藏**：贮藏前应将百合鳞茎在室内稍摊晾，时间不宜长，以免变色，然后选择一间阴凉的房间，用高锰酸钾熏蒸1次，再在地上铺一层厚5~7cm的清洁园土或河沙，然后将选好的百合一层鳞茎一层黄沙，层层堆积约1m高，上面和四周再用黄沙盖20~30cm，不让百合暴露在空气中。百合被埋在黄沙中，可起到自发气调作用，使呼吸作用受到一定抑制，同时还能保持一定湿度，并可起到调节干湿度的作用，也可阻止病原菌的侵染。贮藏期间应隔20~30d检查一次，不宜过多翻动，如发现坏变，应及时清除，要防止堆内发热，储藏期间应保6℃以下低温，用该法可贮到翌年春天。

百合的营养价值

百合含有淀粉、蛋白质、脂肪及钙、磷、铁、镁、锌、硒、维生素 B_1、维生素 B_2、维生素 C、泛酸、胡萝卜素等营养素，还含有一些特殊的营养功效成分，如秋水仙碱、百合甙 AB 等多种生物碱。百合的药用价值非常高，其味微苦，性平，味淡，微寒。入心、肺经。有润肺止咳、清心安神、益智健脑、补中益气、滋补强身、养阴润燥、利脾健胃、清热利尿、镇静助眠、止血解表、调节内分泌等功效。当前，大气污染日趋严重，加强呼吸系统及肺部保健已迫在眉睫，而百合食品对减轻环境污染造成的肺部伤寒有突出作用，百合的特殊食疗作用正逐渐被人们所认识。

推广应用前景

盆栽百合主要在北京、上海、广州等大城市周边生产，年销盆花在节日前夕花卉市场销售，百合具有百年好合、美好家庭、伟大的爱之含义，代表着深深放入祝福。百合花的花语是：顺利、心想事成、祝福、高贵。不仅有美好的寓意，而且能对室内、阳台和庭院进行美化和香化，对于生产者来说则具有较高的经济效益，有很好的发展前景。

65. 韭　菜

　　韭菜（*Allium tuberosum* Rott）属于百合科多年生草本宿根植物。韭菜具有较高的营养价值，除蛋白质和碳水化合物之外，还含有丰富的维生素和矿物质等。食用部分主要是嫩的叶片和叶鞘部。韭薹、韭花、韭根经过加工也可以食用。韭菜是中国人餐桌上必不可少的一种食材，尤其是春节期间作为馅料。种子和叶可以入药，具有健胃、补肾和止汗固涩等功效。

形态特征

　　韭菜是多年生草本植物，因此根系多且发达。适应能力强，抗寒耐热，因此在各地广泛种植。没有主侧根，为弦线状须根系，根据功能不同，分为贮藏根和非贮藏根。当韭菜植株有 5~6 片叶时就可以分蘖，由于分蘖的植株高于原有植株，新植株的根必然要高于原株老根。随着分蘖的不断进行，新根的位置会逐渐向上移，逐渐接近地面，这种现象称为"跳根"。

　　茎分为营养茎和花茎。一、二年生营养茎可以缩短变为盘状茎，随着分蘖和跳根的不断进行，盘状茎下方形成根状茎（韭葫芦），根状茎是植株贮藏养分的重要器官。叶鞘又称为假茎，层层抱全呈柱形。叶片呈扁平带状，被蜡粉。伞形花序，花冠白色，花被片 6 片，异花授粉。果实属于蒴果，种子黑色，盾状扁平，皱纹多而细密，脐部无凹洼。

生长发育阶段

韭菜包括营养生长阶段和生殖生长阶段。营养生长阶段包括发芽期、幼苗期、生长旺盛期和越冬休眠区。从种子萌发到第一片真叶出现称为发芽期，需要 10~20d。第一片真叶到第三片真叶之前称为幼苗期。从第五片真叶一直到花芽分化称为营养生长旺盛期。当韭菜植株经历长日照，并感受到低温之后，就会出现生长停滞，进入休眠状态。休眠之后，叶片变得枯萎。生殖生长阶段包括抽薹期、开花期和种子成熟期。抽薹期从花芽分化开始，花序总苞破裂结束。开花期一般需要 10d 左右，从总苞破裂到整个花序开花结束标志着开花期结束。种子成熟期需要一个月左右。

生活习性

韭菜属于多年生蔬菜，一次种植，可多年采收。在中国北方栽培季节一般为春、夏和秋，冬季地上部分枯死，地下部进入休眠，春天温度回升之后会萌发生长。在温暖的南方不少地方可一年四季栽培。韭菜可干籽直播，也可育苗移栽。种子均匀撒播在培养土上，再覆盖干细沙土，覆土厚度以 1cm 左右为宜，然后浇透水。应该选择平坦、排灌方便和肥沃的土壤，此外土壤结构适宜，理化性质好，以沙培土最为适宜。适宜的土壤 pH 值为 5.5~6.5，对氮肥的需求高。韭菜具有极强的耐寒性，生长适宜温度为 12~24℃，超过 24℃，生长缓慢，品质下降，高于 30℃ 叶片易枯黄。最适发芽温度为 15~18℃。韭菜对光照要求中等，整个生长期需要充足的光照。采收期喜弱光，但光照不能太弱，否则干物质积累少，产量低。花芽分化期需要长日照的诱导。韭菜属于半喜湿蔬菜，叶子耐旱，但根系喜湿。

盆栽韭菜栽培技术

◎**栽培盆的选择：**栽培韭菜的盆可以选择圆形或者方形的陶瓷盆、塑料盆或者泡沫箱等，应具有重量轻、透水透气性强等特点。

花盆口径和高度在 30cm 左右为宜，底部必须有排水孔。泡沫箱也是适宜的栽培工具，除了质地轻之外，它还具有栽培面积大和保温效果好等特点。一般选择规格为长 50cm 左右，宽和高大约为 25cm。

◎**基质的选择：**盆栽韭菜的栽培方式分为有土栽培和无土栽培两种方式。无土栽培具有栽培管理方便、病虫害发生轻、安全可控等特点，因而逐渐成为目前主流的栽培方式。基质应具有孔隙度适宜、容重小、保水和透气性能好，营养元素含量高，偏微酸性等特点。盆栽基质由草炭、椰糠、锯末、菇渣、稻壳等与珍珠岩或蛭石混合而成。因为草炭营养含量高且容重较小，因此草炭所占配比为 50%~80%。秸秆、菇渣含有较高的氮元素，所占比例为 10%~30%。蛭石或者珍珠岩占 10%~20%。有些病虫害是由基质引起，为了保证韭菜根有一个无菌无虫的生长环境，基质在使用之前必须要进行消毒工作。可以通过太阳消毒或者化学药剂消毒。方法是将基质在地面摊开，在烈日下暴晒二周，即可除去基质中所含的细菌、真菌和害虫。或在基质中拌入广谱性杀菌剂，如百菌清、普力克或多菌灵等。配制好营养基质之后，需要在基质中加入适量的大量元素氮、磷和钾等。可以选择尿素、磷酸二氢钾和硫酸钾等。往配制好的基质中加入一定量的水，水不能过多也不能过少。含水标准是用手将基质握成团，不会有水滴滴下，松手混合基质即散开。

盆栽韭菜育苗

（1）穴盘育苗　穴盘育苗是目前应用较多且操作方便的一种育苗方式。将韭菜种子播种在装好基质的 128 孔或 105 孔穴盘中，为保证出芽整齐，每个穴盘孔内播 2~3 粒种子。播好后，在表面附上蛭石，浇透水，保证出苗期间有充足的水分。

（2）大棚育苗　播种之前，每亩施腐熟的有机肥 5 000 kg，深翻 30cm。细耙之后做平畦，宽度为 2m 左右。播种选在每年的 4 月中旬，先向畦面土表层浇水，在畦面划一小沟，将韭菜种子均匀的洒在沟内，表层盖一层薄土，行距约为 30cm。幼苗破土之后，为了促进幼苗发根长叶，应保证土壤湿润。苗高为 15cm 时开始进行蹲苗，蹲苗期应控制水量。为了培育壮苗，苗期可以施用尿素进行追肥。移栽到花盆之前不进行采割，这样有利于茎粗叶宽，有充足的营养从叶片运输到根部。

（3）泡沫箱育苗　泡沫箱育苗流程简单，容易操作，适合小规模的韭菜栽培。在大一点的泡沫箱里装满基质，用水浇透。把韭菜籽均匀的洒在基质表面，在种子表面覆盖一层薄土。每天观察基质的含水量，如果发现缺水，就及时用喷壶洒点水。大约两周的时间种子就会发芽，幼苗长到 10cm 左右时就可以定植到花盆内。

◎**大田移栽**：大田一般选种不休眠的种子，于每年的 4 月进行播种。由于第一年的韭菜根长势较弱，最好选择两年以上的韭菜根。整丛挖起，注意不要伤根，再剔去干枯老叶，剪齐须根和韭叶，留下宿根，然后插栽到花盆中。

◎**韭菜苗移栽**：由于花盆空间有限，定植密度不可过大，每盆栽 8~10 撮，每撮 5~6 株，定植后及时浇水，促进幼苗或韭根成活。移栽后，浇透水，将花盆放入加黑色遮阳网的小拱棚。缓苗后，可正常管理。

◎**栽培管理**：韭菜苗耐寒但不耐高温，温度过高，光合作用产物会减少，导致品质变差。因此要严格控制温度。夏季温度高，可通过遮阳网或通风等措施，将温度降到 25℃ 以下。秋季温度适宜，是韭菜栽培的理想时期。冬季外界温度低，要注意保温。

韭菜植株不喜欢强光照射，夏天光照比较强时，应使用遮阳网或者将韭菜盆移到阴凉的地方。

与土壤相比较，基质保肥能力不及土壤，营养液会被浇灌水冲走，因此要根据墒情和植株长势及时浇水补肥。韭菜生长期长，根系发达。浇水时要么不浇，要么浇透，不可反复浇，容易造成烂根。定植之后一定要进行施肥，否则第一茬韭菜收割之后，第二、三茬韭菜长势会变弱，韭叶发黄。因此每收割一次就要追肥一次，施肥主要以氮肥和微量元素为主。可以通过植株长势或者叶色来判断是否缺肥。一般长势强，叶片深绿且宽厚，说明营养充足。当植株长势弱，叶片发黄，则说明营养缺乏，需要及时补充营养。

◎**病虫害防治**：盆栽韭菜容易发生的病虫害主要有灰霉病和韭蛆。

灰霉病症状为初期在叶片上产生白色或灰色斑点，后逐渐扩大为椭圆形，发病严重后病斑扩大形成大片枯死斑。湿度大时病部表面密生灰褐色霉层，在伤口处呈水浸状淡褐色腐烂，后扩展为半圆形或"V"字形病斑，严重时成片枯死。防治灰霉病发生的前提是合理调控温湿度，尤其是湿度的控制至关重要。如果已经发生，可使用农抗120进行防治。

韭蛆是韭菜上常发生的虫害之一，以为害地下根茎为主，主要咬断嫩茎并进入鳞茎内危害。解决盆栽韭菜韭蛆最彻底的方式就是选择无虫基质和种苗，如有发生，可选用50%辛硫磷乳油1 000倍液、1.1%苦参碱粉剂500倍液灌根进行防治。

◎**采割**：定植当年要根据韭菜植株的长势，长势好的可以适当采割，长势弱的不采收，以利于养根。一般韭菜长到30cm时可以进行采收，一年可以采收5~6次。收割时留茬高度决定下一茬的生长速度和产量。叶鞘部具有分生组织，能使叶片不断向上生长。如果割茬过低，就会对叶鞘基部的分生组织造成伤害，造成生长缓慢，留茬过高会降低产量。一般选在鳞茎以上3~4cm切割为宜。

应用前景

近年来盆栽蔬菜发展迅速，适宜观光园区和居民家庭。尤其是对于管理方便、能长期食用的韭菜品种来说，更是消费者首要的选择。使用花盆在阳台种植韭菜，不仅生长周期短，病害虫少，且能全年种植，点缀居室，美化环境。消费者进行自主管理，不但能体验种植的乐趣，而且能放心的品尝新鲜的劳动成果。市场前景十分诱人，是一种全新的农业发展模式。

66. 大　葱

大葱（*Allium fistulosum* L. var. *giganteum Makion*），是葱的一种，百合科二年生草本植物。鲜嫩的叶身和假茎（葱白）富含蛋白质、维生素 C 和磷等矿物质，营养丰富，辛辣芳香，具有增进食欲、开胃消食和解腥等功效，是人们日常生活中常用的重要调味品，广泛用于烹调。大葱还有较强的杀菌作用，可预防和治疗多种疾病，能通乳、利尿和舒张血管。原产自中国，分布较大，中国南北各地均有种植，国外也有栽培。

形态特征

大葱根为白色，弦线状，侧根少而短。根的数量、长度和粗度，随植株的发生总叶数的增加而不断增长。大葱发棵生长旺期，根数可达 100 多条；鳞茎极度短缩，圆柱状或扁球状，单生或簇生，粗 1~2cm，外皮白色，稀淡红褐色，膜质至薄革质，不破裂；叶由叶身和叶鞘组成，叶身长圆锥形，中空，绿色或深绿色。单个叶鞘为圆筒状。多层套生的叶鞘和其内部包裹的 4~6 个尚未出鞘的幼叶，构成棍棒状假茎。花着生于花茎顶端，开花前，正在发育的伞形花序藏于总苞内。营养器官充分生长的葱株，一个花序有花 400~500 朵，多者可达 800 以上。两性花，异花授粉；果实为蒴果，成熟时易开裂。种子盾形，黑色，具 6

棱，有不规则密皱纹。

生长习性

◎**温度**：大葱的适应性较强，对温度的适应范围较广，喜冷凉不耐炎热。在冷暖的条件下，可获得较好的产量和质量。最适宜大葱生长的温度范围是 13~25℃，最高能耐 45℃ 的高温，葱耐寒能力较强，最低可耐-20℃。春化温度 2~7℃，一般完成春化的时间为 7~10d。温度在 2~5℃ 范围种子可以始发芽，最适宜种子发芽的温度为 15~20℃，在此范围内，温度越高发芽越快。当温度高于 20℃ 时影响发芽速度；温度 15~25℃ 大葱叶片均可生长，最适宜叶片生长的温度是 10~20℃，此温度范围葱白生长迅速、生长旺盛，并利于叶鞘养分的积累，葱白实、茎叶壮、品质佳；当温度高于 25℃，葱生长缓慢，并影响葱白及叶片的品质，影响产量及收益。

◎**水分**：大葱具有耐旱不耐涝的生长特点。葱叶片为管状，叶片表面有蜡质，可以有效减少水分的蒸发，起到保水抗旱的作用。葱虽耐旱不耐涝，但因其根系较短、吸水能力较差，因此在各生长期要及时灌溉、排涝，尤其是遇到雨水较多的年份，要及时排除田间积水，避免田间积水过多、过久，造成沤根、烂根现象。因此，要注意保湿适宜的水分环境，以满足植株生长需求，避免缺水或水分过大影响良好生长，从而造成损失。

◎**光照**：大葱是不耐阴也不喜强光作物，对光照强度的要求为中度，正常春化后，光照强度、光照时间不论长短都可正常生长开花。在葱各生长期，适宜的光照条件可以促进植株长势健壮，使葱白粗壮，提高产量。

◎**土壤**：大葱对土壤的适应性较强，适宜 pH 值在 6.9~7.6 的土壤种植，但因其根系较短、根群小、不发达，故宜选择在土质肥沃、土层深厚、光照适宜、排灌良好的地块。土壤 pH 值过高过低，都会阻碍种子发芽，影响葱正常生长。

◎**肥料**：大葱喜肥，尤其是对氮元素需求量较大，充足的氮肥可以有效提高葱产量及品质。其次为钾、磷、钙、镁、硼、锰等营养元素。生长盛期所吸收的氮、钾量约为1：0.9；叶鞘期氮、钾的吸收量约为1：1.2；苗期需磷量最多，此阶段满足磷肥的供应，可确保葱苗健壮，长势旺盛，实现增长增收。反之，则会直接影响葱产量。需要注意的是，在葱各个生长期满足氮磷钾三大主肥的同时，还要满足钙、镁、硫、硼、锰等微量元素的供应，各种微肥能够促进葱白长且粗壮，味道浓厚，增加产量。

盆栽种植技术

◎**品种选择**：葱可分为普通大葱、分葱、胡葱和楼葱。

（1）普通大葱　品种多，品质佳，栽培面积大。按其葱白的长短，又有长葱白和短葱白之分。长葱白辣味浓厚，著名品种有辽宁盖平大葱、北京高脚白等；短葱白葱白短粗而肥厚，著名品种有山东章丘鸡腿葱、河北的对叶葱等，北方盆栽的多选用羊角葱。

（2）分葱　叶色浓，葱白为纯白色，辣味淡，品质佳。

（3）楼葱　洁白而味甜，分蘖力强，葱叶短小，品质欠佳。

（4）胡葱　多在南方栽培，质柔味淡，以食葱叶为主。

◎**容器选择**：葱的侧根少而短，栽培容器要求不严格，随需求而定。一般选用大小为直径30cm以上、高20cm以上的塑料盆、瓦盆、紫砂盆、木桶盆都可，盆底下要有水孔。

◎**基质准备**：盆栽大葱用的基质必须疏松肥沃、排水良好。基质可用纯蚯蚓粪或配制的营养土。配方一般为园土80%、厩肥20%，再加入少量的三元复合肥混匀。种植盆内装土时，土壤要离花盆顶部2cm方便浇水。

◎**播种育苗**：大葱为播种繁殖，可秋播也可春播。北方多选用秋播，播种时间选在白露前后。大葱是忌连作的蔬菜，育苗地也忌连作。大葱育苗期长达50d，播种前土壤墒情不足，可以先浇水。一般采用均匀撒播，撒籽后，覆细干土0.5cm厚，覆土后不能浇水，以防止土壤板结，然后覆盖地膜，并搭小拱棚，以利于增温、保湿及防止雨水造成土壤板结。大葱种子以18℃左右发芽最快，播后5~6d可出苗。60%出苗后及时揭去地膜以防止高温烧苗。由于生长期短，要加强肥水管理，生长前期进行适当间苗，中期要肥水齐攻，追肥 3~4 次，后期要控制肥水，防止徒长影响成活率。

◎盆栽定植

（1）直接用小苗盆栽　秋播大葱于翌年 3—4 月定植盆中。株行距 6cm，"品"字形栽植。开沟定植，一般采用排葱和插葱法。排葱适宜短白葱，插葱适合长白葱栽植。栽植深度要掌握上齐下不齐的原则，即葱苗心叶要距沟面以上 7~10cm 为宜。种植后给葱浇水，并把花盆放在阳光最充足的窗台上。

（2）用储存的成品葱盆栽　在北方地区，冬季储存的葱多是放在室外冷冻，但仍具有生命力。将冻葱去掉表皮，根系对齐捆成捆植入盆内，并放在室内温暖的地方，10d 左右即可生长。

◎管理

（1）施肥　育苗大葱定植后，正值温度最适宜大葱生长的时期，盆土营养有限，尤其压根肥没施足的更需及时补充肥料。一般可结合浇水施用尿素与一定量的磷、钾肥，对提高大葱的产量和改善大葱的品质有显著的作用。盆栽育苗葱大多以吃叶子为主因此不用培土，只要适当松土、浇水、除草就可以了。

（2）水分管理　储存大葱定植后一般不浇水，等冻葱缓苗后，新根系长出方可浇水，整个生长期不用施肥。

◎病虫防治

（1）霜霉病　多发生在春、秋季节，主要危害叶片和花梗。叶片发病，出现叶片扭曲、发黄、变厚，并生出黄白色或乳黄色病斑。花梗发病，会出现卵形或椭圆形病斑，湿度较大时，叶片及花梗的病斑上出现白色霉层，逐渐变成绿色或暗紫色。病害严重时，逐渐萎蔫枯死。若是整株发病，可使植株停止生长。病菌以孢子形式在病体组织内越冬，翌年条件适宜时活跃、萌发、飞散，经叶片气孔入侵，成为初侵染源。潜伏期一般在 5~10d。霜霉病要遵循农业防治与药物防治相结合的原则。首先要选择土壤条件良好的地块，适时播种，避免连茬连作。其次，及时清除田间杂草，适时追水、追肥，避免肥料偏施、漏施、少施。发病后可用 75% 百菌清可湿性粉剂 600 倍液、25% 甲霜灵可湿性粉剂 500~600 倍液等喷施防治，7~10d 喷 1 次，连喷 3~4 次。

（2）紫斑病　又称黑斑病、轮斑病。该病主要危害叶片和花梗。病斑椭圆形至纺锤形，通常较大，紫褐色，斑面出现明显同心轮纹，湿度大时，病部长出深褐色至黑灰色霉状物。当病斑相互融合绕叶或花梗扩展时，至全叶变黄枯死或倒折。病菌以菌丝体在寄主体内或随病残体遗落在土壤中越冬，种子也可带菌。分生孢子随气流传播，从伤口、气孔或表皮直接侵入致病。

防治方法：重病区实行轮作。因地制宜选用抗病品种。播前种子消毒 40~50℃ 温水浸泡 1.5h。加强肥水管理。及早喷药，预防控病，用 70% 日托 1 000 倍液或波尔多液或代森锰锌 70% 1 000 倍液交替喷施，前密后疏。

（3）葱疫病　主要危害叶和花梗。患病部位初期呈青白色不明显斑点，扩大后呈灰白色斑，致叶片从上而下枯萎，田间出现一片"干尾"，湿度大时患部长出稀疏白霉，天气干燥时则白霉消失。剖开检查长锥形叶内壁，可见白色菌丝体，这不同于葱生理性干尾。病菌以菌丝体、卵孢子和厚垣孢子在病残体内越冬。一般借助雨水溅射和灌溉水传播，从气孔侵入，在连绵阴雨的天气或地势低洼、排水不良的植地，均易发生此病。

防治方法：选择抗病性强的品种。高畦深沟栽培，开沟排水，雨后及时降湿。适当适时喷施叶面肥。根据天气变换，及时喷药控制，可用 25% 日邦克菌 1 000 倍液或 25% 甲霜灵锰锌 600 倍液喷 2~3 次，7~10d 喷 1 次。

（4）葱蓟马　葱蓟马也称为烟蓟马、棉蓟马等，是危害大葱、洋葱、蒜、韭菜等百合科蔬菜及烟草，棉花等作物的主要虫害之一，每年在各地均有发生。葱蓟马主要以成虫和若虫为害寄主的心叶、嫩芽、幼叶，成虫、若虫都可造成危害。发病初期，心叶、嫩芽表皮出现针头大小的病斑点，病害发展后形成连片的银白色条状病斑，虫害严重时，会造成叶片扭曲、发黄、萎蔫，严重影响葱产量和质量。此病害在 5 月下旬至 6 月中旬为发病高峰期。

防治方法：前茬作物收获后要及时清除残枝病叶，从源头减少致病源。加强田间管理，适时浇水追肥，促进植株长势，提高自身抗病虫害的能力。发病后可用80%敌敌畏乳油1 000倍液、蚜虱净2 000倍液、40%乐果乳油1 000倍液、50%辛硫磷乳泊1 500倍液等喷施防治，每周喷1次，连喷2~3次。

◎**采收**：盆栽育苗葱一般当叶片长到20cm时就可以陆续间拔起食用，而栽植的冻葱一般要等解冻生长后陆续采收食用。

推广应用前景

大葱盆栽可以一年四季进行，不仅可以为阳台增添一抹绿意，同时也能作为菜肴采食，并且适应性很强，可以在任何气候条件下种植。无论有大大的院子、小阳台还是仅有一个向阳的窗户，都可以种植，既经济又实用，是盆栽蔬菜品种中最受欢迎之一，盆栽前景广阔。

67. 大　蒜

蒜（*Allium sativum* L.），百合科葱属一年生或二年生草本植物。

形态特征

◎**根**：浅根性作物，无主根。发根部位为短缩茎周围，外侧最多，内侧较少。根最长可达 50cm 以上，但主要根群分布在 5~25cm 土层，横展范围 30cm。成株发根数 70 ~ 110 条。

◎**茎**：鳞茎大形，具 6 ~ 10 瓣，外包灰白色或淡紫色干膜质鳞被。叶基生，实心，扁平，线状披针形，宽约 2.5cm，基部呈鞘状。花茎直立，高约 60cm。

◎**叶**：包括叶身和叶鞘。叶鞘管状，叶片未展出前呈折叠状，展出后扁平而狭长，为平行叶脉。叶互生，为 1/2 叶序，排列对称。叶鞘相互套合形成假茎，具有支撑和营养运输的功能。

◎**花、种子**：佛焰苞有长喙，长 7 ~ 10cm，伞形花序，小而稠密，具苞片 1 ~ 3 枚，片长 8 ~ 10cm，膜质，浅绿色，花小型，花间多杂以淡红色珠芽，长 4mm，或完全无珠芽；花柄细，长于花；花被 6，粉红色，椭圆状披针形；雄蕊 6 枚、白色，花药突出；雌蕊 1 枚，花柱突出，白色，子房上位，长椭圆状卵形，先端凹入，3 室。蒴果，1 室开裂。种子黑色。花期为夏季。

品种和类型

中国生态环境多样，形成了丰富的大蒜种质资源。大蒜分布面广，品种繁多，分类方法不一，归纳起来主要有以下六种分法。

◎ **按蒜瓣的大小划分**：按鳞茎中蒜瓣的大小，可将大蒜分为大瓣种和小瓣种两种。大瓣种有蒜瓣 4~8 个，每瓣蒜大小比较均匀，蒜瓣肥大，外皮容易剥落，蒜薹粗而长，辛辣味较浓，产量高，以收蒜薹和蒜头为主。小瓣蒜又称狗牙蒜，有蒜瓣 10~20 个，蒜瓣大小不均匀，细长，外皮不易刮落，辛辣味较淡，适合用作蒜苗栽培。

◎ **按蒜薹的有无划分**：根据蒜薹的有无，可将大蒜分为无薹蒜和薹瓣兼用蒜两种。有蒜薹是指可以正常抽薹的大蒜，其适应性广，种植面积大，全国各地都有栽培。无薹蒜早熟质优，但由于不产蒜薹，产值较低。

◎ **按鳞茎外皮的颜色划分**：按大蒜鳞茎的外皮的颜色来划分是对大蒜地方品种经常采用的一种分类方法。按此法，大蒜依其鳞茎外皮的色泽划分为紫皮蒜和白皮蒜。紫皮蒜蒜头和蒜瓣的外皮为紫色或紫红色，多数品种鳞茎外层总包皮颜色较淡，有的呈紫红色条纹。其蒜瓣少而大，属大瓣种，蒜薹肥大。叶片较宽，蒜汁黏稠。辛辣味浓，品质较佳，适用于生食、熟食及腌制糖蒜。产量高。多用于蒜头和蒜薹栽培。分布在华北、西北、东北等地。耐寒力弱，生长期短，多春季播种，成熟期较晚。白皮蒜鳞茎的总包皮和鳞蒜包皮均为白色或灰白色，白皮蒜有大瓣种和小瓣种，多数品种抽薹力弱，蒜薹产量低，但有的品种花茎产量很高。叶片较窄，蒜瓣较瘦，瓣数多至 8~12 瓣。辛辣味较淡，最适于腌制糖醋蒜。多用于蒜苗栽培。多数白皮蒜冬性强，比紫皮蒜耐寒，多秋季播种。

◎ **按叶形及叶的质地划分**：可分为宽叶蒜和狭叶蒜、硬叶蒜和软叶蒜。

◎ **按生态特性划分**：可分为春性蒜和冬性蒜。春性蒜蒜瓣小而多，春播或近冬播，一般不抽薹；冬性蒜蒜瓣大而少，秋播，可抽薹。

　　◎**按成熟期早晚划分**：可分为早熟种和晚熟种。

生活习性

　　◎**温度**：喜冷凉，适宜温度在-5~26℃。蒜头休眠期对温度反应不敏感。秋播早则出苗缓慢；可耐短时-10℃和-5~-3℃长时间低温，冬季最低-6℃以上地区秋播大蒜可安全越冬。大蒜苗4~5叶期耐寒能力最强，是最适宜的越冬苗龄；蒜薹伸长和蒜头膨大适温为15~20℃，超过25℃，茎叶渐枯黄，蒜头增长减缓或停止。播种过迟必导致蒜头产量下降。

　　◎**光照**：完成春化的大蒜在13h以上的长日照及较高温度条件下开始花芽和鳞芽的分化，在短日照而冷凉的环境下，只适合茎叶生长。大蒜是要求中等强度光照作物。光照过强时，蒜头提早形成，产量下降；光照过弱时，叶肉组织不发达，叶片黄化。

　　◎**水分**：大蒜播种后的萌发期要求较高土壤湿度，促进发根发芽出苗；幼苗期降低土壤湿度，进行蹲苗；退母结束后，大蒜生长加快，水分消耗大，保持土壤湿度；花茎生长和鳞茎膨大期是大蒜生长旺盛期，要保持较高土壤湿度；鳞茎充分膨大后，保护叶失水变成膜状时，降低土壤湿度，防止蒜头外皮变黑腐烂散瓣。

　　◎**土壤**：土壤富含有机质（大于10g/kg）、土壤肥力高，疏松透气、保水保肥性能强、质地沙壤较为适宜；土壤弱酸性（pH值6~7）为好。

栽培技术

　　◎**选择器皿及配置营养土**：选一个18~24cm深、比较宽、透气性好的用泥做的花盆，选取过筛的少量壤土加入基质和少量的有机肥，搅拌均匀，酸碱度适中，一般以pH值6~7为宜，基质是传播病虫草害的场所，在使用前必须彻底消毒，是盆栽蔬菜成败的关键措施之一。将配好的基质放在混凝土铁板上，薄薄平摊，暴晒3~15d可杀死病菌孢子、菌丝、虫卵、成虫和线虫。把基质装到盆子里，达到盆栽的九分满即可，浇透水备用。

◎**选种**：人工扒皮掰瓣，去掉大蒜的托盘和茎盘，按大、中、小和蒜心进行分级，小蒜瓣根据具体情况处理。选种要求是纯白无红筋、无伤痕、无糖化、无光皮。原则要求每瓣粒重量 5g 左右。蒜瓣大小是获得高产的关键。

◎**适时播种**：一般在 3 月中旬以前播种，"惊蛰节"及时播种。在盆里挖坑（坑深 2~3cm），把蒜瓣比较尖的部分朝上摆放，用 2cm 的土壤掩盖即可，浇透水，10~15d 花芽开始分化，鳞茎也开始分化，叶片不断长出和叶面积增加，这一阶段的适温是 12~20℃。抽薹阶段适温是 15~20℃。而鳞茎发育期的适温是 20~26℃。如果温度过高，植株会被迫休眠。此时播种大蒜是获得蒜薹、蒜头双丰收的关键措施之一。

◎**田间管理**

（1）苗期　及时中耕施肥，培育壮苗，为花芽和磷芽分化积累营养物质。

（2）蒜薹伸长期　勤浇水，抽薹期是大蒜需水临界期，需水量占其一生总水量的 40%左右。一般 1 周浇 1 次水，保持土壤湿润。采薹前 5d 停水，以免蒜薹太脆，采收时易折断。重施催薹肥。当蒜薹露尾时，结合浇水亩施大蒜专用肥 15 kg。及时拔除田间杂草，叶面喷施 2%磷酸二氢钾水溶液 2 次，间隔 7d 喷 1 次，采薹时尽量少伤叶片和叶鞘。采薹后及时拔萃，以利于田间通风透光。

（3）蒜头膨大期　巧施催头肥，亩追施大蒜专用肥 20 kg，防止大蒜早衰，延长后期功能叶和根系的寿命，促进蒜头膨大。采薹后立即浇水保持土壤湿润，以后每 7d 浇 1 次水，直到收获前 5d 左右停止浇水，保持土壤水分，减轻蒜头膨大时所承受的土壤压力。

◎**病虫害防治**

（1）大蒜锈病　遇有降雨多的年份，早春及时检查发病中心，及时预防。一般选用 15%粉锈宁可湿性粉剂 1 000 倍液，或 15%粉锈宁可湿性粉剂 1 500 倍液加 70%代森锰锌可湿性粉剂 1 000 倍液于 4 月上旬防治第 1 次，10~15d 后再防治 1 次，一般视病情防治

2~3 次。

（2）大蒜叶枯、叶斑类、灰霉病等　选用 75%百菌清可湿性粉剂 800 倍液，或 64%杀毒矾可湿性粉剂 500 倍液，视田间病情于春季防治 2~3 次。

（3）病毒病　以使用脱毒蒜防治效果为最好，田间植株壮，叶色深，一般不用打药。其次，发病初期喷洒 1.5%植病灵 1 000 倍液，或 20%病毒 A500 倍液，5%菌毒清 300 倍液。

（4）细菌性软腐病　于发病初期喷洒 72%农用链霉素可溶性粉剂 4 000 倍液，77%可杀得可湿性微粒剂 500~800 倍液，7d 左右 1 次，视病情连防 2~3 次。

◎ **适时采收**

（1）蒜苔的采收　在蒜苔花序的苞叶伸出叶鞘 13~16cm 时可采收蒜苔，采收时选晴天下午或阴天露水干后进行。

（2）收蒜头　大蒜一般要求"九黄十收"，过于早收，蒜头嫩，水分重，晾晒后蒜皮起皱，过于迟收，蒜皮变色容易开裂，商品性差，产品质量降低。独蒜与分蒜应分批采收。掌握在蒜苔采收后 20~30d，叶片发黄时即可采收，采收时去其泥、削根须、剪把，避免机械损伤。

大蒜的营养价值

大蒜集 100 多种药用和保健成分于一身，其中含硫挥发物 43 种，硫化亚磺酸（如大蒜素）酯类 13 种、氨基酸 9 种、肽类 8 种、甙类 12 种、酶类 11 种。另外，蒜氨酸是大蒜独具的成分，当它进入血液时便成为大蒜素，这种大蒜素即使稀释 10 万倍仍能在瞬间杀死伤寒杆菌、痢疾杆菌、流感病毒等。蒜素与维生素 B_1 结合可产生蒜硫胺素，具有消除疲劳、增强体力的奇效。大蒜还能促进新陈代谢，降低胆固醇和甘油三酯的含量，并有降血压、降血糖的作用，故对高血压、高血脂、动脉硬化、糖尿病等有一定疗效。大蒜外用可促进皮肤血液循环，去除皮肤的老化角质层，软化皮肤并增强其弹性，还可防日晒、防黑色素沉积，去色斑增白。

推广应用前景

大蒜具有独特的药用和保健功能,大蒜制品前景广阔。大蒜提取大蒜油后不仅可以用于医药,化妆品,食品添加剂等,还可以加工成调味品,保健食品,药品和化妆品等,也可制成天然植物农药用于无公害农产品生产。中国市场对大蒜深加工技术可以促进大蒜产业可持续发展,延长大蒜产业链条,既增加了经济效益又提高了资源的利用率,进而从根本上解决了大蒜增产与农民增收的问题,对保证大蒜种植业的健康发展,提高农民的收入水平,具有重大的经济效益。

68. 黄花菜

黄花菜（学名：*Hemerocallis citrine* Baroni；英文名：Daylily），又名金针菜、柠檬萱草，忘忧草，属百合目，百合科多年生草本植物。

形态特征

黄花菜为多年生草本，高30~65cm。根簇生，肉质，根端膨大呈纺锤形。叶基生，狭长带状，下端重叠，向上渐平展，长40~60cm，宽2~4cm，全缘，中脉于叶下面凸出。花茎自叶腋抽出，茎顶分枝开花，有花数朵，橙黄色，漏斗形，花被6裂。蒴果，革质，椭圆形。种子黑色光亮。

黄花菜植株一般较高大，根近肉质，中下部常有纺锤状膨大。叶7~20枚，长50~130cm，宽6~25mm。花葶长短不一，一般稍长于叶，基部三棱形，上部多少圆柱形，有分枝；苞片披针形，下面的长可达3~10cm，自下向上渐短，宽3~6mm；花梗较短，通常长不到1cm；花多朵，最多可达100朵以上；花被淡黄色，有时在花蕾时顶端带黑紫色；花被管长3~5cm，花被裂片长7~12cm，内三片宽2~3cm。蒴果钝三棱状椭圆形，长3~5cm。种子20多个，黑色，有棱，从开花到种子成熟需40~60d。花果期5—9月。

　　黄花菜耐瘠、耐旱，对土壤要求不严，地缘或山坡均可栽培。对光照适应范围广，可与较为高大的作物间作。黄花菜地上部不耐寒，地下部耐-10℃低温。忌土壤过湿或积水。旬均温5℃以上时幼苗开始出土，叶片生长适温为15~20℃；开花期要求较高温度，20~25℃较为适宜。

品种分类

　　（1）早熟型　四月花、五月花、清早花、早茶山条子花共4种。

　　（2）中熟型　矮箭中期花、高箭中期花、猛子花、白花、茄子花、杈子花、长把花、黑嘴花、茶~花、炮竹花、才朝花、红筋花、冲里花、棒槌花、金钱花、青叶子花、粗箭花、高垄花、长嘴子花共20种。

　　（3）迟熟型　倒箭花、细叶子花、中秋花、大叶子花4种。

栽培技术

　　◎栽培盆的选择：由于黄花菜根系比较发达，属于丛生类植物，不定根从短缩根状的茎节处发生，主要分布在距离地表20~50cm土层内。不定根首先形成块状和长条状的肉质根，在每年的秋季又会从肉质根生出纤细根，所以栽培器皿的选择用具有取材容易、质地轻、保温、栽培面积大的优点。长宽为50~25cm，高25~30cm。可按需要在底边打出渗水孔，平时可用木塞塞住，需排水时拔出木塞。也可以选择各种材质的花盆，盆下放1个底碟，以接纳渗水。

　　配置营养土：盆土的要求。盆土要肥沃、排水良好的微酸性到中性的沙质壤土，可用腐叶土、沙土、园土的混合介质，比例为1：1：1，掺入腐熟的有机肥和少量的骨粉，配置好的营养土可用高锰酸钾消毒。

　　◎繁殖方式

　　（1）分株繁殖　分株繁殖是最常用的繁殖方法。一种是将母株丛全部挖出，重新分栽；另一种是由母株丛一侧挖出一部分植株做种苗，留下的让其继续生长。挖苗和分苗时要尽量少伤根，随着挖苗和分苗随即栽苗。种苗挖出后应抖去泥土，一株一株地分开或每 2~3 个芽片为一丛，由母株上掰下。将根茎下部生长的老根、朽根和病根剪除，只保留 1~2 层新根，并把过长的根剪去，约留 10cm 长即可。

（2）切片育苗繁殖　黄花菜采收完毕后，将根株挖出，再按芽片一株一株分开，除去短缩茎周围的毛叶，已枯死的叶，然后留叶长 3~5cm，剪去上端；再用刀把根茎从上向下先纵切成两片，再依根茎的粗度决定每片是否需要再分。如果根茎粗壮，可再继续纵切成若干条。这样每株一般可分切成 2~6 株，多者可达 10 株。须注意，在分切时每个苗片都需上带"苗茎"，下带须根。分切后用 50% 多菌灵 1 200 倍液浸种消毒 1~2h，捞出摊晒后用细土或草木灰混合黄土拌种育苗。

（3）扦插繁殖　黄花菜采收完毕后，从花葶中、上部选苞片鲜绿，且苞片下生长点明显的，在生长点的上下各留 15cm 左右剪下，将其略呈弧形平插到土中，使上、下两端埋入土中，使苞片处有生长点的部分露出地面，稍覆细土保护；或将其按 30°的倾角斜插，深度以土能盖严芽处为宜。当天剪的插条最好当天插完，以防插条失水，影响成活。插后当天及次日必须浇透水，使插条与土壤密接。以后土壤水分应保持在 40% 左右。约经 1 周后即可长根生芽。入冬注意防寒。经 1 年培育，每株分蘖数多者有 12 个，最少 5 个，翌年即可开花。

（4）种子繁殖　在花开后 10~60min 进行人工授粉。黄花菜受精的适宜温度为 28~32℃，相对湿度为 53%~82%。为防止天然杂交"串花"，可用线扎住花蕾。但不宜套袋，以免袋内温度过高。为了提高坐果率，还可从开花前 2d 起，每隔 7~10d 用 0.1% 的硼砂，或 1:300 倍液的磷酸二氢钾，或 2% 过磷酸钙，或 1% 尿素和氯化钾等水溶液做叶面喷施，直至最后一批蒴果坐果后 20d 为止。黄花菜以主花序顶端分枝及第二分枝的结果率最高。从节位看，第一和第二果节的结果率最高。为此，对于第一至第四个分枝，可以保留 1~4 果节上的花蕾，主花序顶端分枝可保留第一和第二果节上的花蕾，其余的花蕾应疏掉，使养分集中于果实和籽粒。

◎**种苗处理**：栽植前先将种苗短宿茎下面的黑蒂、腐烂根和肉质根上的纺锤根除去，并剪断苗叶，清除残叶。将修剪好的种苗用 50%多菌灵可湿性粉剂或 50%甲基托布津可湿性粉剂 1 000 倍液浸泡 10min，然后晾至种苗表面无水湿状再进行栽植。适当深栽。黄花菜的根群从短缩茎周围生出，具有 1 年 1 层，自下而上发根部位逐年上移的特点，因此适当深栽利于植株成活发旺，适栽深度为 10~15cm。植后应浇定根水，苗长出前应经常保持土壤湿润，以利于新苗的生长。

◎**施肥管理**

（1）**少施催苗肥** 黄花菜从出苗到花薹抽出前，是分蘖长叶花薹积累养分，花芽开始分化的时期，此时养分足增加分蘖数，促进叶片生长，有利于花薹生长和花芽分化。一般壮苗少施，弱苗多施，每亩施尿素 10~15 kg。

（2）**重施催薹肥** 植株叶片出齐，花薹抽出 15~20cm，需要大量的营养，结合中耕，浇水重施 1 次催薹肥，占追肥总用量的 50%以上，一般每亩追尿素 25 kg 以上，促进花薹、花蕾发充，为早结蕾、多结蕾创造条件。

（3）**施催蕾肥** 花薹抽齐并长够高度时，结合浇水，每亩追尿素 10 kg，补充抽薹、结蕾过程中消耗的养分，促进壮蕾，不断萌发新蕾，延长采摘期，提高单产。

（4）**施保蕾肥** 为保证黄花菜采摘中后期蕾大花多，小蕾不落，采摘后每隔 1 周喷 1 次 500 倍液的磷酸二氢钾，连喷 2~3 次。

◎**合理浇水**：黄花菜是喜水作物，又较耐旱，避免积水，防止烂根。抽薹前需水不多，5 月中旬开始抽薹，抽薹前第 1 水必须浇足，促使花薹抽齐、抽薹后到采摘前，每 4~7d 浇 1 次，需水渐增，这时缺水，甚至不抽薹，采摘期是需水最多时期，必须勤浇，终花期，必须保持土壤湿润。黄花菜采摘结束后浇 1 水，有利于养分积累，为来年高产奠定基础，入冬前应冬汇蓄墒。

◎**中耕培土**：黄花菜以肉质根为主，需要疏松肥沃的土壤环境。中耕有增温保墒、破除板结、清除杂草、减轻病虫为害等作用。一般进行 3 次中耕。第 1 次在萌芽期，宜浅锄；第 2 次在春展叶期，要锄深、锄匀、锄细，要掌握菜墩旁浅、行间深的原则；第 3 次在抽薹期，宜浅锄，以不伤根为宜。由于黄花菜有新根逐年上移的特性，所以中耕时要进行壅根培土，以利于新根的生长。

◎**割老叶**：在寒露时，黄花菜叶子全部枯黄，要齐地割掉，并烧掉草、烂叶，减少来年病虫为害。

◎**病虫害防治**：黄花菜的病虫害主要有叶斑病、锈病、叶枯病、蚜虫、红蜘蛛、金龟子等。坚持"预防为主、综合防治"原则，禁止在黄花菜成熟采摘期喷洒农药现象，尽量选择农业、物理和生物防治等方法来防控黄花菜病虫害，减少农药残留，生产健康、无公害的黄花菜产品。防治黄花菜叶斑病、叶枯病可选用 20%噻森铜、75%百菌清可湿性粉剂、58%甲霜灵可湿性粉剂等药剂交替使用。防治黄花菜锈病可选用 25%粉锈宁可湿性粉剂、50%代森锌可湿性粉剂等药剂交替使用。防治红蜘蛛、蚜虫可选用 1.8%阿维菌素乳油、25%噻嗪酮可湿性粉剂、50%噻虫胺水分散粒剂、10%吡虫啉可湿性粉剂、50%辟蚜雾等药剂进行叶面喷雾，每 7d 1 次连喷 2~3 次。防治金龟子等地下害虫，可用 3%辛硫磷颗粒剂等农药拌毒土撒施在黄花苗根系旁边。

◎**适期采摘**

（1）采摘标准　花蕾充实饱满，欲开未开，菜条中段色泽黄亮，两端呈微黄绿色。

（2）采摘时间　在 5—10 时。

（3）采摘方法　一是要掌握花蕾与花柄脱离的部位，从离层的凹陷沟处摘掉花蕾。采摘时用大拇指、食指与中指捏紧花柄基部，适当向上用力，切忌"大把抓"。二是采摘时做到胸挎布兜装菜尽量不用提篮，做到轻、巧、细、快，不撞坏幼蕾、不损坏花茎、不踏毁叶片。三是采摘后要及时蒸制，以免开花。

种植前景

黄花菜的栽培历史已有 2 000 年之久，初为宫廷观赏植物，以后逐渐为人食用，但广泛的食用黄花菜栽培仅 400 多年。

黄花菜春季萌发早，具有很高的观赏价值，是布置庭院、树丛中的草地或花境等地的好材料，也可作切花。黄花菜是花卉园艺方面的珍品，因其品种繁多，四季有花，家庭庭院仍将其作为点缀花草观赏。夏季，不仅可以观赏其花朵，而且它的叶丛，自春至深秋始终保持鲜绿，均具有绿色观赏的效果。

　　黄花菜在环境绿化美化中极具优势，而在食品方面也深受喜爱，因此，种植黄花菜有着深远意义和较好前景。

69. 芦 笋

芦笋（学名：*Asparagus officinalis* var. *altilis* L.）又名石刁柏，为百合科科天门冬属（芦笋属）多年生草本植物。

形态特征

◎**根**：芦笋为须根系，由肉质贮藏根和须状吸收根组成。肉质贮藏根由地下根状茎节发生，多数分布在距地表30cm的土层内，寿命长，只要不损伤生长点，每年可以不断向前延伸，一般可达2m左右，起固定植株和贮藏茎叶同化养分的作用。肉质贮藏根上发生须状吸收根。

须状吸收根寿命短，在高温、干旱、土壤返盐或酸碱不适及水分过多、空气不足等不良条件下，随时都会发生萎缩。芦笋根群发达，在土壤中横向伸展可达3m左右，纵深2m左右。但大部分根群分布在30cm以内的耕作层里。

◎**茎**：笋的茎分为地下根状茎、鳞芽和地上茎三部分。地下根状茎是短缩的变态茎，多水平生长。当分枝密集后，新生分枝向上生长，使根盘上升。肉质贮藏根着生在根状茎上。根状茎有许多节，节上的芽被鳞片包着，故称鳞芽。根状茎的先端鳞芽多聚生，形成鳞芽群，鳞芽萌发形成鳞茎产品器官或地上植株。地上茎是肉质茎，其嫩茎就是产品。芦笋的粗细，因植株的年龄、品

种、性别、气候、土壤和栽培管理条件等而异。一般幼龄或老龄株的茎较成年的细，雄株较雌株细。高温、肥水不足、植株衰弱。不培土抽生的茎较细。地上茎的高度一般在1.5~2m之间，高的可达2m以上。雌株多比雄株高大，但发生茎数少，产量低。雄株矮些，但发生茎数多，产量高。

◎**叶**：芦笋的叶分真叶和拟叶两种。真叶是一种退化了的叶片，着生在地上茎的节上，呈三角形薄膜状的鳞片。拟叶是一种变态枝，簇生，针状。

◎**花、果实、种子**：芦笋雌雄异株，虫媒花，花小，钟形，萼片及花瓣各6枚。雄花淡黄色，花药黄色，有6个雄蕊，并有柱头退化的子房。雌花绿白色，花内有绿色蜜球状腺。果实为浆果，球形，幼果绿色，成熟果赤色，果内有3个心室，每室内1~2个种子。种子黑色，千粒重20g左右。

生长习性

◎**温度**：芦笋对温度的适应性很强，既耐寒，又耐热，从亚寒带至亚热带均能栽培。但最适于四季分明、气候宜人的温带栽培。在高寒地带，气温-33℃，冻土层厚度达1m时，仍可安全越冬，产量虽低，但质量较好。芦笋种子的发芽始温为5℃，适温为25~30℃，高于30℃，发芽率、发芽势明显下降。用种子繁殖可连续生长10年以上。冬季寒冷地区地上部枯萎，根状茎和肉质根进入休眠期越冬；冬季温暖地区，休眠期不明显。

休眠期极耐低温。春季地温回升到5℃以上时，鳞芽开始萌动，10℃以上嫩茎开始伸长，15~17℃最适于嫩芽形成；25℃以上嫩芽细弱，鳞片开散，组织老化，30℃嫩芽伸长最快，35~37℃植株生长受抑制，甚至枯萎进入夏眠。芦笋光合作用的适宜温度是15~20℃。温度过高，光合强度大大减弱，呼吸作用加强，光合生产率降低。

芦笋每年萌生新茎2~3次或更多。一般以春季萌生的嫩茎供食用，其生长依靠根中前一年贮藏的养分供应。嫩茎的生长与产量的形成，与前一年成茎数和枝叶的繁茂程度呈正相关。随植株年龄增长，发生的嫩茎数和产量逐年增多。随着根状茎不断发枝，株丛发育趋向衰败，地上茎日益细小，嫩茎产量和质量也逐渐下降。一般定植后的 4～10 年为盛产期。

◎**土壤**：芦笋适于富含有机质的沙壤土，在土壤疏松、土层深厚、保肥保水、透气性良好的肥沃土壤上，生长良好。芦笋能耐轻度盐碱，但土壤含盐量超过 0.2% 时，植株发育受到明显影响，吸收根萎缩，茎叶细弱，逐渐枯死。芦笋对土壤酸碱度的适应性较强，在 pH 值为 5.5～7.8 的土壤均可栽培；而以 pH 值 6～6.7 最为适宜。

◎**水分**：芦笋蒸腾量小，根系发达，比较耐旱。但在采笋期过于干旱，必然导致嫩茎细弱，生长芽回缩，严重减产。芦笋极不耐涝，积水会导致根腐而死亡。故栽植地块应高燥，雨季应注意排水。

栽培技术

◎**种子处理**：播前用 25～30℃ 的温水浸泡 3～5d，每天换水 1～2 次，待种子吸足水分捞出，拌细沙或者蛭石，装于容器内，盖湿毛巾，置于 25～30℃ 条件下催芽，每天翻动 2 次，经 5～8d 露白后即可播种。播种可以用泥炭土或者育苗土加育苗盘，育苗块加育苗箱的方法育苗，覆土厚度是 2～3cm，在温度 25～30℃ 育苗最佳。

◎**定植**：在苗高 15cm 以上时，可移入花盆，盆深宜 25cm 以上，把 pH 值 5.8～7 的富含有机质的沙质壤土或晒干打碎的塘泥、冲沙（3：1），暴晒 1 周并消毒后作盆土，再施入腐熟的厩肥、复合肥作基肥。

◎**浇水**：芦笋定植后注意通气保湿，土壤水分保持 60%～70%，应连浇 2 次水，提高成活率，表土见干及时中耕，土壤保持湿润。茎高 10～15cm，结合追肥浇第 3 次水。在采收期间，土壤有充足的水分，可使嫩茎抽生快而粗壮，组织柔嫩，品质好。雨季一般不浇水，并注意排涝。秋发前可结合施肥浇水，秋发后气温下降，可根据天气情况，15d 左右浇 1 次水。

◎**中耕除草**：在芦笋定植初年，只管理不采收，第 2 年有的开始初采，第3年起进入成年期。在定植当年或每年春季嫩茎生长初期，因植株矮小，盆内容易滋生杂草，一般15~20d应中耕1次，及时消灭杂草，并可松土、保墒，促进根系、地下茎和嫩茎生长。但中耕深度宜浅，避免伤害地下茎、鳞芽和嫩茎。

◎施肥：芦笋一生的各生长时期，吸肥量有很大差异，施肥应以地上茎大量形成时为重点。春季定植后，当植株长到10~13cm时，结合浇水施复合肥或腐熟厩肥，20d后视苗情追第2次肥，入秋气温下降，追第3次肥。第3~4年开始进入盛产期，一般在春季培土或幼芽萌发前施速效催芽肥，可促进植株恢复生长，积累营养，为采收奠定基础。

◎采收：芦笋盆栽种植定植后第一年内不采摘芦笋，北方立冬植株停止生长之后，把植株距离根部10cm以上的部分剪掉然后芦笋冬眠。第二年春天，芦笋会开始萌芽，但先不要采收芦笋，要等5个枝长出来以后（促进光合作用，促使根系生长），再采摘芦笋，这样为之后高产打下基础。第三年的时候，芦笋盆栽种植进入丰产期，这时可只留三枝就采笋，丰产期可达8~12年。

◎**病虫害防治**

（1）芦笋茎枯病　发病部位主要是茎和枝条，而不侵害叶。发病初期，主茎在距地面30cm处出现浸润性褪色小斑，而后变成淡青至灰褐色，同时扩大梭形。病斑边缘为红褐色。

防治方法：防治茎枯病必须采取综合措施。在春季清理时必须做到清除干净上年的枯枝杂草。在夏季也就是病发高峰期，一定要采取留母茎采笋，留茎要合理，要通风透光。在春笋采收后，施用腐植酸有机肥能整体提升植株的免疫能力，提高抗病性。同时，每10d喷1次杀菌剂，连续喷3次，有很好的防治效果，药剂可选用甲基托布津800~1 000倍液、50%多菌灵500~600倍液、75%的百菌清600倍液。

（2）芦笋褐斑病　病菌以菌丝体和分生孢子在病残体上越冬，翌年病残体上病菌引起初次侵染。

褐斑病也是芦笋的主要病害，严重时可造成植株生长不良，降低产量。初发病时母茎上呈现多数紫褐色小斑点，病斑逐步扩大，病斑中央变为灰色，边缘有紫褐色轮纹，茎上多数病斑扩大相连变为卵圆形大斑块。

防治方法：收获后及时清除枯枝落叶及残体，减少菌源。发病初期，交替使用50%敌菌灵可湿性粉剂500倍液、70%甲基托布津可湿性粉剂600倍液、50%多菌灵可湿性粉剂600倍液、根据病情7d防治1次，共防治2~3次。

（3）根腐病　根腐病是由多种病原菌引起的病害，由菌丝侵入肉质根内造成根腐烂。发病后植株生长矮小，茎、叶变黄，以致全株枯死。

防治方法：可用72%克抗灵可湿性粉剂800倍液或72%杜邦克露可湿性粉剂800~1 000倍液喷雾。多施黄腐酸有机肥对芦笋根腐病有很好的防治效果。

芦笋的营养价值和功效

◎**抗癌之王**：芦笋中含有丰富的抗癌元素之王——硒，可阻止癌细胞分裂与生长，抑制致癌物的活力并加速解毒，甚至使癌细胞发生逆转，刺激机体免疫功能，促进抗体的形成，提高对癌的抵抗力；加之所含叶酸、核酸的强化作用，能有效地控制癌细胞的生长。

◎**清热利尿**：对于易上火、患有高血压的人群来说，能清热利尿，多食好处极多。

◎**促进胎儿大脑发育**：芦笋叶酸含量较多，孕妇经常食用芦笋有助于增进胎儿大脑发育。

◎**食材良药**：经常食用芦笋可消除疲劳，降低血压，改善心血管功能，增进食欲，提高机体代谢能力，提高免疫力。芦笋是一种高营养保健蔬菜。

盆栽芦笋推广应用前景

根据芦笋的营养价值和保健功能，现已研制出芦笋SOD口服液，研究表明，芦笋口服液和芦笋饮料对食道癌ECA109细胞具有抑制作用，抑制率分别为69.4%、60.9%。利用芦笋茎皮制作具有抗癌活性的浸膏，其中硒含量高达 2 900mg/kg，效果较好。将新鲜芦笋经低温烘干研磨制成芦笋粉，是制造芦笋医药的主要原料，目前国内市场使用较广泛的是"乳安片""艾康宝"等系列医药产品，疗效显著。芦笋与灵芝配伍制成的保健品，整体疗效比单一的芦笋或灵芝产品提高 2.8~3.6 倍，被医学界誉为"抗肿瘤黄金配方"。

70. 洋　葱

洋葱（*Allium cepa* L.）俗称圆葱，又名元葱、球葱、葱头、洋葱头，是百合科葱属二年生草本植物。性温，味辛甘，有祛痰、利尿、健胃润肠、解毒杀虫等功能。洋葱所含前列腺素 A，具有明显降压作用，所含甲磺丁脲类似物质有一定降血糖功效。能抑制高脂肪饮食引起的血脂升高，可防止和治疗动脉硬化症。洋葱栽培技术较简单、省工、成本低、病虫害较少，对气候和土壤适应性强，耐运输和贮藏，是国内主栽蔬菜之一。

形态特征

洋葱为二年生或多年生草本，鳞茎粗大，球形或扁球形，外皮黄色、红色、白色纸质至薄革质，内皮肥厚，肉质。根系较弱，没有主根，其根为弦状须根，叶片浓绿圆筒状，中空，中部以下最粗，表面有蜡质。伞状花序，白色，花期6—7月。

生活习性

◎**温度**：洋葱对温度的适应性较强。生长适温幼苗为 12～20℃，鳞茎膨大需较高的温度，鳞茎在 15℃ 以下不能膨大，21～27℃生长最好。温度过高就会生长衰退，进入休眠。

◎**光照**：生长过程中适宜中等光照条件，才能满足花芽分化、营养生长、鳞茎形成的需要。若日照不足，则会严重影响洋葱的产量和质量。在高温短日照条件下只长叶，不能形成葱头；高温长日照时进入休眠期。

◎**水分**：洋葱根系浅，喜湿不耐旱，吸水能力弱，喜较高的土壤湿度，因此在发芽期、幼苗生长盛期和鳞茎膨大期应供给充足的水分，但在幼苗期要控制水分，防止幼苗徒长。收获前要控制灌水，使鳞茎组织充实，加速成熟，防止鳞茎开裂。

◎**土壤和营养**：洋葱喜肥不耐贫瘠，对土壤的适应性较强。以疏松肥沃、通气性好的中性壤土为宜，沙质壤土易获高产，但粘壤土鳞茎充实，色泽好，耐贮藏。较低的空气湿度，较高的土壤湿度，收益更理想。

栽培技术

◎**容器选择**：洋葱根系浅因此普通容器就可以，通常塑料盆、营养钵、泡沫箱子、种植槽均可，种植株数根据容器大小来定。一般批量生产用塑料盆、营养钵比较实惠；家庭种植选用漂亮的树脂盆比较美观；露台种植选择种植槽比较适宜。无论选择哪种容器种植，只要土层深度够20cm即可，并保持土壤湿润。盆底要有排水孔排出多余水。

◎**基质准备**：洋葱喜肥，应配制肥沃、灌排水良好基质。家庭常用园土：草炭：有机肥：细沙＝6：3：2：1，把配置好的基质放入准备好的容器中备用。

◎**品种选择**：洋葱按颜色分红皮、黄皮、白皮。根据北京地区生态条件与气候特点，因地制宜选择外形美观、生长势壮、肉质结实、甜味辛辣、商品性好且抗病抗寒的中晚熟品种进行盆栽。

（1）红皮　葱头外表紫红色，鳞片肉质稍带红色，扁球形或圆球形，直径8~10cm。耐贮藏、运输，休眠期较短，萌芽较早，表现为早熟至中熟，5月下旬至6月上旬收获。代表品种有上海红皮等。

（2）黄皮　葱头黄铜色至淡黄色，鳞片肉质，微黄而柔软，组织细密，辣味较浓。扁圆形，直径6~8cm。较耐贮存、运输，早熟至中熟。产量比红皮种低，但品质较好，圆形或高圆形。代表品种有 DK 黄、OP 黄、大宝、莱选 13 等。

（3）白皮　葱头外表白色，鳞片肉质，白色，扁圆球形，有的则为高圆形和纺锤形，直径 5~6cm。品质优良，但产量较低，抗病较弱。代表品种有哈密白皮等。

◎播种育苗

（1）适时播种　适宜的播种期是培育壮苗的关键，播种过早，苗大，越冬后容易抽薹，晚播苗弱小，抗寒能力差，且磷茎小，产量低。北京地区 3 月上旬，在温室内播于 105 穴的育苗盘中，喷透水后覆土、镇压、覆膜、保湿、保温，同时压好膜边。

（2）育苗期温湿度控制播种后，温室白天控制在 23~29℃，夜间控制在 17~20℃。若夜间气温低于 12℃ 时，可在温室南侧挂"围裙"保温。播种后 10~12d，出苗 50%~60% 时揭去地膜降温，防止幼苗徒长。白天控制在 20~25℃，夜间控制在 13~16℃；当秧苗 2~3 片真叶时，温室白天控制在 15~20℃，夜间控制在 10~12℃；定植前 10d 左右，温室温度白天控制在 10~15℃，夜间控制在 6~9℃。育苗期，棚外气温低，棚内空气相对湿度保持在 60%~70%。出苗后，在保持棚内适温的前提下，应尽量早揭、晚盖保温材料，延长棚内的光照时间，使秧苗吸纳充足的光照，增强幼苗的素质，避免幼苗遭受冻害。

（3）苗期水分控制　苗床浇水应根据土壤墒情、秧苗大小来确定。揭去地膜后用细眼喷壶轻浇 1~2 次水，保持土壤湿润；幼苗 1~2 叶期后，苗床要小水勤灌，土壤水分按见干见湿的状态管理；定植前 10~15d，在不使秧苗萎蔫的前提下，停止灌水，进行低温炼苗，促根壮苗。

◎种植管理

（1）定植　定植密度应根据土壤肥力、施肥水平、管理水平的高低、容器大小，密度相应增减，一般定植行距 20cm，株距 16~17cm。为防止抽薹，选用叶鞘直径 6~7mm，单株鲜重 4~6g 的幼苗为宜。淘汰大苗、弱苗、劣苗。定植时深度要合适，栽植深度一般为 3~4cm。栽植过深影响鳞茎膨大，栽植过浅影响洋葱产品质量。栽植同时要尽量保护叶片不受伤（人为折断）。定植完及时浇足水并扶正苗，再用细土封好苗眼。

（2）浇水　洋葱定植以后约 20d 后进入缓苗期，由于定植时气温较低，因此不能大量浇水，浇水过多会降低地温，使幼棵缓苗慢。同时刚定植幼苗新根尚未萌发，又不能缺水。所以，这个阶段对洋葱的浇水次数要多。每次浇水的数量要少，一般掌握的原则是不使秧苗萎蔫，不使地面干燥，以促进幼苗迅速发根成活。采收前 7~8d 要停止浇水。

（3）松土除草　盆内土壤疏松、无草对洋葱根系的发育和鳞茎的膨大都有利，一般苗期结合浇水进行 3~4 次松土除草；茎叶生长期进行 2~3 次松土除草，到植株封垄后要停止中耕。中耕深度以 3cm 左右为宜，定植株处要浅，远离植株的地方要深。每次松土时注意不要把过多土埋到根茎，以免影响鳞茎生长。

（4）追肥　洋葱对肥料的要求较高，定植后至缓苗前一般不追肥，在叶生长盛期及鳞茎膨大期是洋葱需肥、需水最大时期，应适时施肥、浇水。追肥时注意磷钾肥的施用，切忌氮肥过重，以免造成地上部生长过旺而出现抽薹或使鳞茎膨大延长。盆栽施肥不好掌控量可以在鳞茎膨大期用 0.5% 的磷酸二氢钾每周喷施。

◎ **病虫害防治**

（1）洋葱锈病　用 20% 粉锈宁乳油 1 000 倍液喷雾，7~10d 防治 1 次，连续防 2~3 次。

（2）洋葱霜霉病　用 75% 百菌清可湿性粉剂 600 倍液；64% 杀毒矾可湿性粉剂 500 倍液喷雾，7~10d 防治 1 次，连续防 2~3 次。

（3）洋葱白腐病　用 50% 多菌灵可湿性粉剂 500 倍液喷雾，7d 防治 1 次，连续防 2~3 次。

（4）洋葱疫病　用 68% 金雷多米尔 1 000 倍液喷雾，7~10d 防治 1 次，连续防 2~3 次。

（5）洋葱灰霉病　用 50% 扑海因可湿性粉剂 1 500 倍液喷雾，10d 防治 1 次，连续防 2~3 次。

（6）洋葱黑斑病　用 75% 百菌清可湿性粉剂 600 倍液喷雾，

10d 防治 1 次，连续防 2~3 次。

（7）洋葱软腐病　用新植霉素 4 000~5 000 倍液防治，7d 防治 1 次，连续防 1~2 次。

（8）根蛆　可在发病初期每 7~10d 喷 1 次 48%乐斯本乳油 1 000~1 500 倍液，连喷 2~3 次。

（9）斑潜蝇　要在其产卵盛期至幼虫孵化初期，连喷 2~3 次 2.5%溴氰菊酯或 20%氰戊菊酯或其他菊酯类农药 1 500~2 000 倍液。

（10）葱蓟马　要在其若虫发生高峰期喷洒 5%锐劲特悬浮剂 3 000 倍液或 10%的吡虫啉可湿性粉剂 2 500 倍液，每 7~10d 喷 1 次，连喷 2~3 次即可。

◎**采收**：当洋葱叶片由下而上逐渐开始变黄，假茎变软并开始倒伏；鳞茎停止膨大，外皮革质，进入休眠阶段，标志着鳞茎已经成熟，就应及时收获。洋葱采收后要在田间晾晒 2~3d 再存放，否则会腐烂。

推广应用前景

洋葱是人们常用食材，不仅生、熟可食，还有杀菌、抗感冒、预防癌症、降血压、降血糖的保健作用。而且膨大的各色鳞茎长于土表，盆栽可供观赏，是近年悄然兴起的观赏蔬菜之一，深受栽培者喜爱，具备一定的推广前景。

71. 山 药

　　山药（*Dioscorea opposita* Thunb），又称薯蓣、土薯、山薯蓣、怀山药、淮山药、白山药，薯蓣科薯蓣属多年生草本植物。山药属于"药食同源"类的食物。山药既是中医平补脾肺肾的中药材，也是家常料理中的蔬果之一，是历史悠久的传统保健食品。药用来源为植物干燥根茎。

　　山药原名薯蓣，唐代宗名李预，因避讳改为薯药；北宋时因避宋英宗赵曙讳而更名山药。河南怀庆府（今博爱、武陟、温县）所产最佳，谓之"怀山药"。"怀山药"曾在1914年巴拿马万国博览会上展出，遂蜚声中外，历年来向英、美等十多个国家和地区出口。《本草纲目》说它有补中益气，强筋健脾等滋补功效。

形态特征

　　缠绕草质藤本。块茎长圆柱形，垂直生长，长可达1m多，断面干时白色。茎通常带紫红色，右旋，无毛。单叶，在茎下部的互生，中部以上的对生，很少3叶轮生。

　　叶片变异大，卵状三角形至宽卵形或戟形，长3~9（16）cm，宽2~7（14）cm，顶端渐尖，基部深心形、宽心形或近截形，边缘常3浅裂至3深裂，中裂片卵状椭圆形至披针形，侧裂片耳状，圆形、近方形至长圆形。

幼苗时一般叶片为宽卵形或卵圆形，基部深心形。叶腋内常有珠芽。雌雄异株。雄花序为穗状花序，长 2~8cm，近直立，2~8 个着生于叶腋，偶而呈圆锥状排列；花序轴明显地呈"之"字状曲折；苞片和花被片有紫褐色斑点；雄花的外轮花被片为宽卵形，内轮卵形，较小；雄蕊 6。雌花序为穗状花序，1~3 个着生于叶腋。蒴果不反折，三棱状扁圆形或三棱状圆形，长 1.2~2cm，宽 1.5~3cm，外面有白粉；种子着生于每室中轴中部，四周有膜质翅。花期 6—9 月，果期 7—11 月。

山药性喜高温干燥，块茎 10℃时开始萌动，茎叶生长适温为 25~28℃，块茎生长适宜的地温为 20~24℃，叶、蔓遇霜枯死，块茎能耐-15℃的低温。短日照能促进块茎的形成。对土壤要求不严，但以土质肥沃疏松、保水力强，土层深厚的沙质壤土最好，地下水位在 1m 以下，土壤的 pH 值在 6.0~8.0。要注意整地，土壤中不能混杂有直径 1cm 以上的石快，否则薯蓣块茎分叉严重，根形不美。

山药分布于河南、安徽淮河以南（海拔 150~850m）、江苏、浙江（450~1 000m）、江西、福建、台湾、湖北、湖南、广东中山牛头山、贵州、云南北部、四川（700~500m）、甘肃东部（950~1 100m）、陕西南部（350~1 500m）等地。生于山坡、山谷林下、溪边、路旁的灌丛中或杂草中；或为栽培。朝鲜、日本也有分布。

常见品种

◎**铁棍山药**：与普通山药相比，铁棍山药的独特之处是黏度大，色白，水分少，毛须略多，并可见特有的暗红色"锈斑"，粉性足，质腻，折断后横截面呈白色或略显牙黄色，体质十分坚重，入水久煮不散。

◎**细毛山药**：根呈圆柱形，皮薄，表面有细毛，黄色；有黄褐色斑痣；肉质细白，含有黏液质、皂甙、胆碱、尿素、精氨酸、淀粉酶、蛋白质、脂肪、淀粉及碘质。其生理特征喜温，生长期较长。

◎**麻山药**：适用于身体虚弱、精神倦怠、食欲不振、消化不良、慢性腹泻虚劳咳嗽、遗精盗汗、糖尿病及夜尿增多等。

◎**大和长芋**：大和长芋山药是从日本引进的高产山药品种，山药茎为圆形，呈紫色，有时带绿色条纹。

◎**水山药**：水山药又名淮山药，指的是目前江苏、安徽等地所产的山药，它的茎通常带紫红色，含淀粉和蛋白质，可食用，块茎长圆柱形，垂直生长，长可达1m多。

◎**灵芝山药**：灵芝山药外皮淡黄褐色，须根很少，是一个中熟品种。外形变化较多，下宽上窄的酒壶状。也有长得比较短粗的长棒状的，还有薯肉肥厚的短扇状的。

栽培技术

◎**土壤选择**：土壤应该选择肥沃、疏松、排水良好的沙质土壤最好。

◎**容器**：容器选择深度50cm以上的花盆或木桶，深度不能太浅，因为山药主要是根茎生长，要给其充足的生长空间。

◎**种子处理**：山药种子不易发芽，应事先浸泡在水中一晚。这样能够提高发芽率。

◎**播种**：山药成长周期长，一般为240d左右，山药在3—4月播种最好，秋末即可收获。在花盆底铺上钵底石，将培养土加至盆深的一半左右，中间加入适量的有机肥料，最后再撒上一层土。充分浇水。以8cm间隔构成4个播种孔，每个播种孔播撒3~4粒种子。因为种子有喜光性，盖上一层薄薄的土壤即可。发芽前应保持土壤湿润，可用手喷壶喷水。

◎**发芽管理**：约10d可发芽。发芽后将其移至光线较好的位置，并充分浇水。如果同一个位置出现多个芽，对真叶仅有1片的进行间拔，浇液肥，并补充其他芽株根周围的土壤，使稳定。

◎**追肥**：真叶长出3~4片时，间拔至1处只留1棵的程度。株间戳出5cm深的洞用于补充有机肥料，补充完毕后用土盖上。

◎**支架**：山药的茎又长又脆弱，这就需要为其支架。支架在取材方面，应立足于本地条件。在北方产区，选用架材时，可用结实的树枝、刺槐条和粗紫穗槐条等削制而成，而南方则可用拇指粗的竹竿加工而成。搭架时，其架高一般不应低于1.5m。支架的形式多种多样，比较常用的为"人"字形架，每株一支，在距地面1.5~2m处交叉捆牢。通常情况下，山药的苗高达到30cm以上时，即可搭立支架。搭架时，应注意不能损伤幼苗，支架插入土壤的深度以20cm为宜。最深不要超过30cm，否则会影响到根系的正常生长，有时还会捅伤种薯。

◎**病虫害防治**：在山药的种植过程中常会受到病害的侵染，山药常见病害主要有炭疽病、叶斑病等，虫害主要有红蜘蛛、叶蜂等。

（1）炭疽病　主要危害叶片及藤茎。叶片病斑开始于叶尖或叶缘，首先为暗绿色水渍状小斑点，后逐渐扩大为褐色至黑褐色的圆形或不定形大斑，斑中为灰褐色至灰白色，上面有不规则的间轮纹，病斑周围健康的叶子也有发黄现象。叶柄受害后，初期表现为水渍状褐色病斑，后期病部呈黑褐色干缩，致使叶片脱落。一般6月底开始发病，7—8月进入发病高峰。高温高湿利于发病。排水不良、潮湿背阴和植株生长衰弱的连作地发病重。施肥不合理，氮肥使用过多加重病情。

应对方法：在发病的初期，可使用的药剂有代森锌或多菌灵等。喷2~3次，间隔8~10d，在雨后应补喷药液。如果普遍发病时，可使用的药剂有：戊唑醇、咪鲜胺、苯醚甲环唑等。交替喷雾，视病情轻重喷药2~4次。

（2）叶斑病　山药叶斑病常见有煤斑病（赤斑病）、褐缘白斑病（斑点病）、灰褐斑病和褐轮斑病4种，其中以煤斑病发生较多。煤斑病是在叶面初生赤褐色小斑，后扩展成近圆形或不规则形、无明显界线的病斑，大小约1~2cm，有时会合成大斑。褐缘白斑病的病斑穿透叶的表面，斑点较小，圆形或不规则形，周缘赤褐色，微凸，中部褐色，后转为灰褐色至灰白色。以上4种叶斑病的病斑背面均生有灰黑色的霉状物，其中以煤斑病产生的霉状物较多，其他的叶斑病产生的霉状物则较少。当温度在25~30℃、相对湿度在85%以上时，易引起发病。

应对方法：可用甲基托布津、代森锰锌、嘧菌酯等交替喷雾，每次间隔 10d 左右，雨后要及时补喷。

（3）红蜘蛛　在山药整个生育期都能发生和危害。先在叶面出现黄白斑，之后转变为红色斑点，叶边发黄，红斑不断扩大，最后全叶变成红褐色，严重时像火烧一样，干枯脱落。越冬场所大多在秋后寄主附近的土缝里或树皮下。次年早春 2—3 月开始活动，4 月中、下旬至 5 月初陆续向作物上转移危害。一头雌螨可产卵百余粒，成螨和若螨靠爬行或吐丝下垂在植株间蔓延危害。

防治方法：在山药叶片出现黄斑时，选用哒螨灵、阿维菌素、丙溴磷等药剂防治。

（4）叶峰　主要为害山药叶片，发生严重时植株叶片被吃光。初孵幼虫在叶片上群集为害，食害叶片，严重时把叶片吃光，仅留叶脉或叶柄。

防治方法：在幼虫发生初期施药防治，施药时间以下午 4—5 时最好。药剂可选用阿维菌素、虫酰肼、除虫脲、溴氰菊酯等，收获前 10d 停止用药。

◎采收：一般山药应在茎叶全部枯萎时采收，过早采收产量低，含水量多易折断。霜降之后，也就是每年的 11 月左右，这个时候的山药已经完全成熟，霜降后，天气变凉，山药中的淀粉，成功转化为糖分，吃起来相较于鲜山药的鲜脆，会更甜、更面。

推广应用前景

山药有益气养阴，补脾肺肾，固精止带的功效，用于脾虚食少，久泻不止，肺虚咳嗽，肾虚遗精，带下，尿频，虚热消瘦等症。山药药食两用，历史悠久，始载于《神农本草经》，列为上品。山药药用价值很高，用途广泛。中国几千家制药厂以山药为主要原料开发生产了上千种新药、特药和中成药。同时，山药还进入蔬菜食品、保健品、饮品和礼品等多个领域，深受消费者的青睐，推广前景广阔。